통합
과학
개념 꼭
PICK

미리 훑고 내신 잡고
수능까지 완성하는

통합과학

개념 픽 PICK

김덕희·김현빈·변보경 지음

수업을 준비하다가 가끔 단어를 검색할 때가 있다. 개념의 사전적 의미를 찾다 보면 배경지식까지 꼬리에 꼬리를 물면서 탐색하게 된다. 이 책은 그 모든 수고를 대신해 준다. 그것도 너무나 완벽하게. 이제는 수업 전에 《통합과학 개념 픽》을 먼저 읽으면 되겠다. 학생들이 읽는다면? '내가 이런 걸 배울 수 있구나' 하는 생각에 가슴 설레면서 수업을 기다리지 않을까.

하수진(개포고등학교 화학 교사)

현장에서 학생들을 가르치다 보면 시험 문제 정답으로서의 개념만 알고 있는 경우가 종종 보여 안타까웠다. 급변하는 사회에서 능동적으로 학습하는 삶을 살아가려면 다른 접근이 필요하다. 이 책은 앞으로 과학 수업이 지향해야 할 방향성을 훌륭하게 제시한다. 과학 개념의 세심한 의미와 과학자들의 사려 깊은 '작명 센스'를 마주하면 그 내용을 오래도록 기억하게 될 것이다. 통합과학을 공부하려는 학생은 물론, 우리를 둘러싼 세상을 이해하려는 모든 이에게 추천한다.

박성호(서울과학고등학교 생명과학 교사)

전에는 교과서 속 어휘의 뜻과 관련 내용을 알기 위해 사전에서 단어를 찾아 읽었다면, 이제는 이 책을 통해 교과서보다 먼저 개념을 만나고 내용을 쉽게 정리할 수 있다. 덕분에 어휘로 공부를 시작하는 것이 이렇게나 재미있는 일임을 느꼈다. 곁에 두고 자주 찾게 될 책이다. 학생들이 까다로워하는 개념 또한 기초부터 심화까지 폭넓게 다루고 있어서 책 한 권을 깊게 파고들어 공부하는 청소년에게도 유익할 것이다.

김창권(휘문고등학교 화학 교사)

현직 교사들의 생생한 경험이 녹아 있는 이 책은 교과서 속 어려운 과학 용어를 쓱쓱 읽히고 쏙쏙 이해되는 친근한 언어로 풀어낸다. 학습자가 과학에 한 걸음 더 가까이 다가가도록 돕는 든든한 안내서다. 차근차근 개념을 다지고, 배운 내용을 확장하며, 한층 더 깊이 탐구할 수 있도록 하는 구성은 학습자의 궁금증과 갈증을 시원하게 해소해 준다. 교육 현장에서 교사와 학생 모두에게 유용한 디딤돌이 되리라 기대한다.

장병선(효문고등학교 지구과학 교사)

초등학생 때까지 학생 대부분이 과학을 좋아한다. 그러다가 중학생, 고등학생이 되어 과학 교과서에 추상적 개념이 대거 등장하면서부터 점점 과학을 어려워하기 시작한다. 과학은 개념 간의 관계를 배우는 것이 중요한 과목이다. 그런데 생소한 데다 한자어로 된 개념을 직관적으로 이해하지 못해 학습의 장벽을 느끼곤 한다. 이 책은 어원 풀이, 정확한 의미 설명 그리고 교과서에서 쓰이는 용례까지 모두 자세히 안내한다. 과학 학습의 장벽을 낮추는 데 큰 도움이 될 것이다.

박선주(남동중학교 과학 교사)

고등학교 과학에 대한 막연한 걱정과 두려움이 사라졌다. 책을 읽으며 내가 알고 있던 개념과 연결할 수 있어서 앞으로 배울 고등학교 과학 개념에 대한 자신감이 생겼다. 이 책을 나만의 과학 사전으로 활용하겠다.

김윤후(신도림중학교 3학년)

중·고등학교 과학을 책 한 권으로 모두 본 것 같다. 과학 용어가 이해하기 쉽게 설명돼 있고 핵심 내용이 정리돼 있어 마음 편히 읽기 좋다. 군더더기 없는 개념 설명은 물론이고 '이슈 더하기' 코너를 통해 개념이 실제로 어떻게 활용되는지도 알 수 있다.

김윤(서울 도곡중학교 3학년)

고등학생이 된다는 압박감 속에서 '잘해야지' 하는 막연한 다짐만 되뇌었다. 하지만 이 책을 통해 처음으로 '어떻게 해야 할지'를 고민하게 됐고, 과학이 외워야 할 지식이 아니라 이유를 품은 이야기라는 사실을 깨달았다. 억지로 주입하는 게 아닌, 읽다 보면 자연스럽게 이해되는 책이기 때문일 것이다. 과학을 두려움이나 편견 없이 바라보며 공부의 이유와 방향을 다시 생각해 보는 계기가 됐다.

조수영(동래여자중학교 3학년)

통합과학 개념의 전체적인 흐름을 알 수 있는 책이다. 단어의 한자 뜻풀이와 개념 잡기를 통해 의미를 더욱 정확하게 이해할 수 있었다. 교과서 내용에서 한 발짝 더 나아간

배경지식 덕분에 더욱 흥미롭게 읽었다. 실제 통합과학을 배울 때는 보다 쉽게 내용을 이해할 수 있을 것 같다.

서윤서(동래여자중학교 3학년)

복잡한 개념을 놀라울 만큼 쉽게 풀어내는 책. 정확하고 세련된 용어 설명 덕분에 공부가 아닌 '이해의 즐거움'을 느낄 수 있었다.

조현민(충암중학교 3학년)

중학교 과학과는 난이도 차이가 많이 나서 통합과학을 배우는 데 상당히 애를 많이 먹었는데, 단어와 그 기본 개념을 위주로 익히니 더 쉽게 다가온다. 추후에 고등학교 과학을 이해하는 데 도움이 많이 될 것 같다.

이우진(충암중학교 3학년)

과학의 언어가
외계어처럼 느껴지는 여러분에게

"어떡해. 과학 교과서를 읽었는데 무슨 말인지 모르겠어. 완전 외계어 같아!"

혹시 이런 말을 해 본 적이 있나요? 이 말은 반은 맞고 반은 틀렸어요. 틀린 이유는 과학은 외계어가 아니라 지구의 언어로 소통하기 때문이고, 맞는 이유는 정말이지 과학만의 특별한 '언어'가 있기 때문이에요.

과학 교과서를 읽다가 '중력', '전도', '항상성'과 같은 단어를 보면서 '왜 이렇게 낯선 단어가 많지' 하고 의아한 적도 있을 거예요. 어쩌면 '힘', '일'과 같이 분명 친숙한 단어인데도 과학 시간에 만나면 의미가 달라져 갑자기 암호처럼 느껴진 적도 있을 거예요. 안타깝게도 암호를 해독하지 못하면 과학의 문은 열리지 않습니다.

그런데 재미있는 사실이 하나 있습니다. 과학자들은 일부러 여러분을 힘들게 하려고 어려운 단어를 쓰는 게 아니라 자연에서 일어나는 다양한 현상이 연관돼 있음을 설명하려고 이런 단어들을 사용한다는 점이에요. 예를 들어 '산화(酸化)'라는 단어 하나로 철이 녹스는 일, 사과가 갈색으로 변하는 일, 우리 몸속에서 일어나는 호흡, 심지어 반딧불이가 불빛 신호로 짝을 찾는 일까지 모두 관련이 있음을 설명할 수 있어요. 만약 이 모든 걸 다른 말로 각각 설명해야 한다면 어떨까요? 이 현상들이 연관돼 있다는 사실을 이야기할 수 없겠죠.

《통합과학 개념 픽》은 과학의 언어가 외계어 같다고 느끼는 순간을 줄이는 데 도움이 되고자 하는 바람으로 쓴 책입니다. 과학의 언어를 어려워하는 여러분에게 이 책이 암호해독집이 되기를 바랍니다.

중학교 때는 과학이 쉬웠는데 고등학교부터 과학이 정말 어려워지죠? 대부분 그 이유를 '내용이 어려워져서'라고 생각하지만, 학교에서 수업을 하다 보면 학생들이 정작 용어를 몰라서 개념 이해에 어려움을 겪는 모습을 자주 봅니다. 축구를 잘하려면 경기 규칙을 알아야 하고 게임을 잘하려면 조작법을 알아야 하듯이, 과학을 잘하려면 과학의 언어를 잘 파악하고 있어야 해요. 다행히 2022 개정 교육과정의 고등학교 통합과학 속 개념은 80% 이상이 중학교 때 배운 개념의 확장입니다. 기본적인 과학 용어만 확실히 이해하면 새로 나오는 복잡한 개념도 "아, 이거 그거구나!" 하면서 쉽게 이해할 수 있답니다.

중학생이라면 이 책을 통해 곧 만나게 될 통합과학의 문턱을 훨씬 수월하게 넘을 수 있을 거예요. 고등학교 1학년

학생에게는 교과서의 개념을 더 깊이 이해하고 스스로 탐구를 통해 확장해 나가는 발판이 되어 줄 것이고요. 그리고 과학을 어려워하는 자녀를 둔 학부모님이시라면 과학 용어에 친숙해질 수 있도록 돕는 안내서로 이 책을 활용해 주시기를 바랍니다. 아이가 과학을 어렵게 느낀다면 머리가 나빠서가 아니라 과학의 언어가 낯설고 어려워서일 수 있답니다.

《통합과학 개념 픽》은 통합과학을 공부할 때 꼭 알아야 할 핵심을 놓치지 않도록, 지루하지 않게 구성했습니다. 어휘마다 기본적 뜻과 개념을 풀어낸 뒤, 통합과학 교과서에 어떻게 적용되는지 보여 줍니다. 여기에 그치지 않고 고등학교 2, 3학년 때 배우는 심화 과목과 어떻게 연결되는지 안내해 개념을 깊이 이해할 수 있도록 했습니다. 또한 과학사, 과학 뉴스 등을 통해 개념에 대한 이해를 확장하고 실생활에 개념을 적용할 수 있도록 구성했습니다.

과학 용어를 확실히 알게 되면 일상이 거대한 과학 실험실로 바뀝니다. 스마트폰 화면의 알록달록한 빛을 보며 "오, 이게 LED의 전기 발광이구나." 하고 깨닫게 되고, 냉장고 속 김치가 시큼해지는 과정을 보며 "발효 과정에서 젖산균이 활동하는 거야." 하고 말할 수 있게 되죠. 과학은 결국 세상을 바라보는 새로운 눈으로 작용합니다.

과학 개념을 이해하면 삶에서 마주하는 다양한 상황을 과학적으로 탐구하는 일이 가능해집니다. 지구 시스템에서 배운 물의 순환을 환경 문제와 연결하고, 생태계 평형을 바탕으로 인간 활동의 영향을 이해하며, 기본량과 단위를 통해 세상을 숫자로 표현하는 방식을 배울 수 있습니다. 이 모든 것은 과학의 언어를 잘 아는 것에서 시작합니다. 과학의 언어를 이해해야 비로소 개념이 이해되기 때문입니다. 그렇기에 어휘를 먼저 세우는 것은 결코 사소한 일이 아닙니다.

이 책을 쓰는 내내 여러분이 과학을 조금 더 편하게 느끼고 즐겁게 탐구를 이어 나가는 데 도움이 되기를 바랐어요. 생활 속의 모든 자연 현상에는 과학이 숨어 있고, 아주 작은 호기심 하나에서도 과학적 탐구는 시작될 수 있습니다.《통합과학 개념 픽》을 읽으며 단어 하나하나 자기 언어로 소화할 때, 과학은 더는 시험 과목이 아니라 세상을 이해하는 든든한 도구가 될 거예요. 여러분의 배움 여정에 이 책이 작은 길잡이가 되기를 바랍니다. 그럼 즐거운 탐구 여행 되세요!

신성한 호기심을 절대 잃지 말라.

– 알베르트 아인슈타인

10

**과학과
미래 사회**

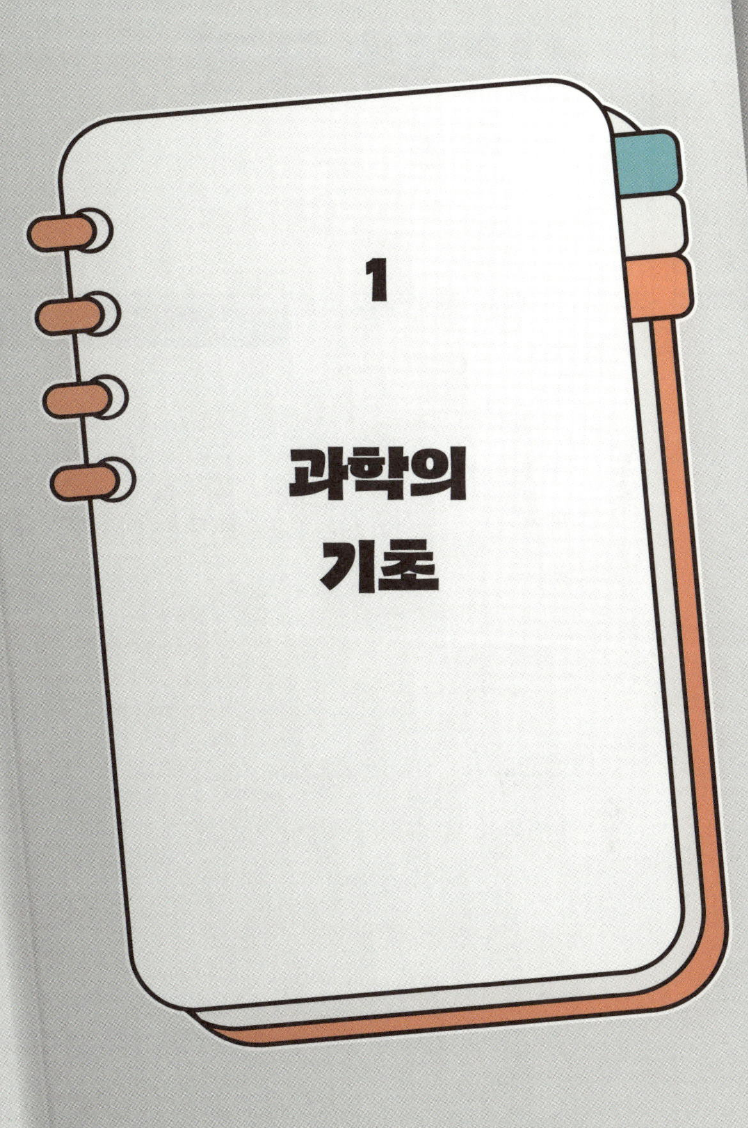
1
과학의
기초

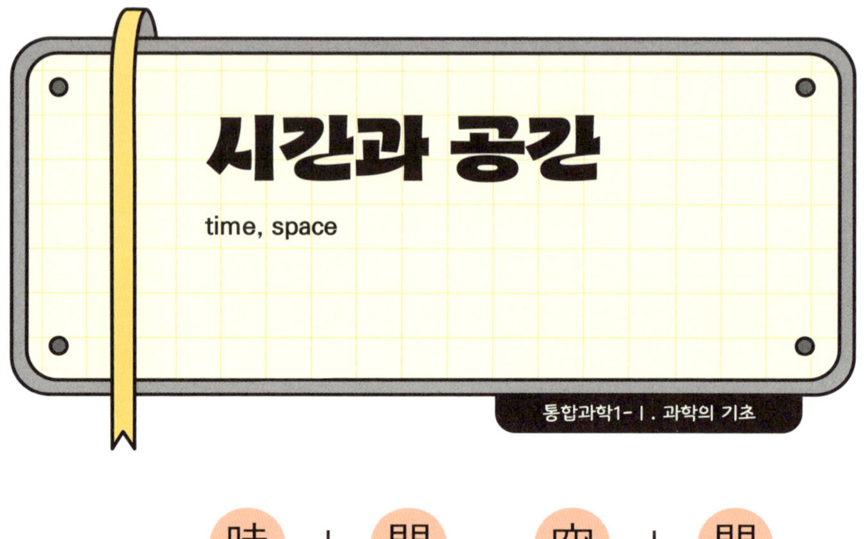

○ 개념 잡기

시간은 어떤 일이 일어나고 지속되는 길이를 말하며 세상의 변화를 순서대로 이해하기 위한 개념이다. 공중에서 공을 놓으면 아래로 떨어지는 현상, 우리의 키가 크고 몸이 불어나는 현상, 해가 뜨고 지는 현상 등 모든 자연 현상은 시간에 따라 변화한다.

공간은 이러한 현상이 일어나는 장소를 말한다. 공이 떨어지는 높이, 몸의 크기, 태양이 움직이는 경로처럼 공간은 어디에서 일이 일어나는지, 움직이는 물체가 얼마나 길고 얼마나 큰지, 어떤 모양인지도 알려준다. 과학자들은 세상

의 모든 일이 언제(시간) 어디에서(공간) 일어나는지 더 정확
하게 설명하기 위해 시간은 1차원, 공간은 3차원으로 보고
있다.

자연에는 인간뿐 아니라 산, 행성처럼 다양한 사물이 존재
하고, 해가 뜨고 지는 것처럼 여러 가지 사건이 자연에서
일어난다. 이처럼 자연에서는 시간이 흐르고 공간이 존재
한다. 과학은 사물의 크기나 어떤 현상이 얼마나 오래 지속
되는지를 측정해 그 특징을 알아낸다. 시간과 공간을 바탕
으로 자연을 설명하면, 지금 일어나는 현상을 더 잘 이해할
수 있고, 앞으로 어떤 변화가 일어날지도 예측할 수 있다.

20세기 이전에 과학자들은 시간과 공간을 서로 완전히 다
른 것으로 생각했다. 시간은 누구에게나 똑같이 흐르고 공
간은 시간과 상관없이 존재한다고 여긴 것이다. 그런데 아
인슈타인은 빛의 속도에 대한 여러 실험 결과를 바탕으로
시간과 공간이 서로 영향을 주고받는다는 사실을 밝혀냈
다. 빛의 속도는 어떤 상황에서도 항상 같기 때문에 빠르
게 움직이는 물체를 보면 시간이 느리게 흐르거나 공간이
줄어드는 것처럼 보이게 된다는 것이다. 이 사실을 알게
되면서 시간과 공간을 별개로 생각하지 않고 서로 연결된
하나의 개념인 **시공간(spacetime)**으로 묶어서 설명하게 되
었다.

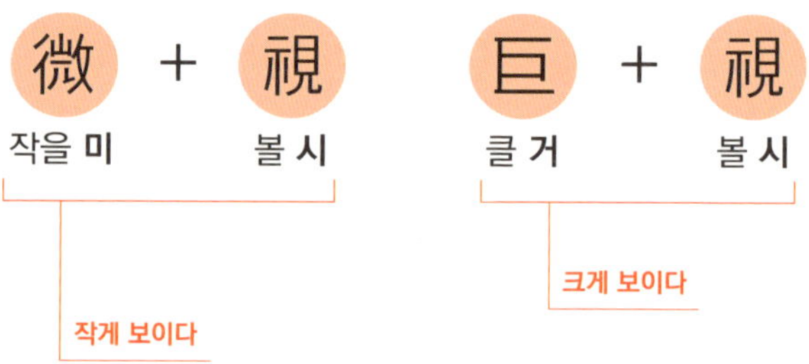

○ 개념 잡기

미시 세계와 거시 세계는 물리적 크기의 차이에 따라 구분되는 세계다. 미시를 뜻하는 영어 '마이크로(micro)'는 그리스어 mikros에서 유래한 것으로 '작은', '미소한'이라는 뜻을 가진다. 즉, 미시 세계는 원자, 분자, 세포처럼 눈으로 직접 볼 수 없는 아주 작은 세계를 말한다.

반대로 거시를 뜻하는 영어 '매크로(macro)'는 그리스어 makros에서 유래해 '큰', '거대한'이라는 의미를 지닌다. 거시 세계는 우리가 눈으로 직접 볼 수 있는 건물, 산, 바다, 별, 은하처럼 거대한 규모의 세계를 가리킨다.

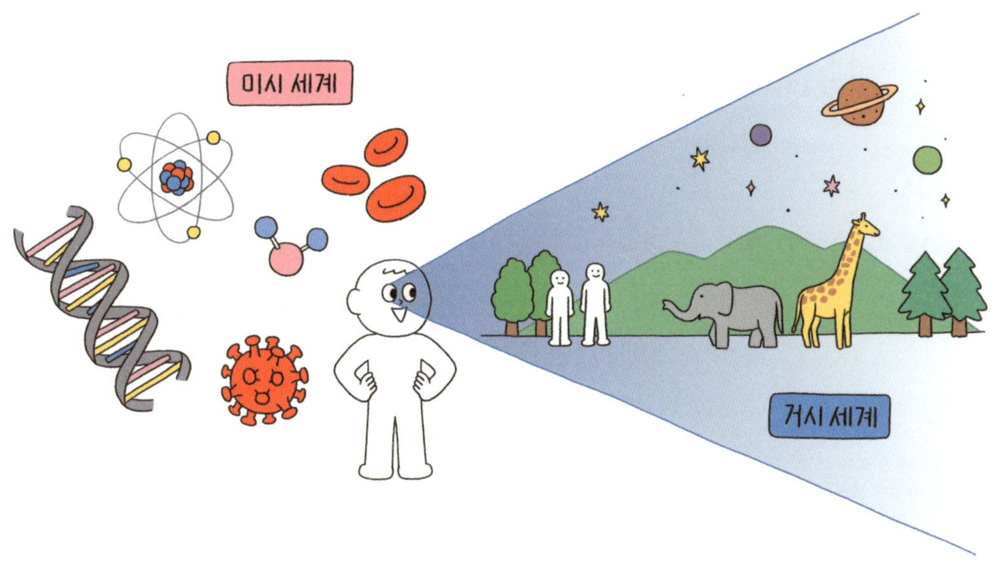

눈으로 관찰하기 어려운 미시 세계와 눈으로 관찰할 수 있는 거시 세계

과학에서는 미시 세계에서 일어나는 원자, 입자의 움직임과 거시 세계에서 보이는 물체나 우주의 변화가 서로 연결되어 있다고 본다. 다시 말해 작은 세계를 이해하면 큰 세계를 더 깊이 이해할 수 있고, 반대로 큰 세계의 변화를 연구하다 보면 그 속에 숨겨진 작은 세계의 법칙도 알 수 있게 된다.

● 교과서 들여다보기

과학자들은 미시 세계부터 거시 세계까지 다양한 규모의 시간과 공간을 더 정밀하게 측정하기 위해 노력한다. 정밀한 현미경을 개발해 DNA를 관찰하고 이를 분석해 질병의 원인을 알아낸다. 시간과 거리를 정확히 측정하는 기술은 실시간으로 위치를 파악할 수 있는 GPS 시스템을 가능하게 했다. 지상의 수신기로 인공위성이 보낸 신호(→45쪽)를 받아 읽어 수신기의 정확한 위치를 계산하는 것이다.

● 심화 학습

전자기와 양자
III. 양자와 미시세계

상대성 이론
시간과 공간이 절대적으로 고정된 것이 아니라 물체의 움직임 속도나 중력의 세기에 따라 달라질 수 있다는 물리 이론이다.

우리가 사는 세상은 크게 미시 세계와 거시 세계로 나눌 수 있다. 원자보다 더 작은 것인 입자들의 세계는 **양자 역학**이라는 과학 법칙으로 설명하고, 별이나 은하, 우주처럼 큰 규모의 세계는 **상대성 이론**으로 설명한다.

그런데 블랙홀의 중심이나 우주의 탄생 순간처럼 크기는 매우 작지만 중력이 엄청나게 강한 상황을 이해하는 데는 두 법칙이 모두 필요하다. 하지만 문제는 양자 역학과 상대성 이론이 서로 다른 방식으로 자연을 설명하기 때문에 두 가지를 그대로 적용하면 계산이 잘 맞지 않는다는 것이다. 그래서 오늘날의 과학자들은 이 두 세계를 하나로 설명할 수 있는 새로운 법칙을 찾기 위해 연구하고 있으며 그 대표적 시도가 끈 이론과 루프 양자 중력 같은 이론이다. 아직 완전한 해답이 나온 것은 아니지만, 이 연구가 성공하면 우주의 탄생과 블랙홀의 비밀까지 풀 수 있을 것이다.

원자시계

atomic clock

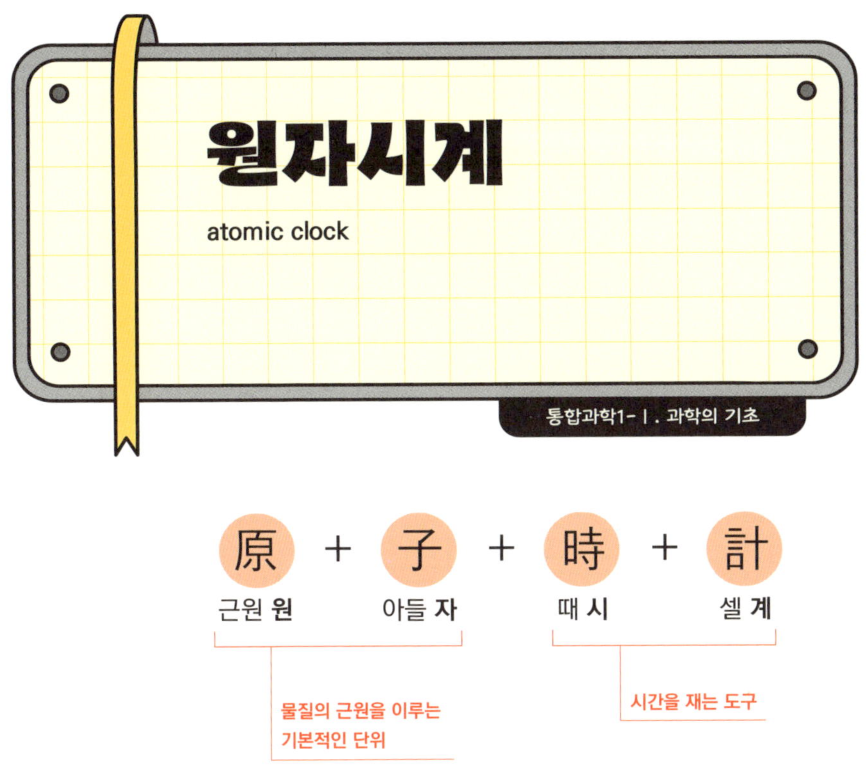

● 개념 잡기

산업 혁명 이후 시간은 곧 돈이 되었고 정확한 시간을 **측정**(→36쪽)하는 것이 중요해졌다. 특히 과학에서는 어떤 현상이 일어나는 데 걸린 시간을 측정해야 실험 결과를 정확히 알 수 있기 때문에 아주 정밀한 시계가 필요했다. 그래서 과학자들은 온도나 다른 환경의 영향을 거의 받지 않는 원자시계를 만들었다.

원자시계는 원자가 항상 똑같은 속도로 진동한다는 점을 이용해 시간을 측정한다. 원자시계에 사용되는 원자는 세슘과 루비듐처럼 진동이 아주 안정적인 원자다. 특히 세슘 원자시계는 3,000만 년 동안 겨우 1초 정도 오차가 발생할 정도로 매우 정확하다. 지금 우리가 쓰는 시간의 단위인 1초도 세슘 원자가 진동하는 횟수로 정했는데, 세슘이 91억 9,263만 1,770번 진동하는 시간이 바로 1초다. 우리는 세슘 원자시계를 이용해 $\dfrac{1}{9,192,631,770}$ 초까지 정밀하게 측정할 수 있게 되었다.

옛날 사람들은 시간을 재기 위해 태양이 하늘에서 움직이는 위치나 달의 모양 변화를 이용했다. 예를 들어 조선 시대에 쓰인 해시계 앙부일구는 태양의 위치에 따라 달라지는 그림자의 길이로 시간을 측정했다. 하지만 현대에는 훨씬 더 정밀한 측정이 가능한 원자시계를 사용한다. 원자시계는 원자가 전자기파를 흡수할 때 생기는 매우 규칙적인 진동을 이용해 시간을 잰다. 원자시계는 GPS, 위성 통신, 과학 실험 등 정밀한 시간 측정이 필요한 분야에서 핵심 역할을 한다.

전자기파
전기와 자기의 파동이 서로 영향을 주며 퍼져 나가는 에너지의 물결. 빛, 전파, 적외선, 자외선 등이 모두 여기에 포함된다.

앙부일구(왼쪽)와 세슘 원자시계(오른쪽)

흔히 GPS라고 불리는 길 찾기 위성 시스템은 우리가 스마트폰으로 길을 찾을 때 꼭 필요한 기술이다. 그런데 이 GPS가 잘 작동하려면 지구 궤도를 도는 위성 안의 원자시계가 아주 정확해야 한다. 위성은 지상보다 높은 곳에서 빠르게 움직이기 때문에 아인슈타인의 **상대성 이론**에 따라 시간의 흐름이 지상의 시계와 아주 조금 달라지게 된다. 이 차이를 보정하지 않으면 GPS가 계산한 위치가 수백 미터나 틀릴 수 있다.

최근에는 기존 세슘 원자시계보다도 100배 이상 정밀한 광격자 시계가 개발되고 있다. 이 시계는 GPS의 위치 측정 정확도를 훨씬 높일 뿐 아니라, 기후 변화 관측이나 지구 내부 구조 연구 같은 과학 분야에도 쓰일 수 있다. 이렇게 시간 측정 기술은 단순히 시계를 만드는 것을 넘어 우리의 생활과 과학 발전에 큰 영향을 준다.

광격자 시계
빛으로 만든 격자에 원자를 가두어, 그 빛의 진동수를 세어 시간을 잰다.

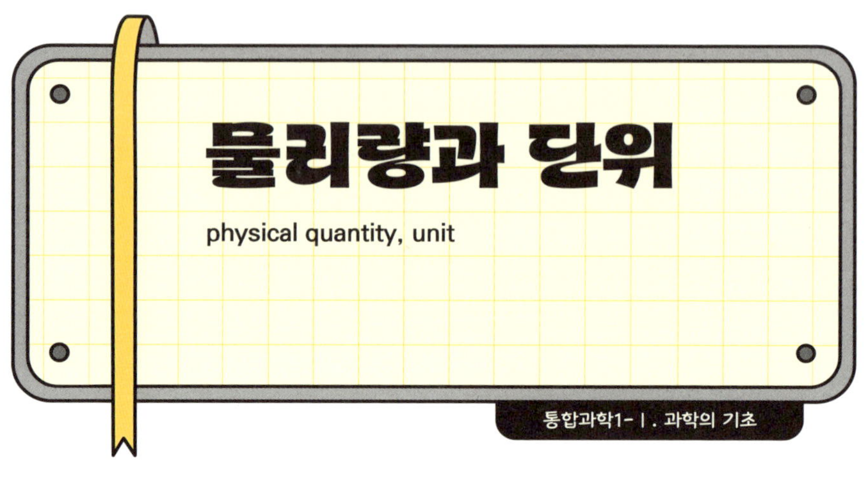

○ 개념 잡기

물리량은 자연 현상이나 물체의 속성을 정량적으로 나타낸 것이다. 쉽게 말하면 세상의 여러 가지 현상을 숫자와 단위로 표현한 것이다. 예를 들어 자로 길이를 재서 "10cm"라고 말할 때, 10이라는 숫자는 크기고, cm(센티미터)는 그 크기를 나타내는 기준, 즉 단위다. 이렇게 숫자와 단위가 합쳐진 것이 물리량이다. 대표적 물리량으로는 길이, 시간, 질량, 힘, 에너지, 전하, 전기장, 자기장 등이 있다.

과학에서는 시간, 온도, 거리, 질량처럼 숫자로 나타낼 수 있는 양을 물리량이라고 한다. 물리량을 숫자로 나타낼 때는 반드시 단위를 함께 써야 한다. 단위는 자연 현상을 수치로 표현하고 이해하는 데 꼭 필요한 기준이다. 단위가 있어야 사람들이 서로 같은 기준으로 크기를 비교하거나 계산할 수 있다.

단위 없이 숫자만 말하면 정확히 어떤 물리량인지, 또 그 크기가 얼마나 되는지 알 수 없다. 예를 들어 "토끼의 속력은 5이다"라고만 하면 얼마나 빠른지 알기 어렵지만, "토끼의 속력은 5m/s이다"라고 하면 1초에 5m를 달린다는 의미가 되어 속도를 정확히 알 수 있다. 그래서 물리량은 항상 숫자와 단위를 함께 써서 나타낸다. 길이는 미터(m), 센티미터(cm)와 같은 단위로, 시간은 초(second), 분(minute)과 같은 단위로, 질량은 킬로그램(kg), 그램(g)과 같은 단위로 나타낸다.

옛날 사람들은 눈에 보이는 것만 믿었다. 그래서 처음에는 물체의 길이나 무게처럼 손으로 잴 수 있거나 눈으로 볼 수 있는 것만 측정했다. 하지만 시간이 지나면서 갈릴레이와 뉴턴 같은 과학자들은 단순히 눈으로 확인하는 것만으로는 세상의 움직임을 정확하게 설명할 수 없다는 사실을 깨닫게 되었다. 갈릴레이는 떨어지는 물체의 속력이 점점 빨라진다는 걸 알아냈고, 뉴턴은 물체를 움직이게 하는 보이지 않는 힘이 있다는 사실을 밝혀냈다. 이때부터 사람들은 비로소 눈에 보이지 않는 것, 예를 들어 힘(force)도 숫자와 단위로 나타낼 수 있다고 생각하기 시작했다.

그 뒤로도 과학자들은 끊임없이 보이지 않는 세상을 탐구했다. 패러데이와 맥스웰은 자석이나 전선 주위에 보이지 않는 전기장과 자기장이 있다는 사실을 발견했다. 눈으로는 볼 수 없지만, 분명히 존재해 물체에 힘을 주고 움직이게 한다는 걸 실험으로 증명한 것이다. 이런 보이지 않는 것들도 크기를 잴 수 있다는 사실을 알게 되자, 과학자들은 전기장, 자기장 등도 물리량으로 표현했다.

20세기에는 아인슈타인과 플랑크가 더 놀라운 사실을 밝혔다. 빛이나 열처럼 흐르는 에너지도 숫자로 나타낼 수 있고, 작은 입자들의 세계에서는 모든 게 확률적으로 움직인다는 걸 알게 된 것이다. 아인슈타인은 에너지와 질량이 서로 바뀔 수 있다는 사실을 밝혀냈고, 플랑크는 육안으로 보이지 않는 미세한 세계에도 물리량이 적용된다는 점을 증명했다.

처음엔 눈에 보이는 길이와 무게만 물리량으로 생각했지만 지금은 힘, 에너지, 장, 심지어 확률 같은 개념도 물리량으로 표현한다. 과학자들은 이렇게 보이지 않는 세계까지 물리량으로 설명하면서 세상을 더 정확하게 이해하게 되었다.

기본량과 유도량

base quantity, derived quantity

상위어: 물리량

○ 개념 잡기

물리량에는 기본량과 유도량이 있다. 기본량은 말 그대로 '기본이 되는 양'이라는 뜻이다. 기본량은 모든 물리량의 바탕이 되는 가장 기초적인 물리량으로, 다른 물리량을 활용하지 않고 바로 측정할 수 있다.

반면에 유도량은 '다른 것에서 이끌어 낸 양'이라는 뜻으로 기본량을 이용해 계산하거나 조합해 만든 물리량이다. 예를 들어 물체의 속력을 구하려면, 이동한 거리와 걸린 시간을 먼저 측정하고, 거리를 시간으로 나누어 계산해야 한다.

과학자들은 시간이나 길이, 온도, 질량, 전류와 같은 기본량을 정의하고 측정해 자연을 이해하고, 속력이나 부피, 농도와 같은 유도량으로 복잡한 자연 현상을 명확하게 설명한다. 결국 기본량과 유도량은 과학에서 세상을 수치로 표현하는 두 기둥이라고 할 수 있다. 과학의 주요 개념 중에는 기본량과 유도량으로부터 도출된 것이 많다.

여러 물리량 중에서 다른 것으로 바꿔 표현할 수 없는, 가장 바탕이 되는 양이 기본량이다. 기본량을 측정해 값으로 나타낼 때는 전 세계에서 약속한 **국제단위계(SI)**를 사용한다. 길이는 미터(m), 시간은 초(s), 질량은 킬로그램(kg), 온도는 켈빈(K), 전류는 암페어(A)로 나타낸다.

자연을 설명할 때는 이런 기본량만으로는 부족해서 여러 기본량을 조합해 만든 유도량도 필요하다. 예를 들어 속력은 '단위 시간당 이동 거리'이므로, 시간의 단위인 초(s)와 거리의 단위인 미터(m)를 조합해 미터 퍼 세컨드(m/s)로 나타낸다.

과학에서는 시간, 길이, 질량, 전류, 온도, 몰 질량, 광도를 기본량으로 사용한다. 처음부터 이렇게 일곱 가지로 기본량이 정해진 것은 아니었다. 옛날에는 길이나 무게처럼 눈에 보이는 것만 중요했지만, 과학이 발전하면서 어떤 물리량은 다른 물리량으로 계산할 수 있다는 걸 알게 되었다. 그래서 과학자들은 계산으로 구할 수 없는 가장 기본적인 물리량만 따로 뽑아 정리했다. 이렇게 정한 기준이 국제적으로 통일되어 지금의 국제단위계가 된 것이다. 앞으로 과학이 더 발전하면 새로운 기본량이 추가되거나 지금의 기본량이 바뀔 수도 있을 것이다. 과학은 끊임없이 세상을 더 정확하게 설명하려고 발전해 왔고, 지금의 기본량도 그런 과학의 노력 속에서 만들어진 결과다.

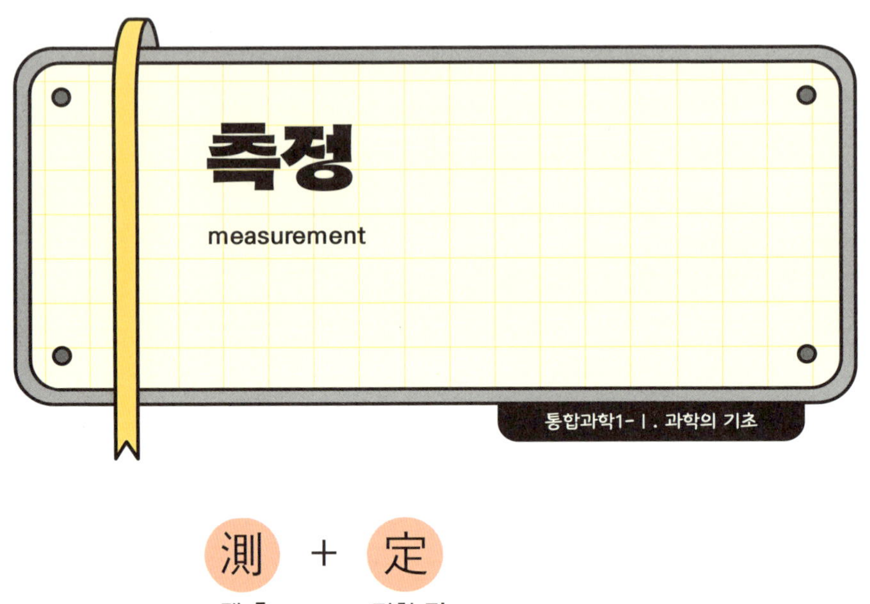

○ **개념 잡기**

측정은 어떤 물건이나 현상의 크기나 양을 대충 짐작하는 것이 아니라, 정확하게 수치로 나타내는 것이다. 그냥 "길다"라거나 "무겁다"라고 말하는 것만으로는 얼마나 긴지, 얼마나 무거운지 알 수 없다. 그래서 과학에서는 일정한 기준(단위)을 정하고, 그 기준에 따라 그 수치가 얼마나 되는지 정확히 잰다. 예를 들어 자를 사용해 책상의 길이를 재면 "100cm"라고 말할 수 있는데, 여기서 100은 크기이고, 센티미터(cm)는 기준이 되는 단위다. 이처럼 측정은 숫자와 단위를 함께 써서 물리량의 크기를 정확히 나타내는 것이다.

우리가 사용하는 자, 저울, 온도계 같은 도구에는 모두 이런 기준이 표시되어 있다. 자에는 1cm, 2cm와 같이 눈금이 있고, 저울에는 킬로그램(kg)이나 그램(g) 같은 무게 단위가 표시되어 있다. 이런 도구들을 사용해 기준과 비교해 보고, 정확한 값을 알아내는 과정이 바로 측정이다.

기본량이나 유도량 같은 물리량은 정확하게 측정해야만 의미가 있다. 우리는 체중계나 자, 온도계 등 도구를 이용해 물체의 크기나 양을 잴 수 있다. 과학 실험이나 탐구에서는 대부분 이런 측정을 통해 결과를 얻고, 그 결과를 바탕으로 새로운 과학 이론을 발전시킨다. 정밀하고 정확한 측정은 과학 기술을 발전시키는 데 필수적인 기초라고 할 수 있다.

통상적으로 측정은 물체가 변하지 않고 그대로 있는 상태에서 우리가 그 값을 알아내는 일이다. 가령 자로 길이를 재거나 저울로 무게를 잴 때 물체는 그 상태 그대로 있다. 그런데 아주 작은 세계인 양자 역학의 세계에서는 이야기가 조금 달라진다.

양자 역학에서 물질은 아주 작아져 그 상태가 확실하게 정해져 있지 않고 여러 가지 가능성으로만 존재한다. 예를 들어 전자는 어디에 있는지 확실한 게 아니라 여러 곳에 있을 가능성으로 퍼져 있다. 그런데 우리가 이 전자가 어디에 있는지 측정하려고 하면, 전자의 위치는 그 순간 한 곳으로 딱 정해진다. 즉, 측정하는 순간 전자의 상태가 바뀌는 것이다. 이런 현상은 마치 누군가 몰래 방 안에서 자유롭게 움직이다가 우리가 문을 열고 보는 순간 한 곳에 멈추는 것처럼 생각할 수 있다. 그래서 양자 역학에서 측정은 단순히 값을 알아내는 게 아니라 그 물질의 상태 자체에 영향을 주는 행동이다. 이것이 우리가 일상에서 경험하는 측정과는 다른, 양자 역학에서만 적용되는 특별한 측정의 의미다.

● **개념 잡기**

어림은 대략적으로 짐작해 보는 일을 가리킨다. 어림을 뜻하는 영어 에스티메이트(estimate)는 '가치를 평가하다'라는 뜻의 라틴어 '아이스티마레(aestimare)'에서 온 말이다. 그래서 어림은 단순히 아무렇게나 짐작하는 게 아니라 경험이나 관찰을 바탕으로 대략적인 값을 예측하는 것을 말한다. 예를 들어 책상의 길이를 자로 재기 전에 '대략 1m쯤 되겠다' 하고 생각하는 것이 어림이다.

과학에서는 어림을 통해 먼저 대략적 값을 예측하고, 그 다음 정확한 측정으로 실제 값을 확인한다. 이렇게 어림은 ==측정 전에 크기나 양을 파악하는 데 도움을 주는 중요한 과정==이다.

● **교과서 들여다보기**

젤리가 가득 든 병에 젤리가 몇 개 들었을지 하나하나 세는 것은 어렵다. 이럴 때 젤리 5개가 차지하는 부피를 먼저 구한 뒤 병 전체 부피와 비교하면 전체 젤리 개수를 짐작할 수 있다. 이렇게 계산이나 추론을 통해 얻는 대략적 값을 어림이라고 한다. 자연을 이해할 때는 정확한 측정만이 아니라 어림도 중요하다. 어림을 하면 양이 어느 정도인지 가늠할 수 있어 측정값이 제대로 된 것인지 판단할 수 있다.

어림은 과학의 여러 분야에서 쓰인다. 과학자들은 어림을 이용해 실험 결과를 미리 예상하거나 측정한 값이 타당한지 확인한다. 또 공룡의 몸무게처럼 직접 재기 어려운 값도 어림을 통해 구할 수 있다. 중요한 점은 어림은 반드시 과학적 근거와 자료를 바탕으로 해야 한다는 것이다.

물체의 크기나 양을 정확히 알려면 먼저 눈으로 보고 대략 짐작하는 어림이 필요하다. 어림을 통해 물체의 크기나 양을 완벽하게 알 수는 없더라도 경험이나 관찰을 바탕으로 값을 예상할 수는 있다. 하지만 어림에 의한 값은 사람마다 달라 정확하지도, 동일하지도 않다. 그래서 우리는 실제로 자나 저울 같은 도구를 사용해 측정한다.

그렇지만 측정도 완벽한 것은 아니다. 측정 도구의 눈금이 너무 크거나 사람의 눈으로 정확하게 맞추기 어려울 때, 환경이 변할 때 등 다양한 이유로 측정값에 약간의 차이가 생길 수 있는데 이것을 **측정 오차**라고 한다.

어림과 측정은 모두 완벽하지 않지만, 이 둘을 함께 사용해 서로의 단점을 보완할 수 있다. 어림은 측정을 시작하기 전에 대략적인 값을 예상할 수 있게 하고, 측정은 그 값을 좀 더 정확하게 알려 준다. 그리고 측정값이 어림값과 많이 다르다면 측정이 잘못되었거나 오차가 생긴 것은 아닌지 다시 확인할 수 있다. 과학에서는 어림과 측정, 그리고 오차를 모두 고려해 더 정확하고 믿을 수 있는 결과를 얻기 위해 노력한다.

측정 표준

measurement standard

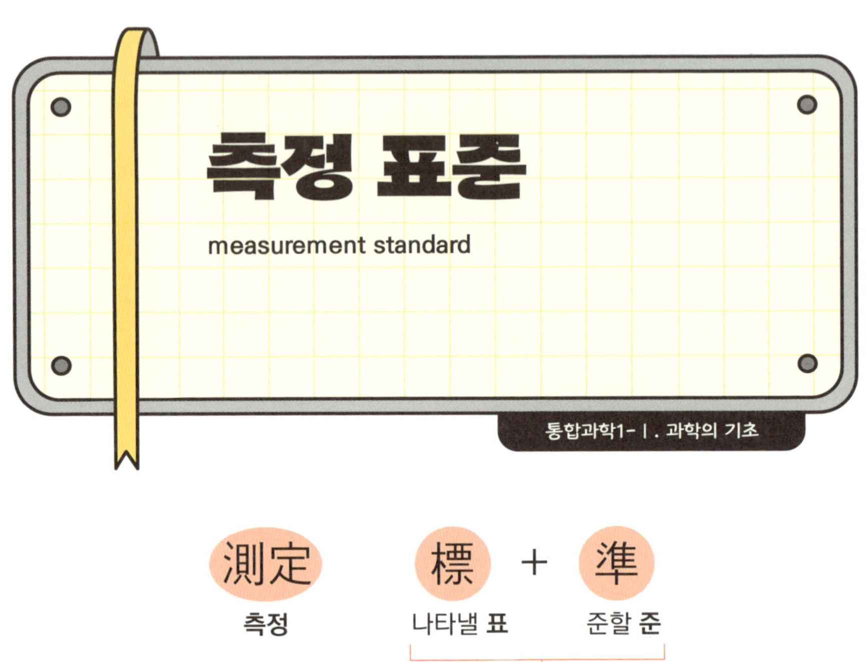

○ 개념 잡기

측정 표준은 측정을 할 때 국제적 또는 국가적으로 기준이 되는 값이다. 만약 나라마다 1m, 1초, 1kg의 값이 다르다면 그 값을 신뢰할 수 없어 과학, 무역 등 모든 일상생활에서 혼란이 생길 것이다. 특히 과학에서는 동일한 기준 값이 없으면 실험 결과를 공유하고 검증할 수 없다. 그래서 우리는 단위와 관련된 체계인 도량형*을 만들어 소통한다.

국제 도량형 총회에서 1m는 빛이 진공에서 2억 9,979만 2,458분의 1초 동안 진행한 거리로, 1초는 세슘이 91억 9,263만 1,770번 진동하는 시간으로, 1kg은 플랑크 상수(h)*

도량형
길이를 의미하는 도(度), 부피를 재는 양(量), 무게를 다는 형(衡)을 합친 단어다.

플랑크 상수
양자 역학의 기본 상수로, 시간이 지나도 변하지 않는 값이다.

와 미터 및 초의 정의를 이용해 계산된 값으로 정의한다.

무언가를 정확하게 측정하려면 공통된 기준이 필요하다. 만약 사람마다 서로 다른 기준을 사용한다면 측정값도 달라져 혼란이 생길 수 있다. 예전에는 나라별로 각기 다른 기준을 썼지만, 지금은 '국제도량형총회'라는 국제기구에서 전 세계가 함께 사용하는 기준을 정하고 있다.

하지만 기준이 같다고 해서 항상 정확한 측정이 되는 것은 아니다. 단위나 눈금 읽는 방법이 다르면 문제가 생길 수 있다. 1998년 미국항공우주국(NASA)의 화성 기후 궤도선(MOC)은 10개월 동안 우주를 날아가 화성에 접근했지만, NASA와 우주선 제작사가 서로 다른 단위를 사용한 실수 때문에 궤도 진입에 실패하고 파괴되었다. 제작사가 **국제단위계**를 사용했다면 막을 수 있었을 사고다.

이처럼 변하지 않는 기준으로 정확하게 측정하고, 정해진 단위를 일관되게 사용하는 것을 측정 표준이라고 한다. 측정 표준은 우리의 일상생활과 과학, 기술 분야에서 널리 활용되고 있다.

옛날 사람들은 팔이나 발 같은 몸의 특정 부위 길이로 물건의 길이를 측정했다. 예를 들어 고대 이집트에서는 팔꿈치부터 손끝까지의 길이를 기준으로 '큐빗'이라는 단위를 사용했고, 영국에서는 왕 헨리 1세의 발 크기를 기준으로 '피트' 단위를 정했다. 이런 방법은 누구나 쉽게 쓸 수 있지만,

사람마다 팔이나 발 길이가 달라서 정확하지 않고 혼란스러웠다.

그래서 1790년 프랑스에서는 모두가 공통으로 사용할 수 있는 동일한 단위를 만들기로 했다. 과학자들은 지구 북극에서 적도까지 거리의 1,000만 분의 1을 1m로 정하자고 했고, 이 길이를 재기 위해 두 명의 과학자가 6년 동안 프랑스와 에스파냐를 걸어다녔다. 그 결과 1799년에 금속으로 만든 '미터원기(prototype meter)'가 나오게 되었다. 이를 기준으로 한 미터법은 다른 나라에도 점차 퍼졌고, 산업 혁명 시대에는 정밀한 기계나 무기를 만드는 데 꼭 필요한 단위가 되었다. 결국 1875년, 프랑스 파리에서 세계 여러 나라가 모여 '미터 협약'을 맺고 국제적으로 통일된 단위(SI 단위)를 사용하기로 했다. 국제단위계의 줄임말인 SI는 프랑스어 'Le Système International d'unités'에서 유래했다.

하지만 오늘날의 1m는 그때의 미터원기의 기준과는 다르다. 자오선의 길이가 일정하지 않다는 사실이 밝혀지며 다른 기준을 찾게 되었기 때문이다. 과학자들은 빛이 진공에서 항상 같은 속도로 움직인다는 점에 주목했다. 그리하여 1983년 빛의 속도를 이용해 1m를 새로 정의해 정확성을 높였다. 이렇게 정해진 단위 덕분에 GPS, 양자 컴퓨터 같은 최첨단 기술이 가능하게 되었다.

통합과학 개념 픽

○ 개념 잡기

신호에는 **아날로그 신호**와 **디지털 신호가 있다.** '아날로그'라는 말은 '비례하다'라는 뜻의 고대 그리스어에서 유래했다. 이 말처럼 아날로그 방식은 원래의 신호가 지니는 크기나 세기에 비례해 그대로 나타내는 방법이다. 빛의 밝기, 바람의 세기 등 우리가 자연에서 느끼는 모든 신호는 끊기지 않고 부드럽게 변하는 연속적인 아날로그 신호다.

반면, 디지털이라는 말은 원래 '손가락'이나 '자릿수'를 뜻하는 영어 단어 디짓(digit)에서 유래한다. 손가락으로 하나씩 수를 세듯, 디지털은 정해진 단위로 정보를 끊어 각각의 값을 숫자로 나타낸다. 오늘날에는 컴퓨터, 스마트폰, 디지털 시계와 같은 전자 기기 대부분이 디지털 방식을 사용한다.

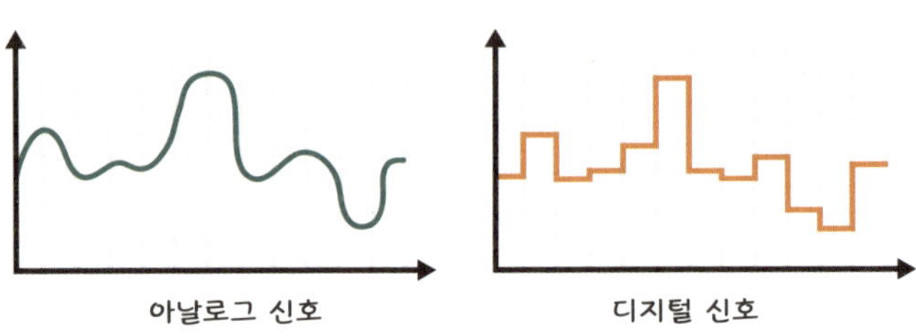

자연에서는 빛, 소리, 온도, 힘, 압력, 지진파처럼 다양한 신호가 끊임없이 발생한다. 자연에서 일어나는 변화를 우리에게 알려 주는 방식이 '신호'인 것이다.

아날로그 신호는 시간이 지남에 따라 연속적으로 변하는 신호다. 예를 들어 사람의 목소리나 빛의 세기 같은 아날로그 신호는 변화를 더 부드럽고 정밀하게 표현한다는 장점이 있지만, 복사하거나 전송할 때 쉽게 손상되거나 왜곡된다는 단점이 있다.

반면에 **디지털 신호**는 숫자처럼 불연속적 값으로 정보를 표현한다. 예를 들어 디지털 시계의 숫자 표시, 컴퓨터의 0과 1 같은 것이 디지털 신호다. 컴퓨터는 전기 신호를 이용하는데, 전압이 높을 때는 1, 낮을 때는 0으로 정보를 표현한다.

우리는 스마트폰이나 라디오, TV를 통해 멀리 있는 사람의 목소리나 음악, 영상을 실시간으로 보고 들을 수 있다. 그런데 이런 소리나 영상은 공기 중에 그냥 흘러가는 게 아니라 '변조'라는 특별한 방법으로 멀리 보내진다. 변조는 소리나 영상 같은 정보를 전파에 실어 보내는 기술이다.

변조 방법에는 여러 가지가 있는데, 대표적인 것이 아날로그 변조에 해당하는 AM과 FM, 그리고 디지털 변조다. 먼저 AM은 '진폭 변조'라고 부른다. 쉽게 말하면, 소리의 크기에 따라 전파의 크기를 크게 또는 작게 하는 방식이다. 조용한 소리는 작은 전파로, 큰 소리는 큰 전파로 보내는 것이다. AM은 먼 거리까지 전파를 보낼 수 있지만, 날씨가 나쁘거나 번개가 치면 '지지직' 소리가 나는 등 잡음에 약한 단점이 있다.

FM은 '주파수 변조'라고 한다. 이것은 전파의 크기는 그대로 두고 전파가 흔들리는 빠르기를 소리로 바꿔 표현하는 방식이다. 높은 소리는 빠르게, 낮은 소리는 천천히 흔들리는 전파로 보내는 것이다. FM은 AM보다 소리가 더 깨끗하게 들리지만 아주 멀리까지 잘 퍼지지는 않는다.

마지막으로 요즘 우리가 가장 많이 사용하는 방식이 바로 디지털 변조다. 디지털 변조는 소리나 영상을 0과 1 같은 숫자로 바꿔 보내는 방식이다. 스마트폰이나 디지털 TV가 대표적 예다. 디지털 방식은 소리나 영상을 정확하게, 빠르게, 깨끗하게 보낼 수 있어 요즘처럼 인터넷이나 무선 통신이 발달한 시대에 꼭 필요하다.

센서

sensor

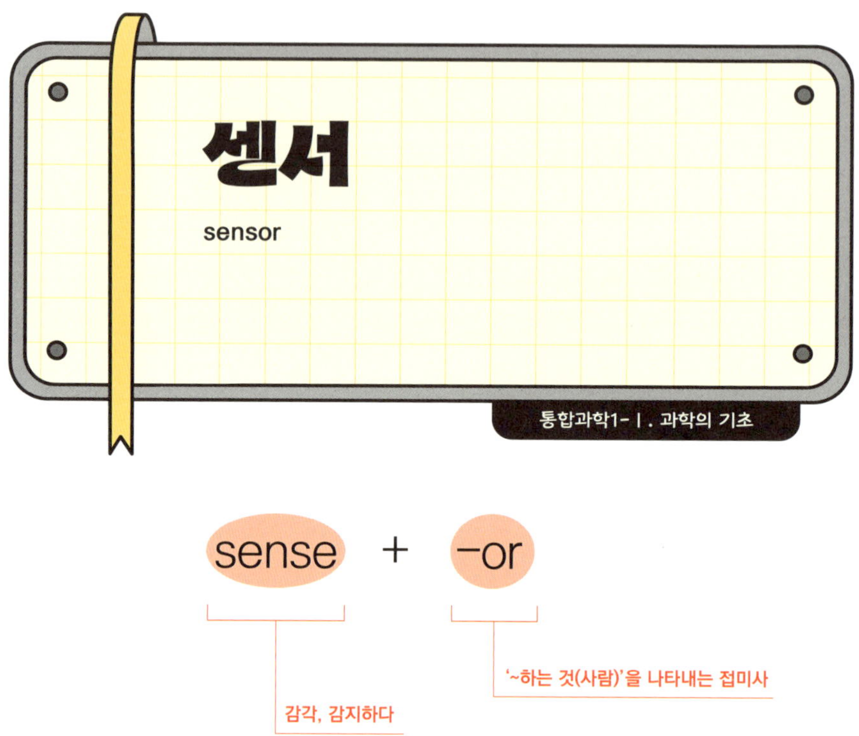

○ 개념 잡기

센서는 한자로 '감지기(感知器)'로 표현할 수 있다. '느끼고 알아차리는 장치'라는 뜻이다. 센서는 생물로 치면 눈, 귀, 피부처럼 주변 환경을 감지하는 감각 기관과 비슷하다고 볼 수 있다. 좀 더 정확하게 말하면, 센서는 눈에 잘 보이지 않거나 측정하기 어려운 신호를 쉽게 측정할 수 있도록 다른 신호로 바꿔 주는 장치다.

예를 들어 온도, 빛, 소리, 압력 같은 것을 전기 신호로 바꾸면 컴퓨터나 기계가 쉽게 읽고 처리할 수 있다. 그래서 요즘 센서들은 대부분 감지한 신호를 전기 신호로 바꾸는 방식이 적용된다. 기술이 발전하면서 점점 더 작고 정교한 센서가 만들어지고 있다. 그 덕분에 스마트폰이나 스마트 워치처럼 작고 얇은 기기에도 센서를 여러 개 넣을 수 있게 되었다.

○ 교과서 들여다보기

센서는 ==자연에서 일어나는 다양한 변화를 감지해 전기 신호로 바꿔 주는 장치==다. 예를 들어 빛의 밝기나 온도, 속력 같은 것은 연속적인 값을 갖는 아날로그 신호다. 이런 신호는 숫자로 표시하기 어려운데, 센서를 이용하면 연속적인 정보를 컴퓨터가 알아들을 수 있는 디지털 신호로 바꿔 표현할 수 있다.

예를 들어 자동차가 달릴 때 속력이 계속해서 바뀌지만 속력 센서 덕분에 우리는 '시속 53km'처럼 정확한 숫자로 순간 속도를 확인할 수 있다. 그리고 감지하는 신호의 종류에 따라 다양한 센서가 활용된다. 빛의 밝기를 측정할 땐 조도 센서, 온도를 측정할 땐 온도 센서, 습도를 알아내는 습도 센서 등이 사용되고 있다.

○ 이슈 더하기

사물 인터넷

최근에는 센서들이 서로 연결되어 더 똑똑한 시스템을 만드는 **사물 인터넷(IoT)**(→355쪽) 기술이 발전하고 있다.

사물 인터넷 시스템은 집, 학교, 도시 등 다양한 곳에서 활용되고 있다. 곳곳에 설치된 센서가 온도, 습도, 조도, 소리, 위치 같은 데이터를 실시간으로 모으고, 이렇게 모인 데이터가 무선 네트워크를 통해 서버나 클라우드로 전송되면 인공 지능이 이를 분석해 자동으로 기기를 제어하거나 문제를 예측한다.

예를 들어 스마트 홈 시스템은 조도 센서가 방 안이 어두워진 것을 감지하면 불을 켜고 온도 센서가 더위를 감지하면 에어컨을 작동시킨다. 도시 차원에서는 교통량 센서가 차량 흐름을 분석해 신호등을 자동으로 조절하기도 한다. 이처럼 센서와 사물 인터넷 기술의 결합은 에너지 절약, 안전 관리, 편리한 생활을 가능하게 하며 자율주행차, 환경 모니터링, 스마트 농업 등 다양한 분야로 확장되고 있다.

 통합과학 개념 픽

● 개념 잡기

정보란 어떤 판단이나 행동을 도와주는 의미 있는 신호라고 말할 수 있다. 지금은 아주 익숙한 단어지만, 우리나라에서는 1960년대 이후부터 본격적으로 사용되었고, 서양에서도 1940년대 이전에는 거의 쓰이지 않은 새로운 개념이다. 정보의 개념 역시 지금과는 사뭇 달랐다. 지금은 과학과 기술이 발전하면서 데이터를 바탕으로 정확한 상황을 전달해 주는 의미로 사용되고 있다.

우리 주변의 자연에서는 끊임없이 다양한 신호가 발생한다. 숨을 쉴 때의 공기 흐름, 바람이 부는 세기, 햇빛의 밝기, 소리, 온도, 지진의 흔들림 등이 모두 신호의 한 형태다. 우리는 이런 신호들을 사람의 감각 기관이나 센서 같은 도구를 이용해 관찰하거나 측정한다. 그리고 이렇게 수집한 신호들을 분석하면 사람의 건강 상태를 확인하거나 날씨를 예측하거나 위험을 미리 감지하는 등 여러 가지 문제를 해결하기 위한 정보로 활용할 수 있다.

예를 들어 스마트 워치에는 우리 몸의 상태를 살피는 특별한 기능이 있다. 넘어지거나 충격을 받았을 때 몸에서는 평소와 다른 신호를 내보내고 스마트 워치는 이를 위험 정보로 판단해 가족이나 구조 센터에 도움을 요청한다.

정보의 개념은 오랜 시간 동안 과학과 기술의 발전과 함께 달라져 왔다. 옛날에는 정보를 전달하는 방식이 매우 제한적이었다. 고대에는 연기나 불빛을 이용한 봉화, 북을 두드리는 소리처럼 단순한 방식으로 멀리 있는 사람에게 위험을 알렸다. 이때 정보는 단순히 '전달해야 하는 의미'였고, 정보를 표현하는 수단도 불이 켜졌는가 꺼졌는가, 소리가 났는가 안 났는가 정도였다. 이 또한 지금 기준으로는 디지털 신호의 일종으로 볼 수 있다.

17세기와 18세기에는 수학자들이 확률 개념을 다루기 시작하면서, 정보는 단순한 사실 그 자체뿐 아니라 '미래를 예측하는 데 도움이 되는 수치적 자료'로 인식되기 시작했다. 예를 들어 주사위를 던졌을 때 어떤 숫자가 나올지를 확률로 계산하는 것도 일종의 정보 활용으로 볼 수 있다. 19세기에 전신과 모스 부호가 발명되면서 정보는 훨씬 빠르게 멀리 전달될 수 있게 되었다. 모스 부호는 '짧은 신호(·)'와 '긴 신호(―)'만으로 모든 문자를 표현했기에 이로써 정보를 '단순한 부호로 압축해 전송할 수 있다'는 개념이 생겨났다. 이는 나중에 컴퓨터가 정보를 숫자(0과 1)로 다루는 디지털 정보의 시초가 되었다.

20세기 중반, 섀넌이 정보 이론을 발표하면서 정보는 완전히 새로운 과학적 개념으로 자리 잡는다. 그는 정보를 '불확실성을 줄여 주는 것', 즉 무엇이 일어날지 모를 때 사건 발생의 가능성을 좁혀 주는 것으로 정의했다. 그리고 이 개념을 수학적으로 계산할 수 있도록 공식을 만들었다. 오늘날 우리가 쓰는 인터넷, 스마트폰, 컴퓨터 통신은 모두 섀넌의 정보 이론을 바탕으로 만들어진 것이다.

21세기인 지금, 정보는 단순히 문자나 숫자가 아니라 영상, 소리, 유전자, 뇌파, 감정 등 다양한 형태로 표현되고 있다. 인공 지능(AI)은 정보를 스스로 분석해 판단하고, 사람처럼 학습하기도 한다. 정보는 이제 단순히 '전달'을 넘어 '판단하고 예측하고 창의적인 결과를 만들어 내는 도구'가 되었다.

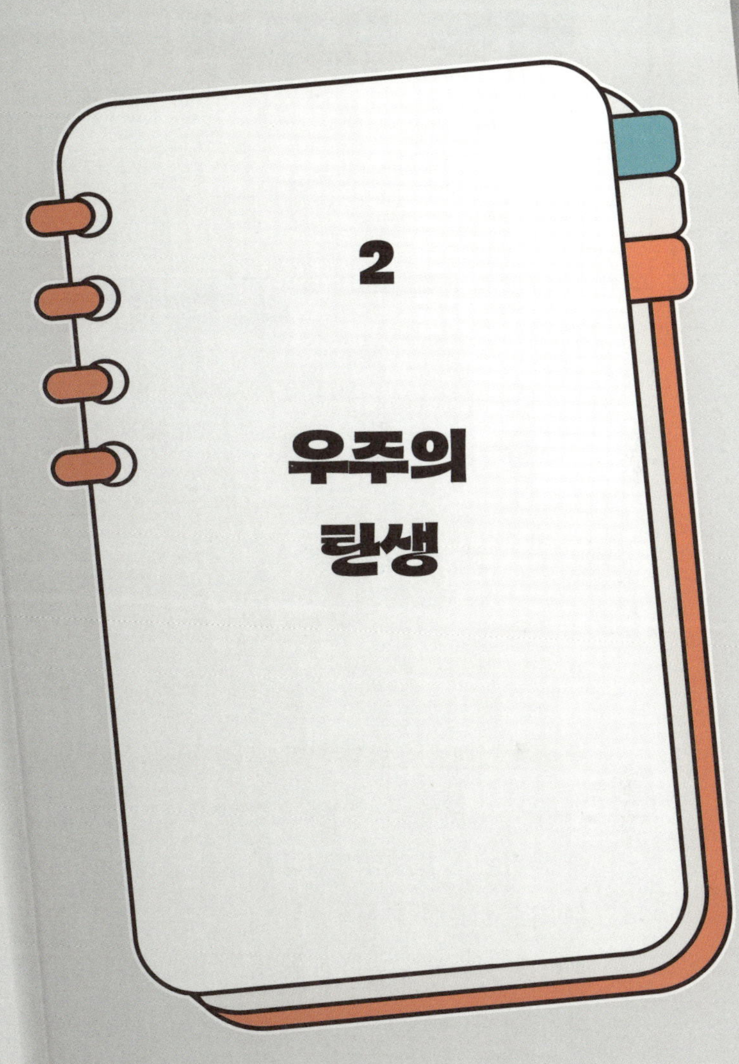

2

우주의 탄생

빅뱅 우주론

Big Bang cosmology

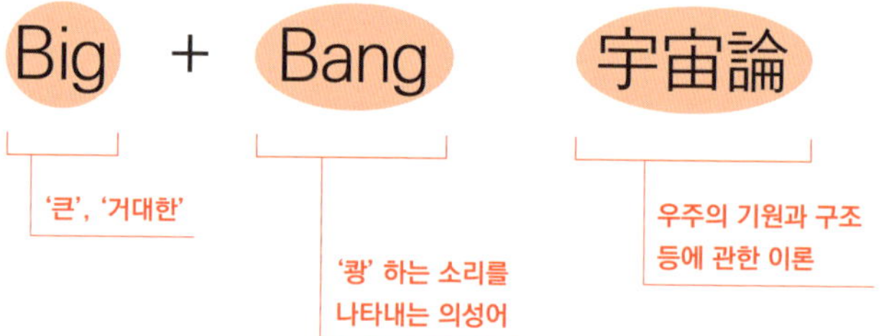

○ 개념 잡기

==우주가 거대한 폭발로 시작했다는 우주 탄생 모델==이다. 현재 우주가 팽창하고 있다는 것은 사실로 확인되었는데, 이를 되짚어 시간을 되돌린다면 모든 물질과 에너지가 어느 한 점으로 모인다. 약 138억 년 전, 우주는 이 한 점에서 빅뱅이라 불리는 엄청나게 빠른 팽창이 일어나며 시작되었다. 또한 우주 탄생으로부터 10^{-36}초 후, 우주는 광속보다도 훨씬 빠른 속도로 팽창해 짧은 시간 사이에 엄청난 크기로 커지는 **급팽창(인플레이션)**을 겪었다.

빅뱅 우주론에 의하면 우주는 약 138억 년 전에 급격하게 팽창하고 그 후 온도가 낮아지며 식어 가고 있다. 빅뱅 직후 우주가 팽창하며 기본 입자인 **쿼크**(→64쪽)와 전자가 처음 생겨났고, 이후 입자가 결합해 중성자와 양성자가 완성되고, 양성자(수소 원자핵)와 중성자의 **핵융합 반응**(→302쪽)이 일어나 헬륨 원자핵이 만들어졌다. 그 후 우주의 온도가 약 3,000K까지 낮아지자 원자핵과 전자가 결합해 원자가 만들어졌다. 우주는 계속 팽창했고 최초의 별과 은하를 생성했으며 오늘날의 우주가 되었다.

정적 우주와 팽창 우주라는 두 축으로 발전해 온 우주론은 20세기 과학자들 사이의 논쟁 끝에 **팽창 우주론**으로 정리됐다. 아인슈타인은 우주가 수축도 팽창도 하지 않고 정적인 상태를 유지한다고 생각했고 프리드만은 우주는 팽창도 하고 수축도 하지만 현재는 팽창하고 있다고 주장했다. 1927년 르메트르는 우주의 시작과 팽창을 언급하며 우주의 모든 물질이 아주 먼 과거에는 하나로 모여 있었다고 주장했다.

이후 외부 은하를 연구하던 허블은 윌슨산 천문대에서 외부 은하들의 스펙트럼(→59쪽)에서 **적색 편이**[*]를 관찰했으며 먼 거리에 있는 은하일수록 더 큰 적색 편이가 관측된다는 사실을 밝혀냈다. 이는 먼 은하가 더 빨리 멀어지고 있다는 뜻으로, 팽창 우주론을 증명한다. 아인슈타인도 윌슨산 천문대를 방문해 이를 인정했다.

　　우주의 팽창을 확인한 과학자들은 정상 우주론과 빅뱅 우주론을 제안한다. 호일 등이 주장한 정상 우주론은 팽창하는 우주에 새로운 물질이 계속 만들어져 우주의 밀도가 일정한 상태를 유지한다는 것이다. 한편 가모프는 우주가 한 점에서 대폭발로 생성되었다는 빅뱅 우주론으로 팽창 우주를 설명했으며, 팽창하면서 우주 온도와 밀도가 계속 낮아진다고 했다. 뜨거웠던 우주가 식어 가면서, 현재는 초기 우주에서 방출된 빛의 파장이 길어져 전파 영역의 에너지로 남아 있다고 주장했다. 이후 이 전파가 실제로 관측되었는데, 이를 **우주 배경 복사**라고 부른다. 또한 초기 우주에서 만들어진 수소와 헬륨의 질량비가 지금까지 유지된다는 점도 빅뱅 우주론을 뒷받침하는 증거다. 빅뱅 직후 우주는 짧은 시간 동안 급격하게 팽창했다는 급팽창 이론이 빅뱅 우주론을 보완했다. 우주는 탄생한 지 90억 년 후, 암흑 에너지에 의해 팽창 속도가 빨라지기 시작해 현재 가속 팽창 중이다.

○ 개념 잡기

빛을 파장에 따라 나누어 띠 모양으로 정렬한 것으로, 프리즘, **분광기**(→62쪽) 등을 이용해 빛을 나누어 확인할 수 있다. 햇빛을 프리즘에 통과시키면 여러 가지 색의 띠가 나타나는데, 이는 햇빛의 가시광선 스펙트럼이다. 별빛도 분광기를 이용해 스펙트럼을 볼 수 있다.

스펙트럼은 연속, 방출, 흡수의 세 종류가 있다. **연속 스펙트럼**은 광원을 프리즘에 통과시켰을 때 나타나는 연속적인 색의 띠이다. **방출 스펙트럼**은 고온의 기체에서 방출된 빛이 프리즘을 통과할 때 밝은 선들이 나타나는 스펙트럼이다. 고온의 광원에서 나온 빛이 저온의 기체를 지나 프리즘을 통과하면 연속 스펙트럼을 배경으로 검은 선이 나타나는데, 이를 **흡수 스펙트럼**이라고 한다.

연속 스펙트럼

방출 스펙트럼

흡수 스펙트럼

○ **교과서 들여다보기**

유리 방전관
내부에 기체를 채우고 양쪽에 전극을 설치한 유리관

스펙트럼을 분석하면 광도, 표면 온도, 화학 조성 등 별의 **물리량**(→30쪽)을 알 수 있다. 원소의 스펙트럼을 보면 원소마다 고유한 위치에 선이 나타난다. 예를 들어 수소 기체를 채운 유리 방전관을 분광기로 관찰하면 특정한 위치에 밝은 선이 나타난다. 별의 흡수 스펙트럼을 살펴보면 수소와 헬륨의 방출 스펙트럼과 같은 위치에 검은 선이 나타나는 것을 관찰할 수 있다. 이로써 별의 대기에 수소와 헬륨이 있다는 사실을 확인할 수 있다. 또한 별의 스펙트럼으로 별을 구성하는 원소를 알 수 있다.

별빛을 분광기로 분해하면 흡수 스펙트럼을 볼 수 있다. 별의 대기에 있는 원소들이 별의 표면 온도에 따라 다르게 반응하기 때문에 저마다 고유한 흡수선이 나타난다. 따라서 이 무늬를 분석하면 별의 표면 온도, 구성 성분을 알 수 있다. 이 스펙트럼에 따라 별을 분류하는데 이를 별의 **분광형**이라고 한다.

외부 은하의 스펙트럼을 관찰하면 적색 편이가 나타나는 흡수 스펙트럼을 볼 수 있다. 파장이 긴 쪽으로 치우치는 적색 편이는 천체가 관측자로부터 후퇴할 때 발생한다. 또한 적색 편이 값을 이용해 은하의 후퇴 속도를 알 수 있는데, 멀리 있는 은하일수록 후퇴 속도가 크게 나온다. 이로써 우주가 팽창한다는 사실을 알 수 있다.

분광기

spectroscope

○ 개념 잡기

슬릿
길고 좁은 틈을 말하며, 빛이 이 틈을 통과해 분광하도록 한다. 틈이 너무 넓으면 빛이 넓게 퍼져 선명도가 떨어지므로 주의한다.

==빛을 파장별로 분리해 스펙트럼을 만드는 장치==다. 분광기는 앞부분에 슬릿●을 장착해 관찰하고자 하는 빛만 들어오게 하고, 분광기 안에 프리즘이나 분광 필름을 두어 빛을 통과시키는 구조다. 분광기를 이용해 빛을 파장에 따라 나열할 수 있으며 천문학에서는 별빛을 분광기로 관찰해 별빛의 세기와 파장을 분석한다.

○ 교과서 들여다보기

분광기를 사용하면 여러 광원의 스펙트럼을 관찰해 그 특징을 파악할 수 있다. 일상에서 자주 볼 수 있는 백열등을 분광기로 관찰하면 연속 스펙트럼이 나타난다. 백열등의 빛에는 거의 모든 파장의 빛이 섞여 있기 때문이다. 반면 분광기로 수소, 헬륨 등의 방전관을 관찰하면 특정 부분에만 색이 나타나는 방출 스펙트럼을 볼 수 있다. 기체마다 서로 다른 방출 스펙트럼이 나타나므로 이를 활용하면 개별 천체의 스펙트럼을 분석해 천체를 구성하는 원소를 알아낼 수 있다. 별, 성운 등 천체의 스펙트럼에서는 수소와 헬륨에 의해 형성되는 흡수선이 관측되는데, 이로써 우주를 이루는 주요한 구성 원소가 수소와 헬륨이라는 사실을 확인할 수 있다.

별빛을 분광기로 관찰하면 흡수 스펙트럼을 볼 수 있으며, 별마다 고유한 흡수선이 나타난다. 별의 대기에 존재하는 원소들이 별의 표면 온도에 따라 특정 파장의 빛을 흡수하기 때문이다. 이러한 흡수 스펙트럼을 통해 별을 구성하는 성분을 비교할 수 있고 별의 표면 온도를 알 수 있다.

별빛의 흡수 스펙트럼에 따라 별을 분류해 나타낸 것을 별의 **분광형**이라고 하며 O, B, A, F, G K, M형으로 나뉜다. 이 분류법을 체계화한 과학자는 캐넌으로 1896년부터 40년 넘게 하버드 천문대에서 일하며 별의 스펙트럼을 분석하고 별을 분류했다. 캐넌의 꾸준한 연구는 '하버드 항성 분류법'을 정립하는 것으로 결실을 맺었다.

● **개념 잡기**

물질을 구성하는 가장 근원적인 입자다. 쿼크는 더 작은 입자로 쪼개지지 않는다. 원자핵을 구성하는 양성자와 중성자는 쿼크 세 개가 모여 만들어진다.

● **교과서 들여다보기**

쿼크는 우주를 이루는 기본 입자다. 우주를 구성하는 물질은 원자로 이루어져 있고 원자는 원자핵과 전자로, 원자핵은 양성자와 중성자로 이루어져 있다. 양성자와 중성자는 쿼크로 이루어져 있다. 우주를 구성하는 물질은 대부분 수소와 헬륨이며 이 수소와 헬륨의 원자핵은 쿼크로 이루어져 있다. **빅뱅 우주론**(→56쪽)에 따르면 약 138억 년 전 대폭발 후 우주가 팽창했으며 우주가 팽창하기 시작하면서 기본 입자인 쿼크와 전자가 만들어졌다. 이후 우주가 식으면서 쿼크가 결합해 양성자와 중성자가 만들어졌고, 양성자와 중성자의 **핵융합 반응**(→302쪽)이 일어나 헬륨 원자핵이 만들어졌다.

쿼크라는 말은 아일랜드 작가 제임스 조이스의 소설《피네간의 경야》에서 유래했다. 이 소설은 영어 외에도 60여 개의 언어가 쓰인 데다 조이스가 새로이 조합한 단어도 많아 읽기 어려운 소설로 유명하다. 쿼크(quark)는 갈매기가 내는 울음소리를 표현하기 위해 조이스가 만든 신조어다. 1964년 물리학자 겔만이 우주의 기본 미립자를 제안하며 '쿼크'라고 이름 붙였다. 소설에서 이 단어는 쿼크 셋(Three quarks)이라는 구절로 등장하는데, 실제로 입자를 구성할 때도 쿼크 3개가 필요하다. 양성자는 위 쿼크(up-quark) 2개와 아래 쿼크(down-quark) 1개로, 중성자는 위 쿼크 1개와 아래 쿼크 2개로 이루어진다.

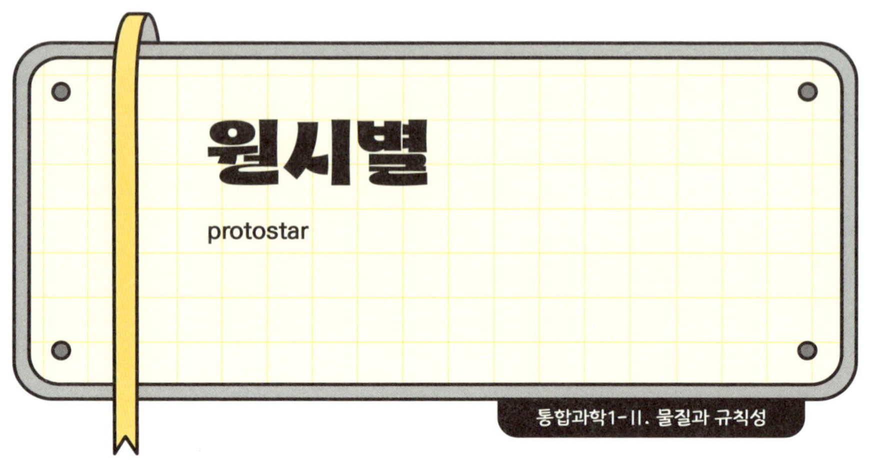

○ 개념 잡기

별이 만들어지는 과정 중 가장 초기 단계의 별이다. 별은 가스와 먼지로 이루어진 커다란 **분자 구름**에서 탄생한다. 분자 구름은 태양 질량의 1,000배에서 1,000만 배에 달하며 그 크기는 수백 광년에 이를 수 있다. 분자 구름은 온도가 낮아 가스의 운동성이 약해지므로 뭉쳐져 고밀도 덩어리를 형성한다. 이러한 덩어리 중 일부는 서로 충돌하거나 더 많은 물질이 모여 질량이 증가하면서 중력이 점차 강해진다. 결국 이 덩어리가 중력에 의해 안쪽으로 수축하고 가열되면서 원시별인 아기 별이 탄생하게 된다. 아직 **핵융합 반**

응(→302쪽)을 하지 못해 스스로 빛을 낼 수 없고, 이 때문에 별이라 부르지 않고 원시별이라 칭한다.

우주에는 수소와 헬륨 등의 기체와 먼지들이 모인 **성간 물질**(→69쪽)이 있다. 성간 물질이 모인 덩어리를 **성운**이라고 하는데, 성운에는 새로운 별을 형성하는 데 필요한 재료가 많이 존재한다. 중력의 영향으로 성운 속 물질이 모여 합쳐지면 중력이 점점 커지고 수축하면서 원시별이 만들어진다.

　수축으로 인해 원시별의 내부 온도는 점차 높아진다. 원시별의 중심부 온도가 1,000만 K 이상이 되면 수소 원자핵이 헬륨 원자핵으로 바뀌는 수소 핵융합 반응이 일어나기 시작한다. 수소 핵융합 반응은 에너지를 방출해 별을 가열하고 중력 수축이 더는 일어나지 않도록 막는다. 별에서 가장 풍부한 원소는 수소로, 별은 약 수백만 년에서 수백억 년 동안 수소 핵융합 반응을 통해 에너지를 만들고 빛을 내게 된다.

별의 탄생은 성운에서 시작된다. 밀도가 크고 온도가 낮은 성운은 주로 분자 상태의 수소로 이루어져 있다. 성운 근처에서 초신성 폭발 등이 일어나 성운에 힘이 가해져 수축하기 시작하면 별이 탄생한다.

　원시별은 중력에 의해 계속 수축하면서 중심부 온도가 상승하고, 그 온도가 1,000만 K 이상이면 수소 핵융합 반응으로 별이 완성된다. 이 단계의 별을 **주계열성**이라고 한다. 수소 핵융합 반응으로 주계열성의 내부가 뜨거워지고 별을 이루는 기체들의 운동이 활발해져 바깥 방향으로 뻗어 가려는 기체 압력이 증가한다. 이 내부 기체의 압력이 별의 중력과 평형을 이루면 더는 수축하지 않고 모양을 유지하게 된다. 이를 **정역학 평형 상태**라고 하며, 별은 일생의 대부분을 주계열 단계에서 보낸다.

성간 물질

interstellar medium

개념 잡기

별과 별 사이 또는 별 근처에 존재하는 물질이다. 성간 티끌과 성간 기체로 이루어져 있다. 성간 티끌은 성간 먼지라고도 부르며 규산염과 탄소 등의 무거운 원소와 얼음으로 구성되어 있다. 성간 기체는 수소와 헬륨 등의 기체이며 수소의 비율이 가장 높다. 성간 물질은 새로운 별과 행성이 만들어지는 주요한 재료 중 하나다.

교과서 들여다보기

우주 공간에는 주로 수소와 헬륨인 성간 기체와 성간 티끌(먼지) 등으로 이루어진 성간 물질이 있다. 성간 기체가 약

99%를 차지하고 성간 티끌이 약 1%를 차지한다. 이 성간 물질이 구름처럼 많이 모인 것을 **성운**이라고 한다. 성간 물질이 모여 중력이 커지면 주변의 더 많은 물질이 한데 합쳐지며 원시별이 될 수 있다.

성간 티끌 때문에 별빛이 가려져 어둡게 보이는 현상을 **성간 소광**이라 한다. 성간 티끌은 별빛을 잘 흡수하거나 산란시키기에, 별빛이 성간 티끌을 통과해 우리 눈에 들어오면 실제보다 더 어둡게 보인다. 특히 성간 티끌은 파장이 긴 빨간색보다 파장이 짧은 파란색의 빛을 더 많이 흡수하고 산란시키기 때문에 성간 티끌이 많은 성운을 통과한 별의 색깔은 실제보다 붉게 보인다. 이를 **성간 적색화**라고 한다.

미행성체

planetesimal

통합과학1-II. 물질과 규칙성

微 + 行 + 星 + 體
작을 **미** 갈 **행** 별 **성** 몸 **체**

돌아다니는 작은 천체

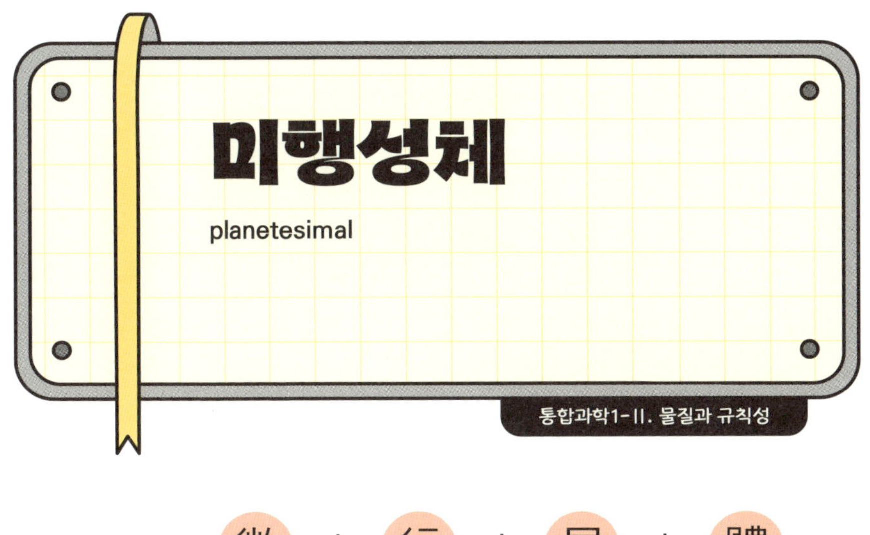

개념 잡기

태양계 생성 초기에 있었던 작은 천체로 성간 물질이 뭉쳐져 만들어졌다. 미행성체들이 충돌하고 합쳐지며 행성의 중심이 되고 점차 크기가 커져 행성이 형성되었다.

교과서 들여다보기

태양계가 만들어질 당시 성운이 수축해 중심에 원시 태양이 만들어지고 그 주변으로 납작한 원시 원반이 생성되었다. 이 원반에 있는 먼지, 얼음 입자 등의 성간 물질이 중력에 의해 서로 뭉쳐 미행성체가 만들어졌으며, 미행성체가 서로 충돌하고 점차 커져 원시 행성을 형성했다. 지구

도 이러한 미행성체가 합쳐져 만들어졌다. 형성 초기의 지구는 미행성체의 충돌로 온도가 높아 마그마의 바다 상태였다.

다른 별 주위에서도 미행성체를 볼 수 있다. 아래 그림은 HD166191이라는 어린 별 주위에서 미행성체가 서로 충돌하는 모습을 나타낸 것이다. 또한 태양계의 미행성체 중에는 행성이 되지 못하고 소행성 단계에 남아 있는 것들이 있다.

소행성 크기의 미행성체가 충돌하는 모습을 표현한 그림. 별 주변을 떠다니는 작은 물질들이 미행성체다.

통합과학 개념 픽

개념 잡기

급격한 폭발로 갑자기 엄청나게 밝게 빛나다가 어두워지는 별이다. 질량이 큰 별에서 볼 수 있는, 죽기 직전 마지막 단계에서 발생하는 현상이다.

교과서 들여다보기

질량이 태양보다 훨씬 큰 별은 **수소 핵융합 반응**으로 헬륨을 만든다. 그 뒤에는 헬륨보다 무거운 원소들을 **핵융합 반응**(→302쪽)으로 차례로 만들어 내며, 가장 마지막에는 철이 만들어진다. 에너지가 더는 발생하지 않으면 별을 팽창시키는 내부 압력보다 중력이 커지게 되고 철로 이루어진 중심부가 빠르게 수축한다. 이때 일어나는 거대한 폭발이 바로 초신성 폭발이다. 이 폭발로 별은 원래의 밝기보다 급격하게 밝아지고, 이후 점차 식고 어두워지며 죽어간다. 폭발 과정에서 많은 양의 에너지가 발생하고 금, 우라늄 등 철보다 무거운 원소들이 만들어진다. 이 원소들이 우주 공간에 남아 새로운 별을 만드는 재료가 된다.

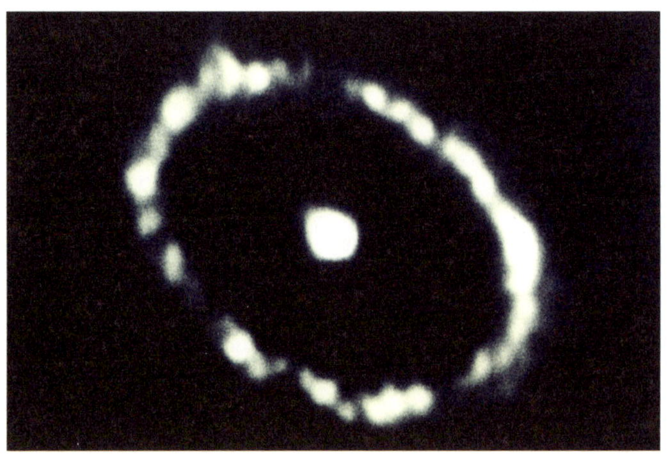

허블 우주 망원경으로 촬영한 초신성 1987A

별은 원시별, 주계열성을 거쳐 거성이 된다. 질량이 큰 별은 마지막에 초신성으로 폭발하고, 폭발 후 남은 중심부는 중성자별이나 블랙홀이 된다. **중성자별**은 별의 중심부가 밀도가 높고 중성자로 이루어진 별이다. 중심부의 밀도가 너무 높아 빛조차 빠져나갈 수 없는 상태로 남은 것이 **블랙홀**이다.

○ **개념 잡기**

미국항공우주국(NASA), 유럽우주국(ESA), 캐나다우주국(CSA)이 협력해 개발하고 2021년에 발사한, 오늘날 규모가 가장 큰 우주 망원경이다. 지구에서 150만 km 떨어진 지점에서 가시광선과 적외선을 이용해 우주를 관찰하고 있다. 이 망원경은 거대한 거울로 빛을 모아 검출기에 초점을 맞춘다. 검출기는 흡수한 **광자**를 전기 신호로 변환한다. 이로써 다른 망원경으로는 보기 어려운 적외선 파장 영역의 아주 약한 빛까지 관측할 수 있다.

광자
전자기파를 구성하는 기본 입자. 질량과 전하가 없다.

제임스 웹 우주 망원경은 주로 적외선으로 관측하는 우주 망원경으로 지상에 있는 망원경이나 주로 가시광선으로 관측하는 허블 우주 망원경이 볼 수 없었던, 더 멀리 있거나 오래되어 어두운 천체를 관측하기에 좋다. 가시광선은 먼지에 의해 차단되지만 가시광선보다 파장이 긴 적외선은 밀도가 높은 성운을 투과할 수 있다. 따라서 적외선으로 관측하면 성운 속에서 탄생하는 별이나 외계 행성의 대기를 관측할 수 있다. 현재는 약 138억 년 전 우주 시작 초기의 천체들을 관측하며 우주 탄생에 대한 정보를 수집하고 있다.

지상에 설치한 망원경은 대기 산란 현상, 날씨 변화, 먼지, 불빛 등의 영향을 받는다. 반면 우주 공간에 띄워 놓는 우주 망원경은 대기의 방해를 받지 않아 더 멀리 떨어진 천체를 보다 잘 관측할 수 있다. 지금까지는 허블 우주 망원경, 케플러 우주 망원경, 플라크 망원경처럼 주로 과학자를 기려 이름을 붙여 왔는데, 제임스 웹 우주 망원경은 NASA 부국장이었던 웹의 이름을 딴 것이다. 웹은 미국의 유인 달 탐사 계획인 아폴로 계획을 진행하는 기간에 NASA를 이끌며 과학 연구가 NASA의 주요 활동이 되도록 노력한 사람이다.

통합과학 개념 픽

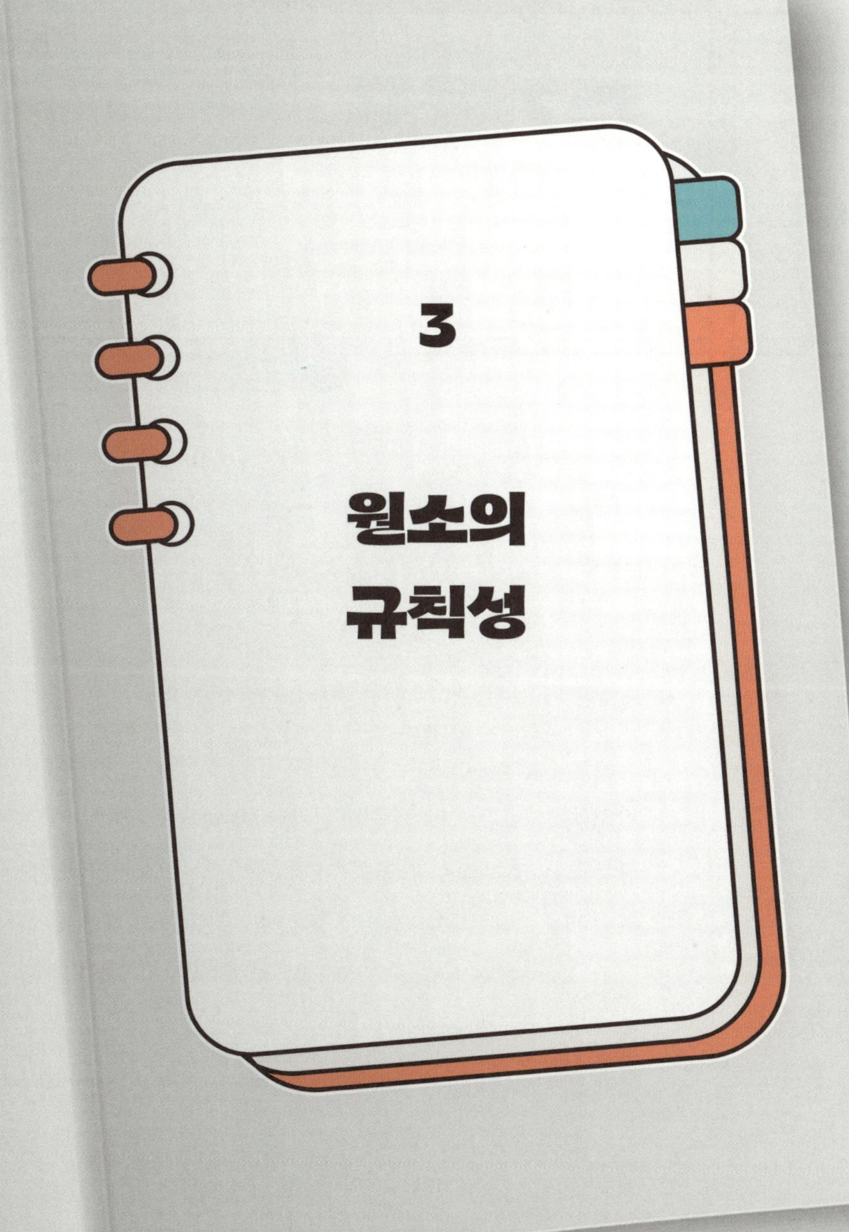
3
원소의
규칙성

주기율표

periodic table

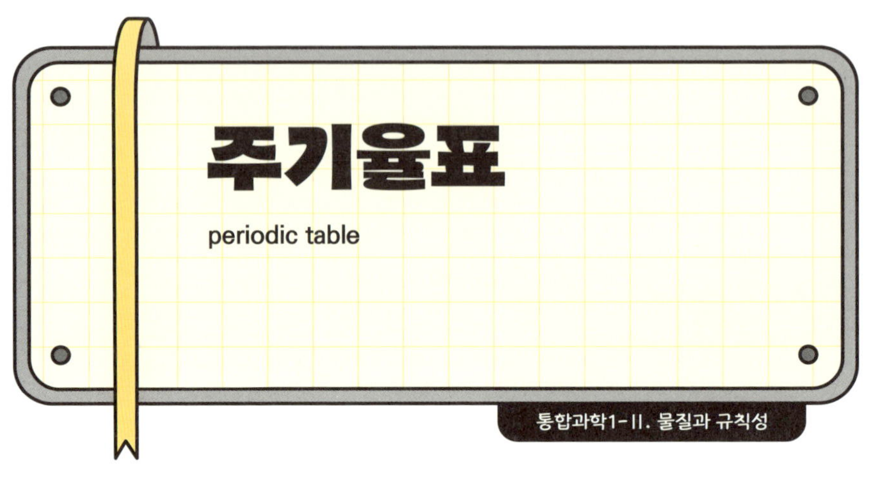

○ 개념 잡기

원자 번호
해당 원소의 원자핵
에 있는 양성자의 수
를 나타낸다.

원소들을 원자 번호 순서대로 배열하고, 화학적 성질이 반복되는 **주기성**을 반영한 표다. 원소가 속한 족(세로줄)과 주기(가로줄)에 따라 원소의 화학적 성질이 유사하게 나타나기 때문에 주기율표는 원소의 전자 배치와 성질을 예측하는 데 유용한 도구가 된다.

예를 들어 리튬(Li)은 2주기 1족이며 전자껍질(→81쪽) 2개, 원자가 전자(→84쪽) 1개를 갖고 있다. 3주기 1족 원소인 나트륨(Na)은 전자껍질이 3개이고 원자가 전자의 수가 1개이다. 리튬과 나트륨은 모두 원자가 전자가 1개라는 공

통합과학 개념 픽

통점을 가지므로 같은 족(1족)으로 묶이며, 이들의 화학적
성질은 비슷하다.

달의 모양이 날짜별로 일정한 규칙에 따라 변화하며 이 변
화가 반복되듯 원소들도 일정한 규칙이 반복되는 **주기성**을
갖는다. 오래전부터 과학자들은 비슷한 성질을 가진 원소
들을 한 그룹으로 모으거나 특정한 기준에 따라 차례대로
배열해 원소들 사이의 규칙을 찾아내려고 노력했다. 이렇
게 비슷한 성질을 가진 원소가 일정한 규칙으로 배열된 표
를 주기율표라고 한다.

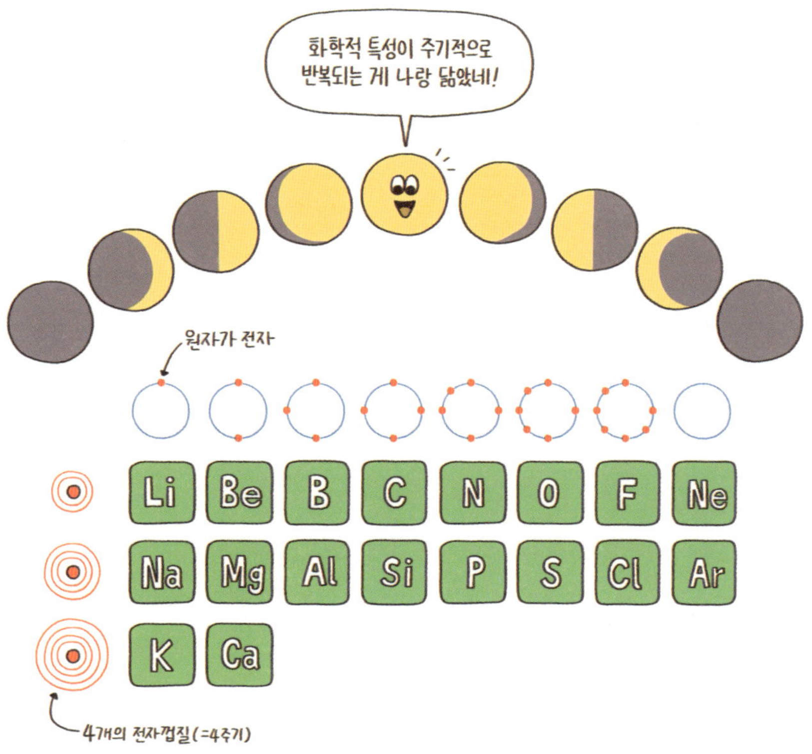

현재 우리가 사용하는 주기율표는 원소들을 원자 번호 순서대로 나열하고 비슷한 성질을 가지는 원소들이 세로로 같은 줄에 오도록 배열한 것이다. 예를 들어 수소, 헬륨, 리튬, 베릴륨 순서로 배열하다가 비슷한 성질을 가진 원소가 나타나면 그 원소를 아래쪽 세로줄에 배치하는 방식이다. 주기율표에서 **가로줄을 주기**라고 하며, 주기는 1주기부터 7주기까지 있다. 주기율표에서 **세로줄을 족(family)**이라고 하며, 족은 1족부터 18족까지 있다.

주기율표의 원소 이름 중에는 과학자 이름에서 유래한 원소들이 꽤 있다. 101번 멘델레븀(Md)은 원소의 주기성을 발견한 과학자 멘델레예프로부터 유래했다. 그는 당시 알려져 있던 63개 원소를 원자의 상대적 질량 순서로 배열하여 규칙성을 정리했다.

그 외에 아인슈타인의 이름을 딴 아인슈타이늄(Es), '노벨상'으로 유명한 노벨의 이름을 딴 노벨륨(No), X선을 발견한 뢴트겐의 이름을 딴 뢴트게늄(Rg) 등이 있다. 주기율표를 보면서 과학자의 이름을 딴 원소를 더 찾아보자. 그리고 어떤 업적을 이룬 과학자인지도 알아보자.

전자껍질

electron shell

통합과학1-II. 물질과 규칙성

電 + 子 + 껍질

번개 **전** 아들 **자**

음의 전하를 가진 입자

전자들이 존재하는 원자핵 겉부분의 궤도

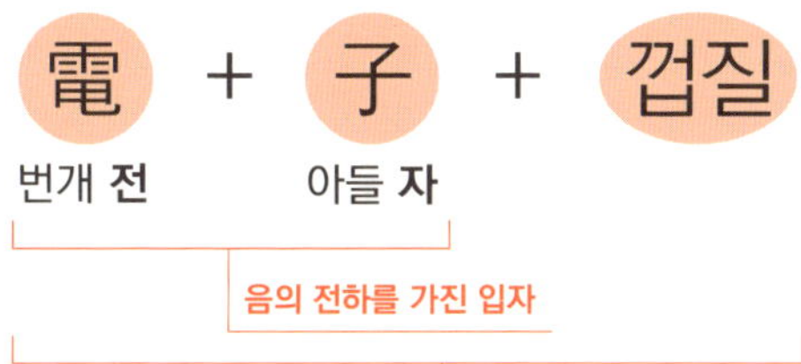

개념 잡기

에너지 준위
전자가 가질 수 있는 에너지의 수준

보어의 원자 모형에서 원자핵 주위를 공전하는 전자의 궤도, 혹은 전자들이 존재하는 에너지 준위의 층을 뜻한다. 원자핵에 가장 가까운 껍질을 '1껍질(K)'이라 부르고, 그다음은 '2껍질(L)', '3껍질(M)'로 이어지며 원자핵에서 점점 더 멀어진다. 각 껍질은 정해진 수의 전자만 담을 수 있는데, 1껍질은 최대 2개의 전자를 가질 수 있고, 2껍질은 8개, 3껍질은 18개를 가질 수 있다.

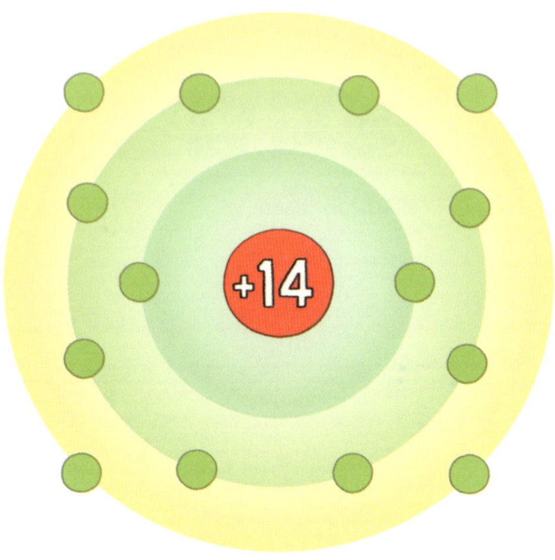

규소(Si)는 원자 번호 14번으로, 세 개의 전자껍질에 각각 2개, 8개, 4개의 전자를 가진 원자다.

주기율표에서 가로줄을 '주기'라고 부르는데, 이 주기는 전자껍질의 개수를 나타낸다. 전자껍질이란 원자핵 주위를 돌고 있는 전자들이 머무르는 층을 말한다. 전자껍질의 개수는 원자의 크기를 결정하는 중요한 요소이며, 전자껍질의 수가 많을수록 원자의 크기는 커진다.

덴마크의 물리학자 보어는 원자의 구조를 설명하는 새로운 이론을 제시했다. 그는 전자가 원자핵 주위를 무작정 돌아다니는 것이 아니라 정해진 궤도로만 돌 수 있다고 생각했다. 이 궤도는 정해진 에너지를 가지며, 전자는 궤도 위에 있을 때는 에너지를 방출하거나 흡수하지 않는다. 전자가 궤도 사이를 이동할 때에만 에너지 변화가 일어나며, 이때 흡수되거나 방출되는 에너지가 빛으로 나타난다. 전자는 안쪽 껍질부터 차례로 채워지며 바깥으로 갈수록 에너지가 커진다. 보어의 이러한 이론은 수소 원자의 선 스펙트럼을 정확히 설명해 냄으로써 그 타당성을 인정받았다.

○ **개념 잡기**

원자는 전자를 잃거나 받으면서 화학 결합을 이루는데, 이 때 가장 바깥쪽 전자껍질에 있으면서 화학 결합 과정에 참여하는 전자를 원자가 전자라고 한다. 원자의 화학적 성질은 이 원자가 전자에 의해 결정된다. 원자가 전자의 수는 가장 바깥쪽 전자껍질에 있는 **최외각 전자**의 수와 대개 일치한다.

최외각 전자와 원자가 전자의 수가 일치하지 않는 대표적 사례는 비활성 기체다. 18족에 속하는 원소들을 비활성 기체라 한다. 이들은 가장 바깥쪽 전자껍질에 8개의 전자를 갖고 있어 최외각 전자가 8개다. 하지만 전자를 잃지도, 얻으려고도 하지 않기 때문에 원자가 전자의 수는 0이다.

원자 번호는 원자핵 안에 들어 있는 **양성자**의 개수와 같으며, 원자가 가지고 있는 전자의 개수와도 같다. 예를 들어 수소는 원자 번호가 1이므로 양성자 1개, 전자 1개를 가진다. 원자가 전자의 개수가 같은 원소끼리 주기율표에서 같은 '족'(세로줄)에 위치한다. 예를 들어 리튬, 나트륨, 칼륨 등의 알칼리 금속은 모두 1족에 속하며 가장 바깥쪽 전자껍질에 전자 1개가 있다. 플루오린, 염소, 브로민 등의 할로젠은 모두 17족에 속한다.

원자가 전자란 원자의 가장 바깥쪽 전자껍질에 있는 전자이며, 이들이 화학 반응에 참여하기 때문에 원소의 화학적 성질을 결정하는 중요한 역할을 한다. 예를 들어 원자가 전자가 1개인 1족 원소들은 쉽게 전자를 잃기 때문에 반응성이 매우 크다. 2주기와 3주기 원소들은 1족에서 17족으로 갈수록 원자가 전자의 개수가 1개씩 늘어난다. 이처럼 자연의 규칙에 따라 원소의 화학적 성질을 결정하는 원자가 전자의 개수가 주기적으로 변하기 때문에 원소들이 주기성을 갖는다.

폴링은 원자들이 어떻게 서로 결합해 안정적인 분자를 만드는지에 깊이 관심을 두었다. 당시 화학 결합은 주로 고전적 개념으로 설명되었지만, 폴링은 새롭게 등장한 양자 역학의 원리를 화학에 적용해 '원자가 결합 이론'을 제시한다. 그는 전자의 공유를 통해 화학 결합이 형성된다는 **공유 결합**(→96쪽) 개념을 발전시키고, 원자 간에 전자를 끌어당기는 상대적 힘을 나타내는 **전기 음성도**라는 개념을 새로 도입해 분자의 구조와 성질을 예측하는 데 기여했다. 1954년 화학 결합의 본질을 밝힌 공로로 노벨 화학상을 수상했다. 폴링의 연구는 현대 화학의 발전에 중요한 토대를 마련했으며, 생화학이나 재료 과학 등 다양한 인접 학문 분야의 발전에도 큰 영향을 미쳤다.

갈륨과 저마늄

Gallium, Germanium

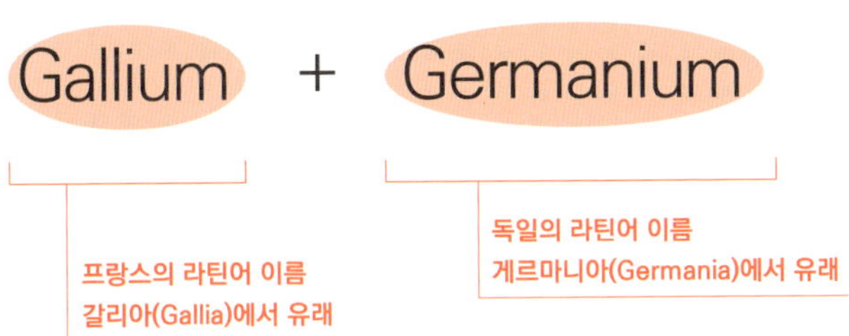

○ 개념 잡기

갈륨과 저마늄은 각각 1875년 프랑스 화학자 부아보드랑, 1886년 독일 화학자 빙클러가 발견했는데, 각자 조국의 이름을 따서 원소의 이름을 지었다.

갈륨(Ga)은 원자 번호 31번으로 무르고 은색을 띠는 금속 원소다. 갈륨의 녹는점은 약 30 ℃로 사람의 체온보다도 낮아서 손에 쥐고 있으면 쉽게 융해된다. 끓는점은 약 2,400 ℃로 매우 높아 액체 상태로 존재하는 온도 범위가 넓다.

저마늄(Ge)은 원자번호 32번으로 주기율표상에서 탄소,

규소, 주석, 납과 함께 14족에 속하는 탄소족 원소다. 단단한 회백색 준금속이고 자연 상태에서 원소 자체로는 발견되지 않고 주로 화합물(GeO_2)로 존재한다. **전기 전도성**(→99쪽)은 금속보다는 낮지만 절연체보다 높아 반도체(→131쪽)로 활용된다.

● **교과서 들여다보기**

멘델레예프가 주기율표를 만들 때 알려지지 않은 원소 때문에 빈칸이 남아 있었는데, 이 중에서 갈륨과 스칸튬(Sc), 저마늄이라는 원소의 존재는 그도 예측을 해 놓았다. 이 원소들은 나중에 실제로 발견되었다. 주기율표가 새로운 원소들을 찾는 데 도움을 준 셈이다. 또한 주기율표는 원소들이 서로 어떻게 반응할지, 어떤 화합물을 만들지 등을 예측할 수 있게 했다.

갈륨은 자연 상태에서 원소 자체로는 존재하지 않고 보크사이트나 아연 광석에 미량 존재하고, 녹는점이 낮아 실온에서 액체 상태의 합금을 만들 때 쓰인다. 저마늄은 주로 아연이나 납 광석에 섞여 있으며 이를 정제해 얻는다. 반도체 소자, 적외선 광학 기기, 광섬유 등에 널리 쓰인다. 멘델레예프가 주기율표를 통해 존재를 예측했을 당시 저마늄을 '에카실리콘(에카규소)'이라 불렀고, 그의 예측과 일치하는 성질이 발견되어 주기율표의 과학적 정확성을 입증한 사례가 되었다.

보크사이트
퇴적암의 한 종류로 철반석(鐵礬石)이라 하고, 갈륨과 알루미늄을 주로 여기서 추출한다.

잡지 광고 등에서 '게르마늄 옥매트', '게르마늄 팔찌'를 본 적이 있는가? 광고는 주로 게르마늄의 항산화 작용, 혈액 순환, 자율 신경계 이완, 음이온 방출 등의 효과를 내세운다. 심지어 암을 치료한다는 말까지 돌았다. 이 게르마늄이 바로 저마늄인데, 저마늄이 방출한다는 원적외선은 태양 빛의 적외선 영역에 해당한다. 원적외선은 파장이 가장 길고 진동수가 낮은 범위에 속하며 주로 열을 전달한다. 실제로는 원적외선은 우리 피부의 표피조차 통과하지 못한다. 그러니 팔찌에 함유된 적은 양의 원석에서 나오는 원적외선이 건강에 효능이 있기란 어렵다.

이처럼 과학적 근거 없이 사람들의 믿음으로 받아들여지고 전해지는 것을 유사 과학(pseudoscience)이라 한다. 그럴듯하게 보이지만 증거의 출처가 불분명하다. 복잡한 문제에 대해 쉽고 빠른 해결책을 찾고자 할 때 유사 과학을 믿기 쉬운데, 이는 효과가 크다고 여겨지는 제품을 볼 때 우리가 항상 비판적으로 사고해야 함을 시사한다.

○ 개념 잡기

같은 원소로 이루어지더라도 원자들이 서로 다른 방식으로 결합할 수 있어 다양한 구조가 존재한다. 이처럼 동일한 원소로 구성되지만 구조와 성질이 서로 다른 물질을 동소체라고 한다.

탄소 동소체가 대표적 예다. 탄소 동소체로 흑연, 다이아몬드, 탄소 나노 튜브, 그래핀 등이 있다. 모두 탄소 원자만으로 이루어져 있지만 원자들이 배열된 방식이 달라 성질이 매우 달라진다.

생활 속에서 볼 수 있는 물건을 통해 동소체를 살펴보자. 대표적 필기 도구인 연필은 흑연과 점토의 혼합물로 만든 심을 나무로 둘러싸 만든다. 흑연은 탄소로 이루어져 있는데, 글씨를 쓸 때 흑연의 탄소 입자가 종이에 붙으면서 글씨가 적히는 게 우리 눈에 보이게 된다.

나노 기술의 발달로 원자 단위에서 물질의 구조를 조작할 수 있게 되면서 기존에는 불가능했던 성질을 갖는 새로운 소재도 개발되었다. 흑연에서 추출한 신소재인 그래핀은 높은 전기 전도성, 투명함, 유연성을 가지고 있어 휘어지는 디스플레이에 사용되는 투명한 전극의 소재로 주목받고 있다. 탄소 나노 튜브는 뛰어난 열 전도성과 높은 강도로 나노 핀셋, 자동차나 항공 우주 분야의 고강도 경량 소재로 활용된다.

흑연은 1개의 탄소 원자가 3개의 다른 탄소 원자와 **공유 결합**(→96쪽)을 이룬다. 층상 구조로 각 평면이 쉽게 떨어진다. 다이아몬드는 탄소 원자 1개가 다른 탄소 원자 4개와 정사면체 모양으로 결합한 그물 구조다. 녹는점이 매우 높고 지구상에서 가장 단단한 천연 소재다. 풀러렌은 60개의 탄소 원자가 매우 안정된 구조(20개 정육각형, 12개 정오각형)로 결합한 물질로, 온도와 압력에 강하다.

새로운 탄소 소재를 찾으려는 노력은 에너지 저장 장치의 개발, 촉매의 효율 향상, 신약 개발 등에서 활발히 이루어지고 있다. 탄소계 나노 입자는 강력한 항균성을 나타낸

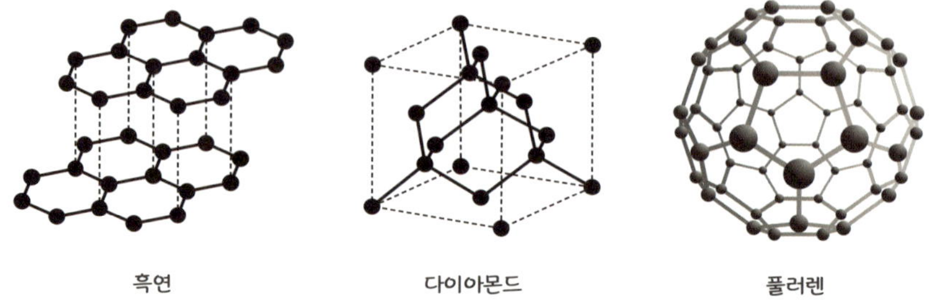

흑연　　　　　다이아몬드　　　　　풀러렌

다고 알려지며 약학 분야에서 특히 주목받고 있다. **항생제**
(→348쪽) 개발 과정에서는 운반체가 중요한데, 세균은 기
존 항생제에 내성을 갖기 때문이다. 탄소계 나노 물질은
세균 세포와 직접 접촉해 물리적으로 손상을 주어 세포를
사멸시키는 특징을 가진다. 이러한 특징을 지닌 나노 물질
을 활용하면 항생제가 더욱 효과적으로 작용하도록 할 수
있다.

이온 결합

ionic bond

○ 개념 잡기

물질을 이루는 기본 입자인 원자는 때로 전자를 잃거나 얻으면서 안정된 상태가 되기를 원한다. 이때 전자를 잃은 원자는 양이온, 얻은 원자는 음이온이 되며, 서로 반대 전하를 띤 이온 사이에는 강한 정전기적 인력이 작용한다. 이 힘에 의해 두 이온이 끌어당겨져 이루어지는 결합이 바로 이온 결합이다.

예를 들어, 나트륨은 전자를 하나 잃기 쉬워 양이온(Na^+)이 되고, 염소는 전자를 하나 얻기 쉬워 음이온(Cl^-)이 된다. 이 두 이온은 전하가 반대이기에 서로 강하게 끌어당

겨 염화 나트륨(NaCl)이라는 이온 결합 **화합물**(→113쪽)을
만든다.

○ 교과서
들여다보기

이온 결합은 주로 금속 원소와 비금속 원소 사이에서 이루
어지며 이 결합을 통해 생성된 물질은 일반적으로 고체 상
태에서 단단하고 물에 잘 녹는다. 물에 녹여 수용액 상태가
되면 전류가 흐르는 성질(→99쪽)을 가진다.

소금물에 전류가 흐르는 이유는 정전기적 인력에 의해
이온 결합을 이룬 소금(염화 나트륨) 속 나트륨 이온(Na^+)과
염화 이온(Cl^-)이 물 속에서는 자유롭게 움직이기 때문이
다. 간단한 실험을 통해 소금물은 전류가 흐르지만 **공유 결
합**을 이루고 있는 설탕 수용액은 전류가 흐르지 않는다는
사실을 확인할 수 있다. 또한 황산 구리(II)와 같이 다른 이
온 화합 물질도 전기 전도성을 확인해 이온 결합 물질임을
알 수 있다.

○ 과학사

데이비와 전기 분해

전기 분해
전기의 힘으로 화합
물을 구성하는 이온
을 분리하는 과정

데이비는 볼타 전지를 이용해 **전기 분해**로 일반 화합물을
분해하고 새로운 원소를 순수한 금속 형태로 분리해 낸 전
기 화학 분야의 선구자다. 그는 1807년 용융된 수산화 칼륨
(KOH)을 전기 분해해 칼륨을 최초로 분리했고, 곧이어 같
은 방법으로 수산화 나트륨(NaOH)에서 나트륨을 분리했
다. 19세기 이전에는 칼륨과 나트륨이 명확히 구분되지 않
았으나, 데이비의 실험을 통해 이 둘이 서로 다른 원소임이
밝혀졌다.

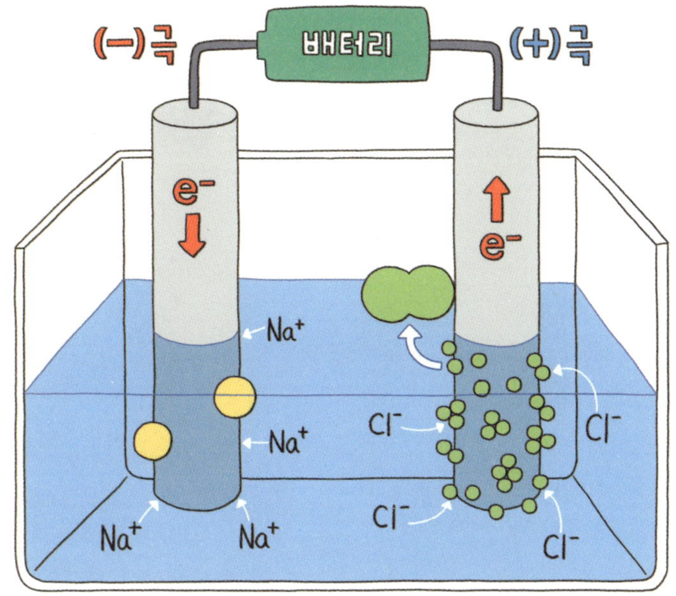

염화 나트륨 용융액을 전기 분해 하면 (−)극에서는 나트륨 이온(Na^+)이 환원돼 나트륨이 생성된다. (+)극에서는 염화 이온(Cl^-)이 산화돼 염소 기체가 발생한다.

　염화 나트륨은 고체 상태에서는 이온들이 규칙적 결정 구조를 이루고 있어 전류가 흐르지 않는다. 그러나 높은 온도에서 녹여 액체(용융액) 상태로 만들면 나트륨 이온(Na^+)과 염화 이온(Cl^-)이 자유롭게 움직이게 되어 전류가 흐른다. 여기에 두 개의 전극을 넣고 전기를 흐르게 하면 (+)극에서 기포가 발생하는데 이것이 바로 염소 기체다. 염화 이온이 전자를 잃고 기체 염소가 된 것이다. (−)극에서는 나트륨 이온이 전자를 얻어 금속 나트륨이 생성된다. 이처럼 염화 나트륨을 전기 분해하면 원소 상태의 물질로 분해할 수 있다.

공유 결합

covalent bond

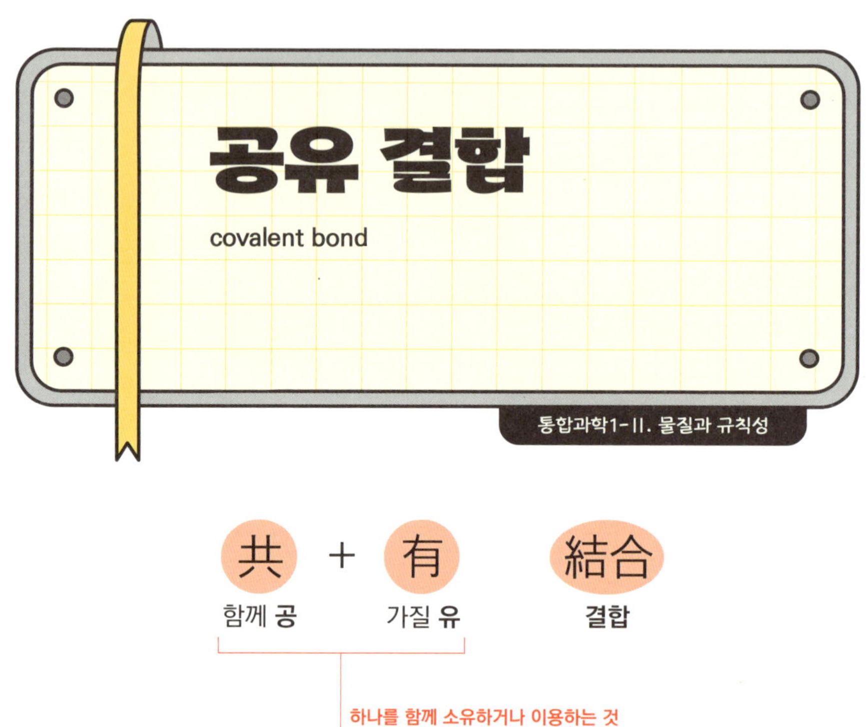

○ 개념 잡기

공유 결합은 원자가 전자를 내놓아 서로 공유하면서 결합하는 방식이다. 금속과 비금속이 결합할 때는 전자를 주고받아 이온이 되지만, 비금속 원자들 사이에서는 전자를 완전히 잃거나 얻기 어렵다. 따라서 이온 결합과는 다른 방식의 결합이 필요하다. 원자는 가장 바깥쪽 껍질의 전자 개수를 8개로 맞추어 안정된 상태를 만들고자 한다. 그래서 비금속 원자는 각자 자신의 전자를 내놓아 전자를 공유하면서 안정된 상태를 이루는데, 이를 공유 결합이라고 한다.

대표적인 예가 물 분자(H_2O)다. 산소 원자는 수소와 전자

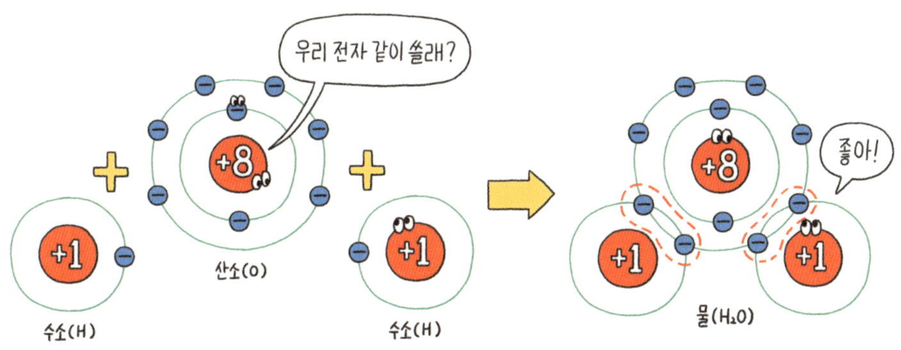

산소 원자와 수소 원자가 공유 결합을 통해 물 분자를 이룬다.

를 공유해 안정한 전자 배치를 이룬다. 공유 결합은 자연계에 존재하는 유기물, 단백질, DNA와 같은 생명체의 근본 구조를 이루는 핵심 결합 방식이다. 공유 결합 물질 중에서 산소, 설탕과 같이 독립적 형태로 이루어진 것을 **분자**라고 부른다. 따라서 '메테인 한 분자'는 적절한 표현이지만 이온 결합 물질인 염화 나트륨을 '염화 나트륨 한 분자'라고 표현하는 것은 적절하지 않다.

● **교과서 들여다보기**

전자 구름
두 원자가 공동으로 사용하는 영역에 전자들이 퍼져 빠르게 움직이는 현상

플루오린 분자(F_2)는 두 개의 플루오린 원자가 각각 전자 1개를 내어 단일 결합을 형성한다. 이때 전자쌍은 두 원자가 공동으로 사용하는 영역에 위치하며 전자 구름*을 형성한다. 에탄올(C_2H_5OH)에서는 탄소 원자가 자신이 가진 4개의 전자를 수소, 탄소와 각각 공유해 네 개의 단일 결합을 만든다. 이처럼 공유 결합은 결합하는 원자의 전자 배치와 관련해 전자쌍이 몇 개 공유되느냐에 따라 단일, 이중, 삼중 결합으로 구분된다.

　　이온 결합 물질은 고체 상태에서는 전류가 흐르지 않으며 수용액 상태에서는 전류가 흐른다. 하지만 공유 결합 물질은 고체 상태에서도, 수용액 상태에서도 대부분 전류가 흐르지 않는다.

과학자들이 고무처럼 늘어났다가 강철처럼 단단해지는 인공 근육을 새로 개발했다. 이 인공 근육은 사람 근육보다 30배 강한 힘을 낼 수 있으며 자기 무게보다 약 4,000배 더 무거운 하중을 견딜 수 있다. 기존의 인공 근육은 부드러우면 힘이 약하고 힘이 세면 잘 늘어나지 않는다는 문제가 있었다. 연구팀은 형상 기억 고분자˙라는 특수 소재를 사용해 이 문제를 해결했다. 이 소재에는 두 가지 결합이 있는데, 하나는 화학적 결합이고 하나는 물리적 결합이다. 공유 결합으로 이루어진 화학적 결합은 고분자 사슬을 단단히 묶어 강도를 유지한다. 물리적 결합은 열에 의해 끊어졌다 연결되었다 하는 과정을 통해 근육을 더 유연하게 만든다. 이처럼 공유 결합과 물리적 결합이 함께 작용해 필요에 따라 딱딱해지거나 부드러워질 수 있는 인공 근육이 탄생했다.

전기 전도성

conductivity

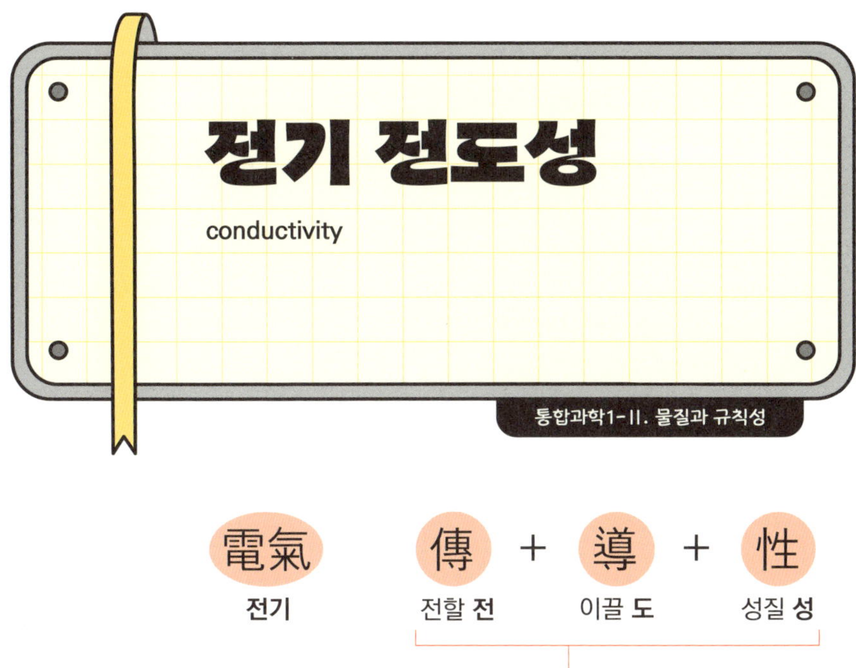

○ 개념 잡기

전기 전도성은 물질이 전류를 얼마나 잘 흐르게 하는지를 나타낸다. 전류란 전하의 흐름을 의미하는데, 단위 시간 동안 특정 단면적을 통과하는 전하의 양으로 정의한다.

고체 상태에서 금속은 전기 전도성이 매우 높은데, 이는 금속 내부에 자유롭게 움직일 수 있는 전자(자유 전자)가 존재하기 때문이다.(→127쪽) 반면 고체 상태의 **이온 결합**(→93쪽) 물질은 전자가 자유롭게 이동할 수 없으므로 전기 전도성이 없다. 하지만 이온 결합 물질이 물에 녹아 이온으로 나뉘거나 녹은 상태(융해)가 되면 전류가 흐른다. 양이온과

전하의 양

전류의 세기를 나타내는 단위는 암페어(A)다. 1A는 1초 동안 1쿨롱(C)의 전하가 이동하는 것이다.

3. 원소의 규칙성

99

음이온의 이동이 자유로워지기 때문이다.

물이 묻은 손으로 콘센트를 만지면 감전 위험이 커지는 이유는 무엇일까? 순수한 물은 **공유 결합**(→96쪽)으로 이루어진 분자로, 자유 전자가 없기 때문에 전류가 흐르지 않는다. 하지만 손에서 나는 땀 속 염분이 물에 녹으면 나트륨 이온(Na^+), 염화 이온(Cl^-), 칼륨 이온(K^+) 등으로 분리되어 자유롭게 움직이는 이온을 만들어 낸다. 이렇게 생성된 이온들은 전류를 매우 잘 전달하므로 감전 위험이 증가한다. 따라서 전기 제품을 사용할 때는 반드시 손을 완전히 말린 후 사용하는 것이 안전하다.

공유 결합 물질은 대부분 고체 상태와 수용액 상태에서 모두 전기 전도성이 없지만, 흑연과 같이 전기 전도성을 가지는 예외도 있다. 흑연은 1개의 탄소 원자가 다른 탄소 원자 3개와 결합해 정육각형 모양을 이루고, 이것이 반복 배열된 판이 층층히 쌓아 올려진 층상 구조를 갖추고 있다. 탄소는 **원자가 전자**(→84쪽)를 4개 갖고 있기 때문에, 결합에 참여하지 않은 하나의 원자가 전자가 비교적 자유롭게 움직이면서 고체 상태에서도 전기 전도성을 갖는다. 우리가 **산**(→276쪽)으로 알고 있는 염화 수소(HCl) 수용액도 예외적 사례로, 염화 수소 기체 자체는 공유 결합 물질이지만 물에 녹은 수용액 상태에서는 이온화가 일어나 전류가 흐르게 된다.

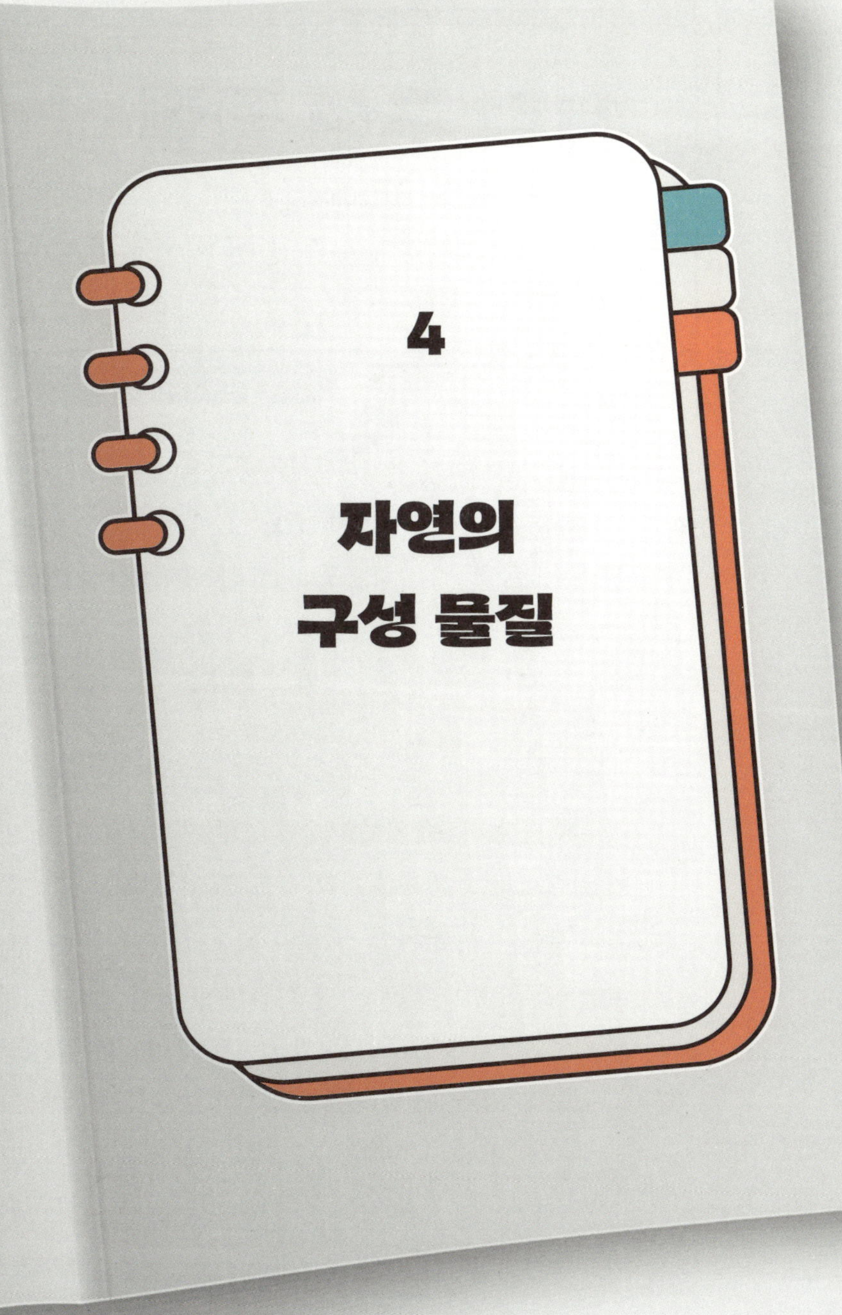
4
자연의
구성 물질

지각 구성 물질

crust composition materials

통합과학1-II. 물질과 규칙성

地殼 + 構成 + 物質

땅 **지** | 껍질 **각** 얽을 **구** | 이룰 **성** 물건 **물** | 바탕 **질**

지구의 껍질

여러 요소끼리 짜맞추어 전체를 이루는 일

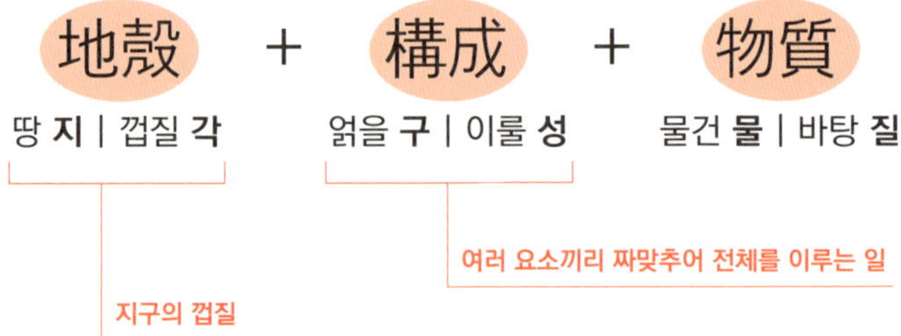

개념 잡기

지구의 가장 바깥쪽에는 단단한 층인 지각(crust)이 있으며, 이를 구성하는 물질을 지각 구성 물질이라고 한다. 지구의 지각은 주로 산소(O), 규소(Si), 알루미늄(Al), 철(Fe), 칼슘(Ca), 나트륨(Na), 칼륨(K), 마그네슘(Mg) 등의 원소로 구성되어 있다. 이 원소들은 다양한 광물의 형태로 암석을 이루고 있는데, 그중 **규산염 광물**(→105쪽)이 가장 풍부하게 존재하여 지구 지각의 약 90% 이상을 차지한다.

지각을 구성하는 물질은 분자 단위가 아니라 기본 단위체가 규칙적인 배열로 결합한 결정(→111쪽) 구조를 이루고

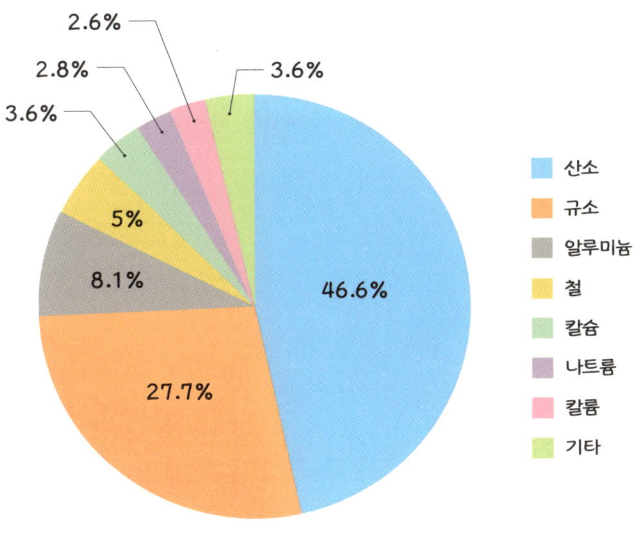

지각의 구성 성분

있다. 이처럼 규칙적인 결합 구조는 물질의 물리적·화학적 성질에 영향을 준다.

○ 교과서 들여다보기

우리 주변에서 쉽게 볼 수 있는 모래를 비롯해 각종 보석, 생명체를 구성하는 단백질과 핵산은 다양한 결합으로 형성된다. 특히 지각은 지구의 외부를 덮고 있는 부분을 말하며 암석과 토양을 포함하는데, 암석을 구성하는 광물의 대부분은 규산염 광물이다. 이것은 주로 공유 결합으로 이루어져 있고 **규산염 사면체**(Si-O 사면체)를 기본 단위체로 한다. 광물은 단위체의 종류, 개수, 결합 방식에 따라 다양해진다.

원시 지구는 처음에 내부 물질이 골고루 섞여 있었으나, 마그마 바다가 형성된 후 중력에 의해 무거운 철과 니켈은 중심부로 가라앉아 핵을 만들고, 가벼운 규산염 물질은 위로 떠올라 맨틀을 형성했다. 시간이 지나면서 미행성체 (→71쪽) 충돌이 줄어들어 지구 표면 온도가 점차 낮아지고 마그마가 냉각되어 화성암을 만들면서 얇은 원시 지각이 형성되었다. 이후 계속된 화산 활동으로 마그마가 흘러나와 대륙 지각이 만들어졌다. 마그마가 식는 과정에서 암석의 기본 물질인 광물이 생성되는데, 이 중 대부분은 규소와 산소가 주성분인 규산염 광물이다.

통합과학 개념 픽

규산염 광물

silicate minerals

○ 개념 잡기

규산염 광물은 규소와 산소가 반복 결합하는 규칙성을 보인다. 이렇게 크고 복잡한 물질이 형성될 때 기본 단위로서 반복 사용되는 물질을 **단위체**라고 하며, 규산염 광물의 경우 $[SiO_4]^{4-}$ 사면체로 구성된다. 이 사면체가 서로 연결되는 방식에 따라 규산염 광물은 다양한 구조를 갖게 된다.

규산염 광물은 지구 지각의 약 90% 이상을 차지하며, 우리가 흔히 접하는 석영, 장석, 운모 등이 해당한다. 규산염 광물은 화성암, 변성암, 퇴적암의 주성분이 되고 광물의 구조에 따라 색, 경도(단단한 정도), 쪼개짐 등이 달라진다.

Si-O 사면체 구조가 결합하는 방식에 따라 장석, 석영, 흑운모, 휘석, 각섬석, 감람석 등 여러 종류의 규산염 광물이 만들어진다. 감람석은 규산염 사면체만으로 구성되어 있고 규소와 산소 원자의 개수 비율은 1:4이다. 주변 사면체와 공유 결합을 하지 않아 깨지기 쉽고 풍화에 약하다. 휘석은 인접한 규산염 사면체들이 양쪽의 산소를 공유하여 단일 사슬 모양으로 길게 늘어진 모습이다. 각섬석은 사슬 2개가 연결된 이중 사슬 모양으로 결합하고 있다. 휘석과 각섬석은 기둥 모양의 결정을 형성한다. 흑운모는 규산염 사면체가 산소 3개를 공유하여 얇은 판 모양으로 결합한 광물이다.

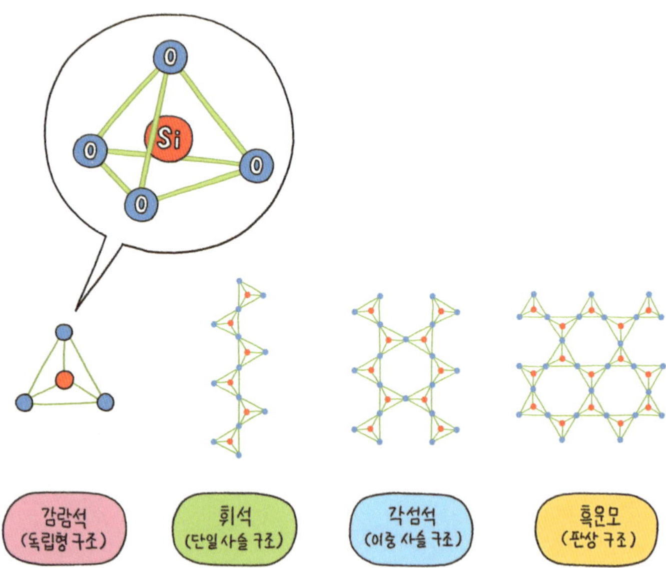

규산염 사면체는 규소 1개를 중심으로 산소 4개가 공유 결합한 정사면체 구조이며, 음전하를 띤다.

   통합과학 개념 픽

암석을 이루는 광물을 **조암 광물**이라고 하는데, 지각의 95 % 이상을 구성하고 있다. 주요 조암 광물로는 장석, 석영, 흑운모, 휘석, 각섬석, 감람석이 있다. 이들 중 92 % 이상은 규소와 산소의 화합물로 이루어진 규산염 광물이다.

지각의 8 % 정도를 차지하는 비규산염 광물에는 원소 상태로 산출되는 원소 광물, 황과 결합한 황화 광물, 금속과 할로젠 원소의 화합물인 할로젠 광물, 금속이 산소 이온과 결합한 산화 광물, 금속이 수산화 이온과 결합한 수산화 광물 등이 있다.

규산염 광물의 풍화는 지구의 탄소 순환(→156쪽)에서 중요한 역할을 하며, 대기 중 이산화 탄소(CO_2)를 제거하는 자연적 메커니즘 중 하나다. 장석, 휘석, 감람석 등의 규산염 광물이 대기 중의 이산화 탄소가 빗물에 녹아 형성된 탄산(H_2CO_3)과 반응한다. 이는 이산화 탄소를 물에 녹이고 지표에서 광물과 반응시켜 용해된 이온 상태로 바꾸는 과정이다. 해양으로 흘러 들어간 이온들이 새롭게 결합해 탄산 칼슘($CaCO_3$)이 되고, 이것이 아래로 가라앉아 해저에 퇴적되면 탄소를 격리●하게 된다.

탄소 격리
대기 중 이산화 탄소를 탄소 흡수원에 저장하는 과정. 이를 통해 기후 변화를 완화한다.

희토류

rare earth elements

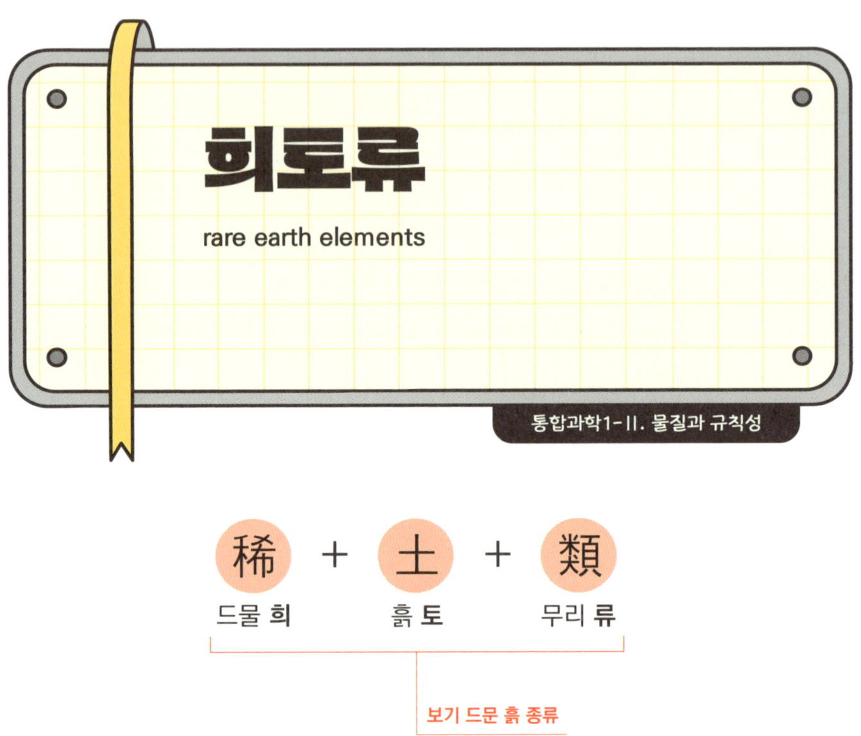

○ 개념 잡기

희토류는 **주기율표**(→78쪽)의 란타넘족 원소(57~71번)와 스칸듐(Sc), 이트륨(Y)을 포함한 17개의 금속 원소를 말한다. '희귀하다'는 뜻의 이름을 갖고 있지만 실제로는 지각에 비교적 풍부하게 존재한다. 다만 낮은 농도로 분산되어 있어 순수한 형태로 추출하기가 어렵다. 이들은 자기적·전기적 성질이 독특하며, 현대 사회의 첨단 산업에 필수적인 물질이다. 네오디뮴(Nd)은 강력한 자석에, 유로퓸(Eu)은 TV나 스마트폰 디스플레이의 형광체에 활용된다.

지구를 구성하는 원소 중 오늘날의 첨단 과학 기술에 중요한 역할을 하지만 구하기 어려운 원소가 있다. 17가지 특별한 금속 원소인 희토류다. 희토류는 스마트폰, 전기차 배터리, 풍력 발전기, 의료 기기 등에 꼭 필요한 재료이므로 '첨단 산업의 비타민'이라 불리기도 한다. 실제로는 지각에 상당량 존재하지만 채굴할 수 있는 광산이 중국, 미국 등 일부 국가에 집중되어 있다는 문제가 있다. 특히 중국이 전 세계 희토류 생산량의 80% 이상을 담당하고 있어 세계 각국은 희토류를 확보하고자 치열한 경쟁을 벌이고 있으며, 우리나라도 달 탐사선 다누리를 통해 달에서 희토류를 찾는 연구를 진행하고 있다.

2010년, 중국이 일본에 희토류 수출을 제한했을 때 일본은 큰 충격을 받았다. 희토류 없이는 스마트폰, 전기차, 풍력 발전기 등 첨단 제품을 만들 수 없기 때문이다. 일본은 즉시 대응에 나서 중국 외의 나라에서 희토류를 사오려 했고 비상시를 대비해 희토류를 많이 확보해 두었다. 또한 희토류를 적게 쓰거나 아예 쓰지 않는 새로운 기술 개발에도 힘썼다. 이 일을 계기로 전 세계가 '희토류 수입을 중국에만 의존하면 위험하다'는 사실을 깨달아 여러 나라에서 희토류를 구하려는 노력이 시작되었다.

　미국, 일본, 유럽연합(EU)은 2012년 중국을 세계무역기구(WTO)에 고발하고 다른 나라에 희토류를 팔지 않는 것은 국제 무역 규칙 위반이라고 주장했다. 2014년 WTO가 중국이 규칙을 위반했다고 판결하자 중국은 수출 제한을 없앴다. 하지만 이미 전 세계는 희토류가 얼마나 중요한지, 그리고 자원 수급을 한 나라에만 의존하는 것이 얼마나 위험한지 알게 되었다. 이후 미국과 중국이 무역 전쟁을 벌일 때마다 희토류는 핵심 무기로 떠올랐다.

한편 중국의 희토류 생산량 점유율이 높은 이유가 있다. 희토류 생산과 가공 과정에서는 막대한 환경 피해 및 오염이 발생하는데, 중국은 희토류 생산 사업을 국가 차원에서 전략적으로 육성하며 환경 비용을 감수하기 때문이다.

  통합과학 개념 픽

결정

crystal

○ 개념 잡기

물질을 이루는 입자들이 규칙적으로 배열되어 있고, 이러한 배열이 겉모양에도 드러나 울퉁불퉁하지 않고 고른 평면으로 둘러싸인 물질이다. 예를 들어 고체 상태인 소금(염화 나트륨)은 나트륨 원자 하나와 염소 원자 하나가 결합해 독립적 분자를 이루는 형태가 아니다. 수많은 양이온(나트륨 이온)과 음이온(염소 이온)이 규칙적으로 배열되어 있으며, 그 비율도 정확히 1:1이다.

원자나 이온이 규칙적으로 배열되어 있는 고체 상태의 물질을 결정이라고 한다. 반면 구성 원자나 이온이 불규칙하게 배열된 고체를 비결정질이라고 한다. 고체는 대부분 결정이며 그것을 구성하는 입자의 화학 결합에 따라 **이온 결정, 공유 결정, 분자 결정, 금속 결정**으로 분류할 수 있다.

다이아몬드는 탄소 원자 4개가 결합해 3차원 입체 구조를 이루는데, 이를 그물 구조라고도 한다. 매우 단단한 **공유 결합**(→96쪽) 결정이라 경도가 매우 크고 전기적으로 절연성을 가지는 대표적 결정이다.

이와 달리 물에 잘 녹는 고체 결정도 있다. 고체 혼합물을 물에 넣고 가열해 모두 녹인 후 온도를 낮추면, 온도에 따른 용해도 차이가 큰 물질이 결정으로 석출된다. 이처럼 고체 혼합물을 용매에 모두 녹인 다음 냉각해 순수한 고체를 얻는 방법을 **재결정**이라고 한다.

재결정은 불순물이 섞인 고체 물질을 순수한 물질 상태로 만들 때도 활용할 수 있다. 염전에서 얻은 소금은 대개 불순물이 섞여 있는데, 이를 뜨거운 물에 모두 녹인 후 거름 장치로 불순물을 1차 제거하고 2차로 물을 증발시키면 순수한 소금을 얻는다.

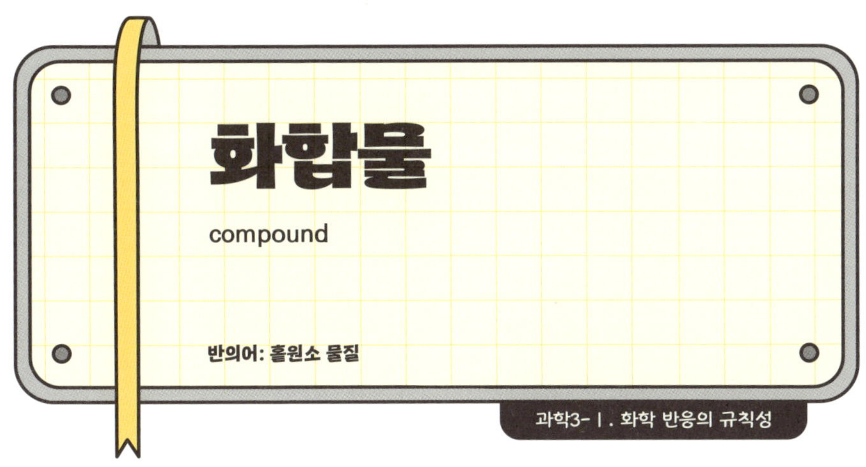

○ 개념 잡기

화합물은 두 종류 이상의 원소가 화학적으로 결합해 만들어진 순물질이다. 각각의 원소는 고유의 성질을 가지고 있지만, 원소들이 결합해 화합물이 되면 전혀 다른 새로운 성질을 가진다. 산소 기체, 수소 기체, 금, 구리 등은 모두 훍원소 물질이고, 물은 산소와 수소 두 가지 원소로 이루어진 화합물이다. 또한 폭발성이 강한 나트륨(Na)과 독성이 있는 염소(Cl)는 결합하면 생명 유지에 필수적인 소금(NaCl)이라는 화합물이 된다.

화합물은 결합 방식에 따라 **이온 결합**(→93쪽) 물질과 **공**

로 나뉜다. 화합물은 혼합물과는 달리, 성분 원소들을 물리적으로 분리할 수 없다. 따라서 화학적인 방법으로만 분해되며, 분해되면 더는 이전과 같은 성질을 유지하지 못한다.

○ **교과서 들여다보기**

화합물이 생성될 때 각각의 구성 원소 사이에 일정한 질량비가 성립한다. 예를 들어 수소와 산소가 결합해 물이 만들어지는 반응에서 수소와 산소는 항상 1:8의 질량비로 결합한다. 이처럼 두 가지 이상의 물질이 반응해 새로운 화합물이 생성될 때, 반응하는 물질 사이에 일정한 질량비가 성립하는 것을 **일정 성분비 법칙**이라고 한다. 즉, 화합물이 생성될 때 물질이 단순히 섞이는 것이 아니라 일정한 비율로 결합하는 것이므로 반응물 중 양이 적은 쪽에 맞춰서 생성물의 양이 제한된다. 혼합물에서는 일정 성분비 법칙이 성립하지 않는다. 왜냐하면 혼합물의 경우 성분 물질이 섞이는 비율이 일정하지 않기 때문이다.

○ **심화 학습**

화학 반응의 세계
III. 탄소 화합물과 반응

우리가 매일 먹는 밥이나 빵, 채소, 고기 등의 음식물을 포함해 플라스틱으로 만든 컵, 그릇과 같은 생활용품 대부분에는 탄소가 포함되어 있다. 탄소 화합물(→116쪽)이란 탄소가 기본이 되어 다른 원소들과 결합해 만들어진 화합물이다. 탄소 화합물은 생활 속에서 흔히 찾아볼 수 있다. 몸을 이루는 뼈와 근육부터 음식, 옷, 의약품까지 탄소 화합물이 포함되지 않은 것이 거의 없을 정도다. 탄소 화합물은 우리가 생명을 유지하거나 일상생활을 하는 데 없어서는 안 될 매우 중요한 물질이다.

탄소 화합물의 제조법, 성질, 반응, 용도 등을 다루는 학문을 유기 화학이라고 한다. 연구 대상에 따라 천연물 유기 화학, 생화학, 약학 등이 있다. 유기 화학은 원래 생명체를 구성하거나 대사의 결과로 만들어지는 화합물의 구조를 연구하는 분야였다. 하지만 뵐러가 유기 화합물인 '요소'를 인공적으로 합성하는 데 성공한 이후 많은 유기 화합물이 만들어지게 되었다. 유기 화학은 천연물만이 아니라 플라스틱 같은 탄소 화합물을 다루는 화학의 주요 분야로 확고히 자리매김했다.

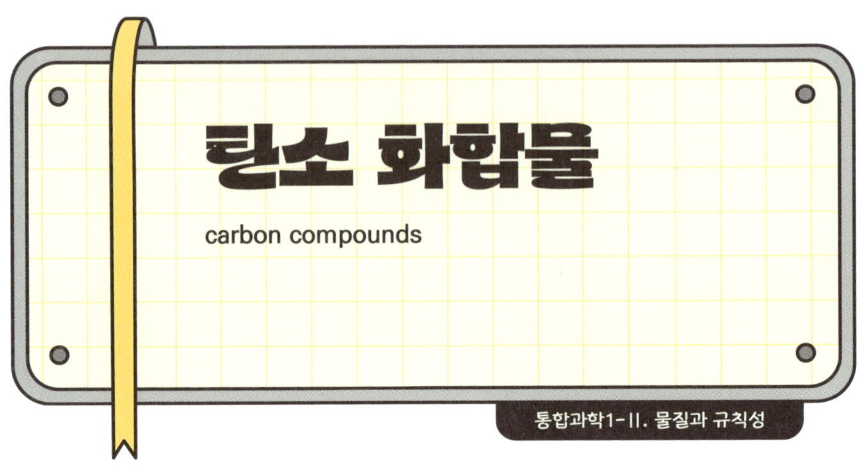

○ 개념 잡기

탄소 화합물은 탄소(C)를 중심으로 수소(H), 산소(O), 질소(N) 등의 원소와 결합하여 이루어진 화합물이다. 탄소는 다른 원자나 자기 자신과 쉽게 공유 결합을 형성해 다양한 구조의 화합물을 만들 수 있다.

탄소 화합물에는 무기 탄소 화합물인 이산화 탄소(CO_2), 탄산 칼슘($CaCO_3$) 등이 있고, 탄소와 수소를 주성분으로 하는 유기 화합물이 있다. 특히 생명체를 구성하는 대부분의 물질(단백질, 핵산, 탄수화물, 지방 등)은 탄소를 기본으로 하는 유기 화합물이다.

○ **교과서**
   들여다보기

규소가 산소와 결합해 광물을 구성하는 것처럼, 탄소는 생명체 구성 물질의 주요 성분으로 생명 활동과 유지에 매우 중요하다. 탄소는 **원자가 전자**(→84쪽)가 4개 있어서 다른 원자 4개와 결합할 수 있고, 탄소끼리도 서로 연결되어 사슬 모양, 고리 모양, 이중 결합 또는 삼중 결합 등 매우 다양한 결합을 형성할 수 있다.

메테인(CH_4)처럼 간단한 것부터 단백질, DNA 같은 복잡한 생체 물질까지 모두 탄소 화합물이어서 흔히 생명체를 구성하는 물질의 기본 요소라고 불린다. 우리 몸뿐 아니라 플라스틱, 연료 등 일상에서 사용하는 많은 물질이 탄소 화합물로 이루어져 있다.

○ **과학사**

뵐러의 요소 합성 실험

한때 유기체 내에서만 탄소 화합물이 만들어진다고 생각해 유기 화합물이라고 불렀지만, 1828년 독일의 화학자 뵐러에 의해 그 편견이 깨졌다. 그는 실험실에서 무기 화합물인 사이안산 암모늄(NH_4OCN)을 가열해 유기 화합물인 요소를 합성했다. 우리가 섭취한 **단백질**(→121쪽)이 체내에서 분해될 때 독성을 가진 암모니아가 생성된다. 이를 간에서 오르니틴 회로(요소 회로)를 통해 독성이 없는 요소로 전환하고, 요소는 콩팥으로 보내져 소변으로 배출된다. 실험실에서 인체를 모방한 실험이 성공해 요소를 합성하자 유기 화합물의 개념도 바뀌게 되었다.

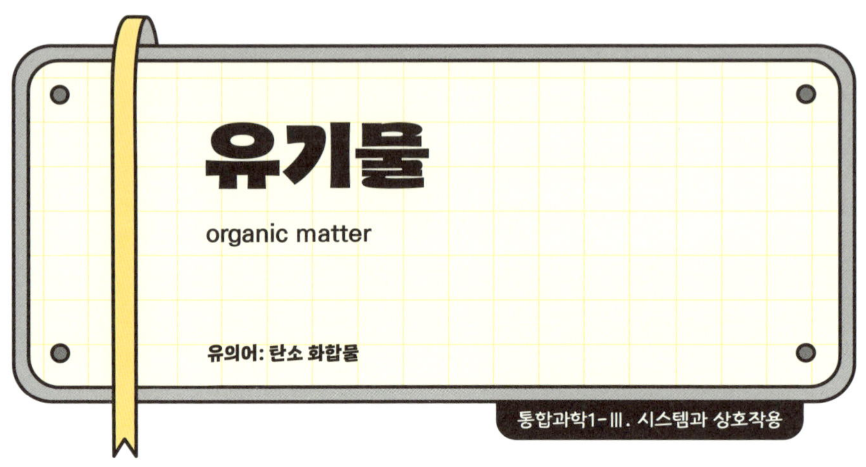

○ **개념 잡기**

유기물은 일반적으로 생명체에 의해 생성되며 복잡하고 다양한 구조를 가질 수 있다. 유기물은 대부분 탄소를 포함하고 있고, 우리가 먹는 밥(탄수화물), 고기(단백질), 기름(지질), DNA(핵산) 등이 모두 유기물에 해당한다. 지구상의 생명체는 대부분 유기물로 이루어져 있으며, 유기물 분자는 에너지 저장, 세포 구성, 유전 정보 전달 등 생명 유지에 필수적 역할을 한다.

과거에는 유기물을 생물에 의해서만 만들어지는 물질이라고 정의했으나, 오늘날에는 화학적으로 탄소 중심의 구조를 갖는 화합물 중에서 **무기물**을 제외한 탄소 화합물 대부분을 유기물로 간주한다. 예외적으로 일산화 탄소(CO), 이산화 탄소(CO_2), 탄산염(CO_3^{2-}) 등은 탄소 화합물이지만 무기물에 해당한다.

○ 교과서
들여다보기

유기물은 탄소를 중심으로 구성된 생명체의 생명 활동과 밀접한 화합물이다. 초기 지구에는 물, 염화 나트륨, 이산화 탄소 등과 같이 생명체와 무관한 간단한 구조의 화합물, 즉 무기물만이 존재했다. 시간이 지나며 무기물들이 결합해 점차 복잡한 유기 화합물을 형성했는데, 이 과정에서 물이 결정적 역할을 했다.

물은 유기물이 만들어지고 안정적으로 존재하게 하는 용매로서, 다양한 화학 반응이 일어날 수 있는 환경을 제공했다. 지구는 태양으로부터 너무 가깝지도 너무 멀지도 않은 적당한 거리에 있다. 만약 금성처럼 태양에 너무 가까우면 물이 모두 수증기가 되어 버리고 화성처럼 너무 멀면 물이 얼어 버린다. 태양과의 적당한 거리 덕분에 지구에는 바다와 같은 액체 상태의 물이 존재할 수 있었고 덕분에 생명체가 탄생할 수 있었다. 단순한 화합물로부터 단백질, 핵산(→124쪽)과 같이 생리 기능을 가진 고분자들이 합성됐다. 약 138억 년 전, 빅뱅으로 우주가 시작되었을 때부터 지구와 생명의 역사는 끊임없이 변화해 온 우주 역사의 한 부분이다.

지구의 역사
빅뱅이라는 대폭발로 우주가 시작됐고, 지구의 역사는 약 46억 년 전 원시 행성에서 비롯된다.

천문학자들이 그린뱅크 전파 망원경으로 2년간 황소자리 근처의 성간 구름을 관측한 결과, PAH(다환 방향족 탄화수소)라는 복잡한 유기 화합물의 거대한 저장소를 발견했다. 연구팀은 1-사이아노나프탈렌, 바이닐 사이아노아세틸렌 등 다양한 방향족* 화합물을 발견했다. 원래 고리 모양 탄화수소는 죽어 가는 별 근처에서만 형성된다고 여겨졌지만, 이 연구를 통해 차가운 성간 구름에서도 자유롭게 형성된다는 사실이 증명됐다. 이는 우주의 화학적 진화 과정에 대한 기존 이해를 완전히 바꾸는 발견이다.

이 유기 화합물은 성간 먼지가 되고, 결국 소행성과 혜성, 행성 형성에 기여한다는 점에서 우리 태양계 형성 과정에도 중요한 역할을 했을 것으로 추정된다. 이 밖에도 혜성이나 성간 먼지에서 아미노산, 폼알데하이드, 글리신 같은 단순한 화합물도 발견됐다.

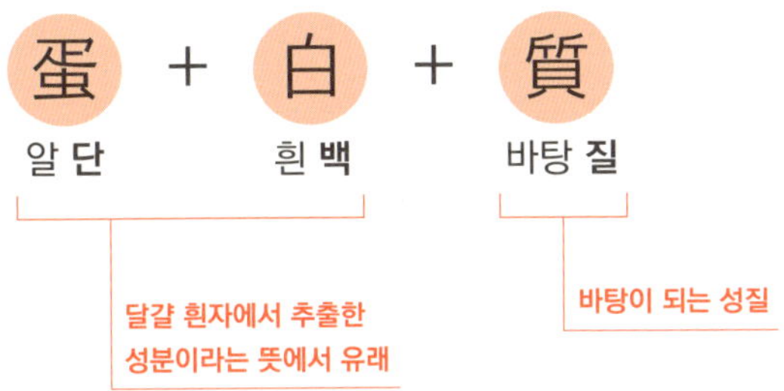

개념 잡기

단백질은 생명체의 몸을 구성하고 기능을 수행하는 데 필수적인 고분자 물질이다. 기본 단위는 **아미노산(amino acid)**으로, 단백질은 아미노산이 기다랗게 연결된 구조다. 아미노산이라는 말을 쪼개어 보면 흥미로운데, 아미노(amino)는 라틴어 암모니아(ammonia)에서 유래했으며, 아미노산 분자 내에 아미노기($-NH_2$)와 산성기의 성질을 동시에 가진 점을 강조한 어휘다.

아미노산은 탄소(C), 수소(H), 산소(O), 질소(N), 일부는 황(S)을 포함하며, 중심 탄소에 아미노기 이외에도 카복실

기(-COOH), 그리고 각기 다른 곁사슬(R기)이 결합해 만들어진 **탄소 화합물**(→116쪽)이다. 생명체는 20가지 주요 아미노산을 사용해 다양한 단백질을 합성한다.

단백질은 아미노산이라는 기본 단위가 결합해 만들어지는 물질이다. 아미노산들이 마치 레고 블록처럼 하나씩 연결되어 긴 사슬을 만들고, 이 사슬이 접혀서 특별한 모양을 만든다. 즉 단백질의 꼬인 부분이나 접힌 부분을 모두 풀어서 잡아 늘리면 아미노산 사슬이 드러난다.

생명체는 유전자의 염기 서열 정보를 바탕으로 전사와 번역(→225쪽) 과정을 거쳐 수천 가지 단백질을 합성한다. 이때 DNA 염기 서열이 바뀌면 아미노산 배열이 달라져 단백질의 기능도 변한다. 아미노산의 종류와 배열 순서에 따라 단백질은 다양한 입체 모양을 만들며, 이 구조가 단백질의 기능을 결정한다. 단백질은 생명체에서 화학 반응을 조절하며 생명 활동을 원활하게 한다. 예를 들어 단백질은 피부, 근육, 뼈, 혈액 등 몸의 구성 성분이 되며, 효소와 호르몬을 구성한다. 효소는 생화학 반응을 촉진하고, 호르몬은 몸의 항상성을 조절한다. 또한 단백질은 면역 반응을 담당하는 항체 역할도 한다.

단백질은 그 구조가 기능을 결정한다. 예를 들어 헤모글로빈은 오목한 접시 모양으로, 가운데에 산소를 실어 운반한다. 생명 현상을 이해할 때는 이러한 단백질 구조를 아는 것이 굉장히 중요하다. 구조에 이상이 생기면 질병이 발생할 수 있기 때문이다.

1940년대에 X선 결정학으로 단백질 구조가 밝혀지기 시작했고, 이후 구조 연구에 공헌한 여러 과학자가 노벨 화학상을 받았다. 단백질 구조 연구는 여러 이유로 까다롭다. 그중 하나는 단백질 크기가 나노미터(10억 분의 1m) 범위에 해당할 정도로 작아, **미시 세계**(→24쪽)에 속한다는 점이다. 또한 체내 단백질마다 처한 환경이 다르기 때문에 실험실에서 연구할 때 유의하지 않으면 안 된다. 예를 들어 세포막에 있는 단백질이라면 실험실에서 연구할 때도 비슷한 환경을 만들어 주어야 한다.

2024년 노벨 화학상 수상자는 구글 딥마인드 소속의 과학자들로, 인공 지능(AI)을 활용해 단백질 구조를 예측하고 설계한 공로를 인정받았다. 그들이 개발한 AI인 알파폴드를 활용하면 타깃에 정확히 작용하는 구조를 정밀하게 설계할 수 있어, 신약 개발과 항체 연구에서 비용과 시간을 획기적으로 줄일 수 있다.

○ 개념 잡기

핵산은 뉴클레오타이드(nucleotide)라는 기본 단위가 길게 연결된 물질로, 대표적으로 DNA(디옥시리보핵산)와 RNA(리보핵산)가 있다. 핵산은 유전 정보를 저장해 생명체의 유전 형질을 유지하고 다음 세대로 전달하는 역할을 한다. 또한 세포 안에서 단백질 합성을 조절하는 핵심 물질이다.

핵산을 이루는 기본 단위인 뉴클레오타이드는 인산기($PO_4{}^{3-}$), 당(디옥시라이보스 또는 라이보스), 염기[A, T(U), G, C]로 구성된다. 뉴클레오타이드 하나는 인산, 당, 염기가 각각 하나씩 1:1:1로 결합해 만들어진다.

DNA는 부모로부터 자식에게 유전 형질을 전달하는 설계도 역할을 하며, RNA는 이 설계도를 읽어 단백질을 만드는 작업자 역할을 한다. DNA에는 A(아데닌), G(구아닌), C(사이토신), T(타이민) 네 종류의 염기가 있고, A는 T와, G는 C와 짝을 이룬다. DNA는 이들 염기의 배열(염기 서열)을 통해 유전 정보를 저장한다. A와 T, G와 C는 수소 결합으로 연결되며, DNA의 이중나선 구조를 만든다. RNA는 단일 가닥이며 주로 단백질 합성 과정에서 운반자(메신저) 및 촉매 역할을 한다. RNA의 염기에는 T 대신 U(유라실)가 있다.

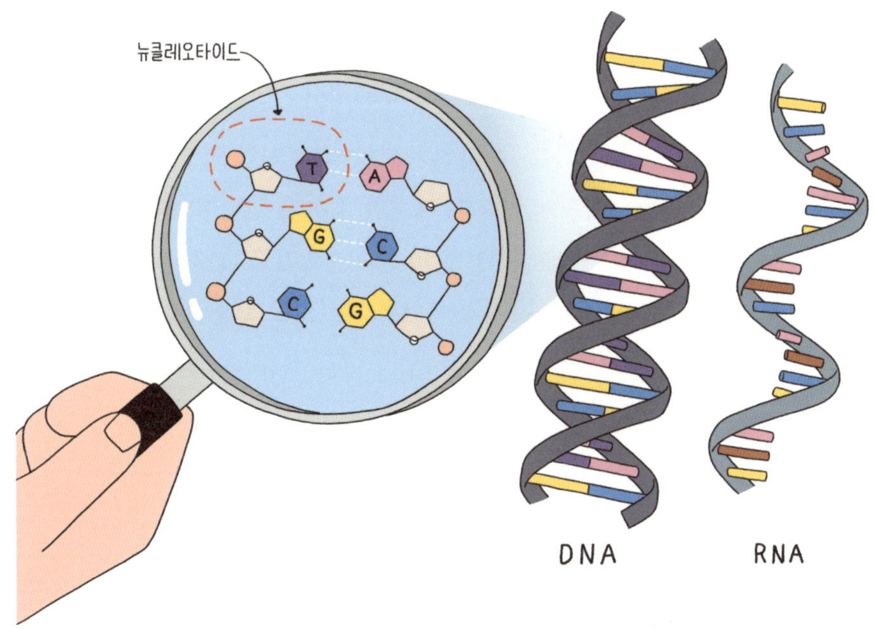

DNA는 이중 나선 구조로 유전 정보를 저장하고, RNA는 단일 가닥 구조로 유전 정보를 전달한다. 한편, RNA는 타이민(T) 대신 유라실(U)을 가진다.

바이러스는 일반적으로 세균보다 크기가 작고 모양이 매우 다양하며, 유전 물질인 핵산과 이를 둘러싸는 단백질 껍질로 구성되어 있다. 2020년 팬데믹을 일으킨 코로나바이러스는 인체에 침입해 자신의 유전 물질인 RNA를 방출하고, 세포 내 효소를 이용해 물질대사를 하며 증식한다. 이때 항원 세포가 바이러스를 잡아먹고 바이러스 조각을 세포 자신의 표면에 제시하면 면역 반응을 일으키게 된다. 첫 감염 후에 면역 세포들이 만들어지는데 이들이 기억 세포로 작용해 재감염 시 빠른 반응이 가능해진다.

코로나바이러스감염증-19(이하 코로나19) 백신으로 화제가 되었던 핵산 백신은 RNA 백신으로, 이제는 우리에게 익숙한 제약회사인 화이자와 모더나가 제조했다. RNA 백신의 원리 자체는 이전부터 논의되어 왔지만 실제로 개발되어 사용된 것은 코로나19 백신이 최초다. 이는 팬데믹이라는 비상 상황에 빠르게 대처하기 위한 선택이었다. RNA 백신은 유전 정보만 알면 비교적 신속하게 개발할 수 있기 때문이다. 하지만 RNA 백신의 불안정성 때문에 효능이 유지되려면 영하의 조건에서 운송되어야 한다는 단점이 있다.

○ 개념 잡기

도체는 전기가 잘 통하는 물체를 말한다. 도체는 내부에 있는 전자들이 자유롭게 움직일 수 있어서 전기가 잘 통한다. 이 전자들이 전기가 지나가는 길을 열어 주는 안내자 역할을 한다고 볼 수 있다.

반면 전기가 잘 통하지 않는 물질을 '아닐 부(不)' 자를 앞에 붙여 **부도체**라고 부른다. 부도체는 전기를 막아 주는 역할을 하기 때문에 **절연체**라고도 불린다. '절연체(絕緣體)'라는 말은 전기가 통하지 않도록 차단하는 물질이라는 뜻이다. 하지만 부도체라고 해서 전기를 100% 차단하는 것은 아니다. 보통 물은 전기가 통하는 도체지만 이온을 가지고 있지 않은 순수한 물은 부도체다. 결국 도체와 부도체는 아주 뚜렷하게 나눌 수 있는 것이 아니고, 조건에 따라 성질이 바뀐다고 볼 수 있다.

지구를 이루고 있는 물질들은 전기가 얼마나 잘 흐르느냐에 따라 도체, 부도체, 반도체로 나눌 수 있다. 그중 도체는 전기가 아주 잘 흐르는 물질이다. 철, 구리, 알루미늄 같은 금속은 대표적인 도체다. 이런 물질들은 전기 저항이 작아 전류가 쉽게 흐른다. 예를 들어 전구에 불이 켜지려면 전기가 전선을 따라 흘러야 하는데, 이때 전선이 도체인 구리로 되어 있다면 전기가 잘 전달된다. 전기를 가장 잘 전달하는 물질은 은이지만 가격이 비싸 전선은 대부분 구리로 만든다.

부도체는 전기가 거의 흐르지 않는 물질이다. 고무, 유리, 나무 등이 있다. 이런 물질은 전기 저항이 매우 커 전기를 거의 막아 버린다. 전선의 겉부분을 고무나 플라스틱 같은 부도체로 감싸는 이유도 전기가 새어 나가지 않도록 막기 위해서다.

도체와 부도체의 차이는 자유 전자의 수에 있다. 도체에는 자유 전자가 많기 때문에 전압을 걸어 주면 자유 전자들이 한 방향으로 쭉 움직이면서 전류가 흐른다. 하지만 부도체는 자유 전자가 거의 없거나 매우 적기 때문에 전압을 걸어도 전류가 흐르지 않는다.

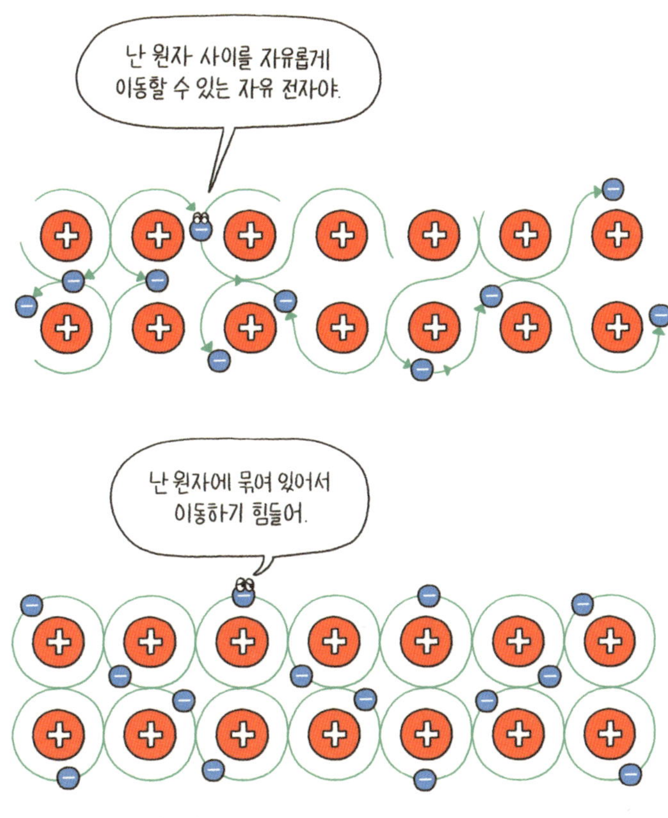

도체(위)와 부도체(아래)

도체와 부도체의 차이를 설명하는 데 도움이 되는 개념이 **에너지띠 이론**이다. 고체 속의 전자들은 아무 데나 자유롭게 다니는 게 아니라 '에너지띠'라는 정해진 구간 안에서만 움직일 수 있다. 여기서 중요한 두 가지 에너지띠가 '원자가 띠'와 '전도띠'다. 원자가 띠는 전자들이 원자핵에 꽉 붙잡혀 있는 영역이다. 반면에 전도띠는 전자들이 자유롭게 움직이면서 전류를 흐르게 할 수 있는 영역이다. 전자가 원자가 띠에서 전도띠로 이동하면 자유 전자가 되어 비로소 그 물질에서는 전류가 흐를 수 있게 된다. 그런데 이 두 띠 사이에는 '띠 간격(band gap)'이라는 전자가 건너야 할 간격이 있다.

도체는 이 띠 간격이 아주 작거나 거의 없는 물질이다. 그래서 전자가 쉽게 전도띠로 올라가 자유롭게 움직일 수 있고, 그 결과 전기가 잘 통하는 것이다. 반대로 부도체는 원자가 띠와 전도띠 사이의 간격이 매우 크다. 따라서 전자가 전도띠로 올라가는 데 많은 에너지가 필요하다. 그래서 일반적 상황에서는 전류가 거의 흐르지 않는 것이다.

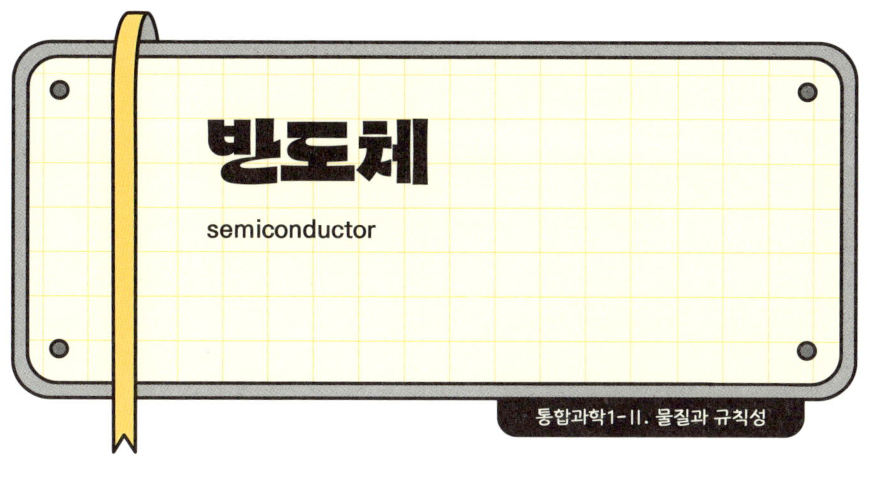

○ 개념 잡기

반도체는 도체와 부도체의 중간 정도로 전기가 통하는 물질이다. 보통 상태에서는 전기가 잘 흐르지 않지만, 온도를 높이거나 빛을 비추거나 아주 적은 양의 불순물을 섞으면 전기가 흐를 수 있게 바뀐다. 이런 특징 때문에 반도체는 마치 스위치를 켜거나 끄는 도구처럼 사용할 수 있다. 반도체의 이러한 성질은 컴퓨터나 스마트폰 속에서 전기를 제어하는 데 아주 중요하게 쓰인다. 우리가 알고 있는 칩, 메모리, 센서 같은 전자 부품들은 대부분 반도체로 만든다.

반도체는 보통은 전기가 잘 흐르지 않지만 온도나 압력 같은 조건이 바뀌면 전기가 잘 흐르기도 하고 다시 흐르지 않기도 한다. 이런 성질 덕분에 반도체는 ==필요에 따라 전기의 흐름을 조절할 수 있어 다양한 전자 제품에 널리 사용==된다.

　반도체의 특징 중 하나는, 온도가 높아질수록 전기 저항이 줄어든다는 것이다. 즉, 더운 환경에서 전기가 더 잘 흐를 수 있다. 이 점은 보통 금속 같은 도체와는 반대되는 특성이다. 우리 주변에서 흔히 쓰이는 반도체 재료로는 규소와 저마늄(→87쪽)이 있다. 이런 물질들은 스마트폰, 컴퓨터, TV, 자동차 등 여러 전자 기기에 꼭 필요한 핵심 부품으로 사용된다.

고체 안의 전자들은 원자가 띠와 전도띠 안에서만 움직인다. 이 두 띠 사이에는 '띠 간격'이라는 비어 있는 공간이 있고, 전자가 원자가 띠에서 전도띠로 넘어가야 비로소 전류가 흐른다. 도체는 이 띠 간격이 거의 없어 전자가 쉽게 이동하지만 부도체는 띠 간격이 너무 커서 전자가 거의 이동하지 못한다. 반도체의 띠 간격은 이 둘의 중간이다. 띠 간격이 전자가 스스로 넘어가기에 약간 어려운 정도로 작다. 따라서 열을 가하거나 빛을 비추거나 불순물을 약간 섞어 주면 전자가 전도띠로 이동해 전기가 흐를 수 있게 된다.

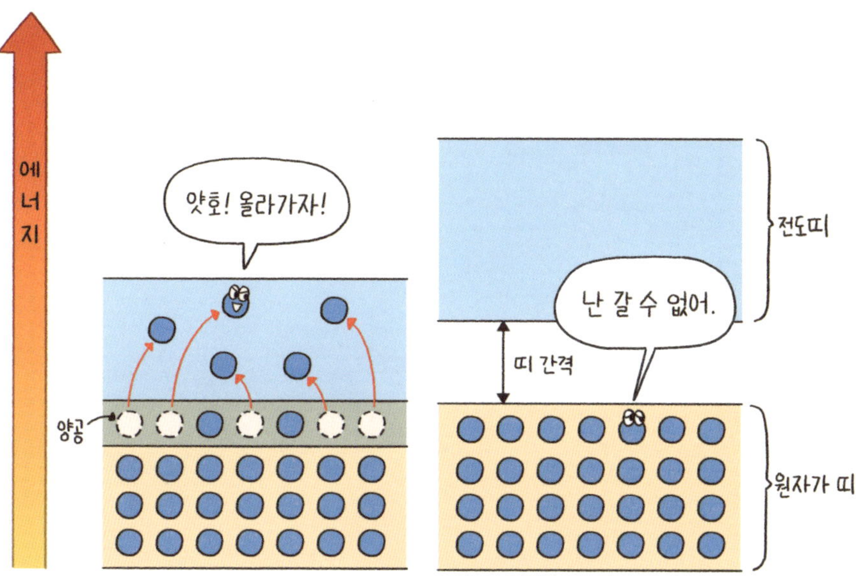

도체(왼쪽)와 부도체(오른쪽)의 에너지띠

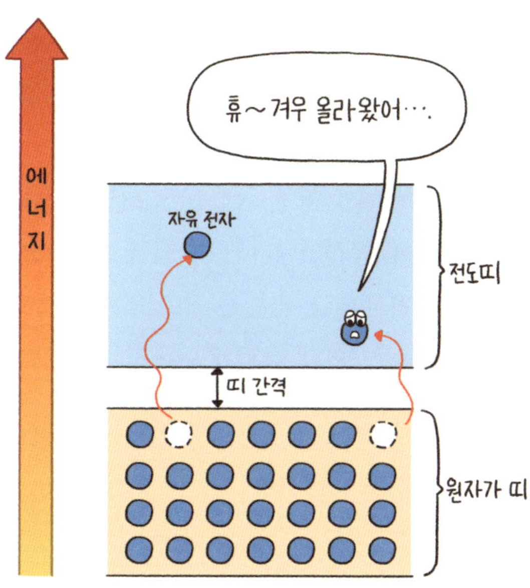

반도체의 에너지띠

도핑

doping

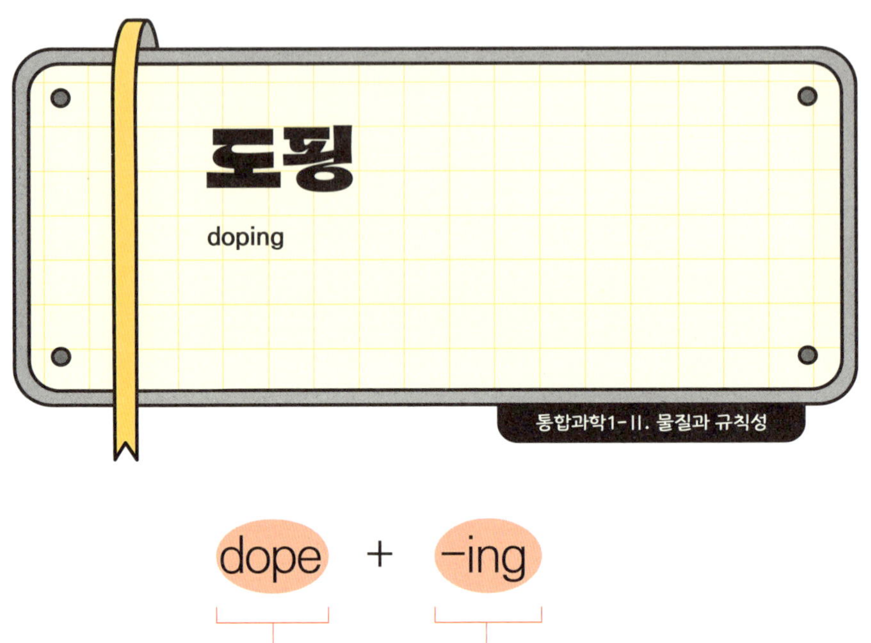

○ 개념 잡기

반도체 도핑이란 반도체 안에 아주 적은 양의 다른 원소를 섞어 전기적 성질을 바꾸는 것이다. 예를 들어 규소는 원자 구조상 바깥쪽에 전자가 4개 있어 다른 규소 원자와 서로 공유 결합(→96쪽)을 이루고 있다. 이렇게 단단히 붙어 있는 상태에서는 전자가 자유롭게 움직이지 못해 전류가 잘 흐르지 않는다. 하지만 여기에 아주 조금의 불순물 원자를 넣어 주면, 전자가 더 잘 움직일 수 있게 되어 전류가 훨씬 잘 흐른다.

반도체를 이용해 만든 전기 회로나 부품을 반도체 소자(素子, device)라고 한다. 이 반도체 소자는 보통 규소라는 물질로 만드는데, 규소는 우리가 흔히 보는 모래의 주성분이기도 하고 지각 속에 산소 다음으로 많이 존재하는 원소다. 자연에서는 이산화 규소(SiO_2)나 규산염 광물(→105쪽) 같은 형태로 주로 발견된다.

순수한 규소 반도체는 자유 전자의 수가 매우 적어 전류가 거의 흐르지 않는다. 그런데 여기에 아주 소량의 특별한 원소, 즉 불순물을 넣으면 상황이 달라지는데, 이 과정을 도핑이라고 한다. 도핑을 하면 전자가 더 잘 움직일 수 있어 전류가 흐를 수 있는 상태가 된다. 이런 방식으로 만들어진 반도체 소자는 컴퓨터, 스마트폰을 비롯한 전자 기기에서 전기를 정밀하게 제어하는 데 꼭 필요한 부품이다.

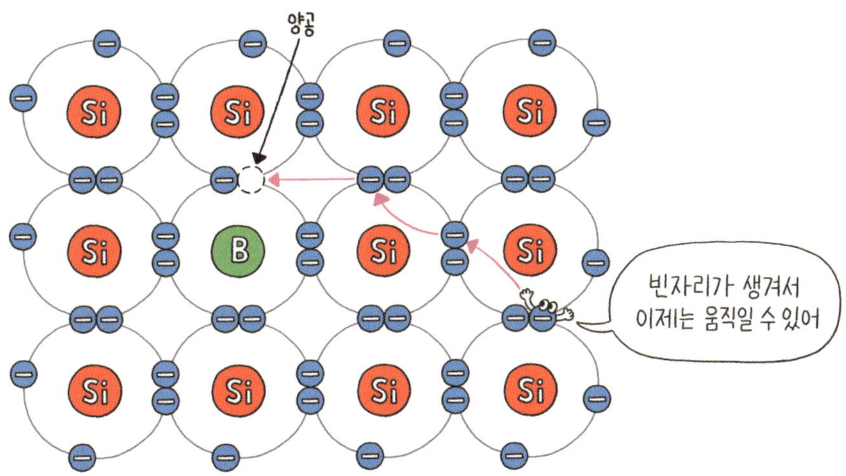

붕소(B)를 활용한 p형 도핑. 원자가 띠의 전자가 비어 있는 공간(양공)을 채우면서 움직일 수 있게 된다.

도핑에는 n형 도핑과 p형 도핑 두 종류가 있다. n형은 규소 같은 순수한 반도체에 전자 하나를 더 가진 원소, 예를 들어 인(P)이나 비소(As) 등을 섞는 것을 말한다. 그러면 남는 전자가 생겨 전자가 움직이며 전류가 잘 흐르게 된다.

반대로 p형은 규소 같은 순수한 반도체에 전자 하나가 적은 원소, 가령 붕소(B), 알루미늄(Al) 등을 섞는 경우를 말한다. 그러면 전자가 비는 자리가 생기는데, 이 빈자리를 따라 전자가 움직이면서 전기가 흐르게 된다. 이때 전자의 빈자리를 **양공**(陽孔, hole)이라고 부른다. 이처럼 n형 도핑은 자유 전자의 수를, p형 도핑은 양공의 수를 늘려 반도체의 전기적 성질을 조절한다.

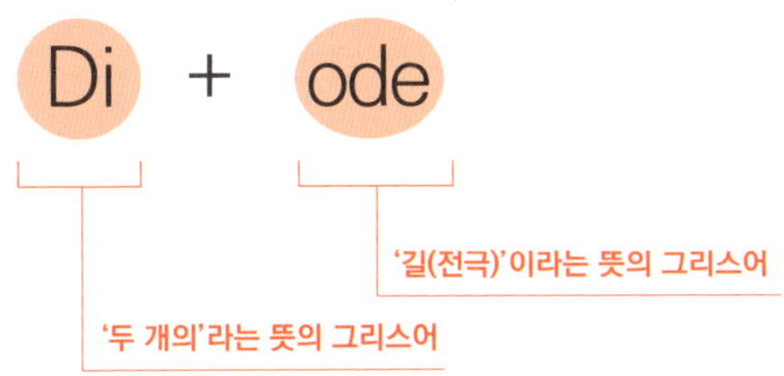

○ 개념 잡기

다이오드는 전기가 한 방향으로만 흐르게 하는 전자 부품이다. 다이오드는 보통 n형 반도체와 p형 반도체를 붙여서 만든다. 이렇게 두 종류의 반도체가 만나 생긴 경계면을 pn 접합이라고 한다. 이 구조 덕분에 다이오드는 전류가 한쪽 방향(p형 반도체 → n형 반도체)으로만 흐르고, 반대 방향(n형 반도체 → p형 반도체)으로는 흐르지 않게 할 수 있다.

○ 교과서 들여다보기

다이오드는 n형 반도체와 p형 반도체를 붙여서 만든 반도체 소자다. 다이오드는 마치 전기 신호에 문을 하나 만들어 주는 것처럼, 전류가 한쪽 방향으로만 흐르도록 제어한다. 이러한 특성 덕분에 다이오드는 전기를 흐르게 할지 막을지 조절하거나 교류*를 직류*로 바꾸는 데 널리 사용된다.

다이오드의 한 종류인 **발광 다이오드(LED)**는 전기가 흐를 때 빛을 내는 다이오드다. LED는 갈륨, 비소, 인, 질소 같은 원소를 이용해 만들고, 어떤 원소를 첨가하느냐에 따라 방출되는 빛의 파장이 달라져 다양한 색을 표현할 수 있다. 현재는 물질 자체에서 빛이 나오는 유기 발광 다이오드(OLED)도 널리 쓰인다. OLED는 별도의 백라이트 공간이 필요 없어 화면을 더 얇고 가볍게 만들 수 있다. 그래서 휘거나 구부러지는 스마트폰처럼 유연한 디스플레이 기술에 많이 사용된다. 광 다이오드는 빛을 받아 전기 에너지를 생성하는 다이오드다. 광 다이오드는 빛을 감지하는 센서, 태양 전지 등에 이용된다.

발광 다이오드(LED)

우리가 자주 보는 TV 화면이나 교통 신호등, 스마트폰 화면에는 대부분 발광 다이오드가 들어 있다. 발광 다이오드는 영어로 LED(Light-Emitting Diode)라고 하는데, 말 그대로 빛을 내는 다이오드다. 다이오드는 전류를 한 방향으로만 흐르게 하는 성질이 있지만, LED는 거기에 더해 전류가 흐를 때 빛을 낸다.

그런데 이 빛은 그냥 나오는 게 아니라 다이오드 안에 있는 원자 속 전자가 에너지를 얻었다가 다시 잃을 때 빛을 내는 원리로 만들어진다. 이처럼 전자가 에너지를 얻거나 잃으며 에너지 준위 사이를 이동하는 현상을 **전자 전이**라고 한다. 전자가 더 높은 위치로 올라갔다가 다시 내려오면 에너지를 잃는데, 잃어버린 에너지만큼이 빛의 형태로 튀어나오게 된다.

LED의 빛의 색은 어떤 원소를 사용하는지에 따라 달라진다. 예를 들어 갈륨, 비소, 인 같은 원소를 조합하면 빨강, 파랑, 초록 등 다양한 빛을 만들 수 있다. 이렇게 빛의 삼원색(빨강, 파랑, 초록)을 조합하면 TV나 스마트폰 화면처럼 수많은 색을 표현할 수 있게 된다.

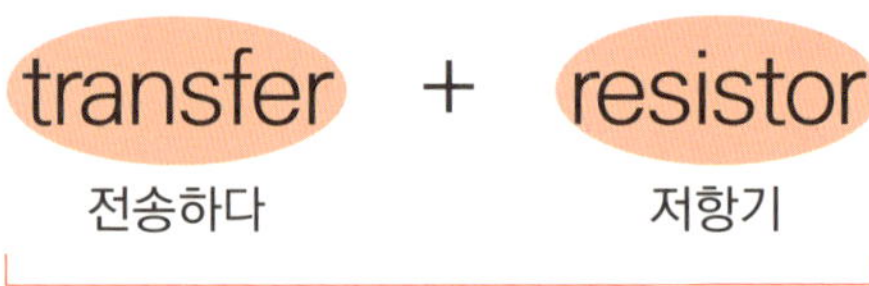

○ 개념 잡기

우리가 매일 사용하는 스마트폰, 컴퓨터, TV 같은 전자 기기 안에는 모두 트랜지스터가 들어 있다. 크기가 아주 작은 이 부품은 전기의 흐름을 조절하는 데 반드시 필요하다.

트랜지스터는 크게 두 가지 역할을 한다. 첫째, 약한 전기 신호를 크게 키우는 '증폭기' 역할이다. 예를 들어 마이크에 대고 작게 말했는데 스피커에서 크게 들리는 건 트랜지스터 덕분이다. 둘째, 전기를 켜고 끄는 '스위치' 역할이다. 컴퓨터의 명령어는 0과 1로 이루어졌는데, 트랜지스터는 전기가 흐르는 상태를 '1', 흐르지 않는 상태를 '0'으로 나타내며 컴퓨터가 빠르게 연산과 정보처리를 할 수 있도록 한다.

**○ 교과서
들여다보기**

트랜지스터는 n형 반도체와 p형 반도체를 복합적으로 붙여서 만든 반도체 소자다. 트랜지스터는 전류를 조절하거나 키우는 데 사용하는 아주 중요한 부품으로 마이크로폰, 라디오, 컴퓨터, 스마트폰처럼 신호를 키우거나 조절해야 하는 모든 전자 기기에 반드시 들어간다. 게다가 크기도 작고 소비 전력이 매우 적어 하나의 전자 기기 속에 수억 개가 들어 있기도 하다.

○ 과학사

진공관에서 반도체로

1940년대까지 전기를 조절하거나 증폭하려면 '진공관'이라는 큰 유리관이 필요했다. 그 때문에 옛날 라디오나 텔레비전은 진공관 덩어리나 마찬가지였으며, 크고 무겁고 전기를 많이 사용했다. 그러다가 1947년, 미국 벨 연구소의 과학자 세 사람(쇼클리, 바딘, 브래튼)이 아주 작은 반도체 조각을 이용해 전기를 증폭할 수 있는 새로운 부품, 트랜지스터를 발명했다. 이 공로로 1956년에 노벨 물리학상을 받았다.

이 발명은 '트랜지스터 혁명'이라 불릴 정도로 엄청난 일이었다. 진공관보다 훨씬 작고, 열도 덜 나고, 전기도 적게 쓰고, 고장도 잘 나지 않았기 때문이다. 전자 기기들은 점점 작아졌고 훨씬 똑똑해졌다. 이 트랜지스터 덕분에 집적 회로도 가능해졌고, 오늘날 우리가 쓰는 노트북, 스마트폰, 인공 지능 컴퓨터까지 발전할 수 있게 되었다.

집적 회로

Integrated Circuit(IC)

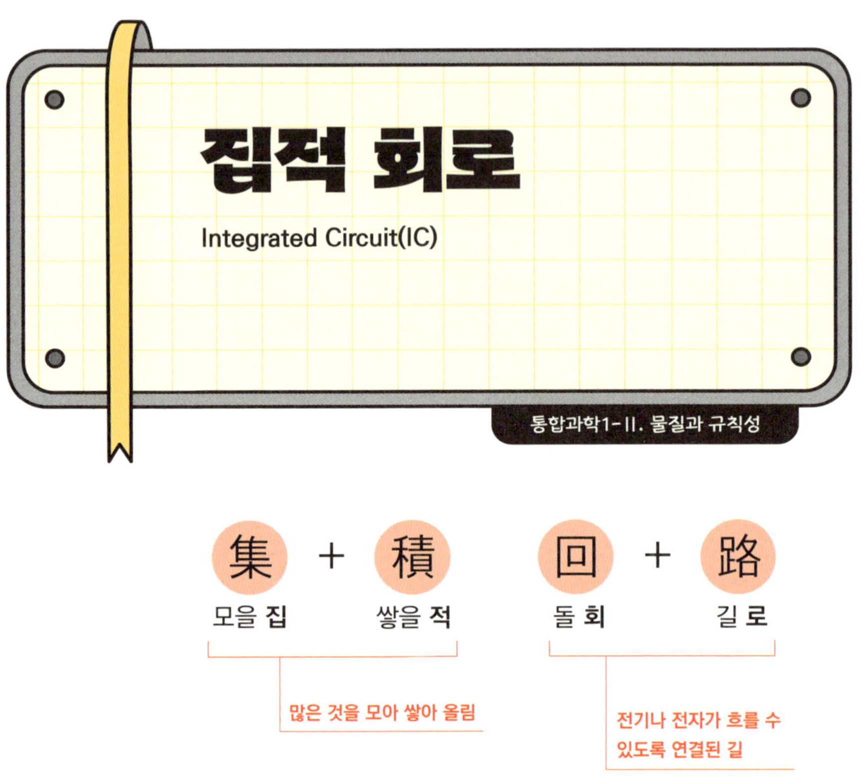

○ 개념 잡기

현대의 필수품이 된 스마트폰이나 컴퓨터는 수많은 전자 부품으로 이루어져 있다. 예전에는 저항기, 트랜지스터, 축전기 같은 부품을 하나하나 따로 만들어 연결했기 때문에 기기의 크기가 크고 구조도 복잡했다. 그런데 이 문제를 해결해 전자기기를 아주 작고 효율적으로 바꿔 낸 발명이 바로 집적 회로다.

집적 회로는 많은 전자 부품을 아주 작은 실리콘 판 위에 모아 놓은 것으로, 작고 가벼우며 빠르게 동작하는 회로를 만들 수 있게 해 준다. 집적 회로 덕분에 스마트폰, 노트북,

게임기 같은 기기가 손 안에 들어올 정도로 작고 얇아졌다.

집적 회로는 ==여러 전자 부품을 아주 작은 칩 하나에 정밀하게 모아 놓은 반도체 소자==다. 트랜지스터, 저항기 같은 반도체 소자들을 하나의 기판 위에 아주 가깝게 배치하기 때문에 부품 사이의 거리가 짧아져 전기 신호가 빠르게 전달된다. 이렇게 신호가 빨라지면 에너지를 덜 쓰면서 더 효율적으로 작동할 수 있다. 이러한 특성 때문에 집적 회로는 컴퓨터나 스마트폰처럼 데이터를 빠르게 처리하거나 저장해야 하는 디지털 기기에서 반드시 필요한 중요한 부품이 됐다.

스마트폰, 태블릿 PC, 컴퓨터가 점점 더 작고 빠르고 똑똑해지는 것은 집적 회로 기술이 계속 발전하고 있기 때문이다. 이 기술의 발전을 설명할 때 과학자들이 자주 언급하는 법칙이 있다. 바로 **무어의 법칙**(Moore's Law)이다. 무어의 법칙은 인텔의 공동 창립자인 무어가 1965년에 처음 제안한 것으로, "집적 회로에 들어가는 트랜지스터 수는 약 2년마다 두 배씩 증가한다"라는 내용이다. 이 말은 곧 컴퓨터의 성능도 급속도로 향상된다는 뜻이다.

같은 크기의 칩에 트랜지스터를 두 배로 집적하려면 트랜지스터의 크기를 계속 줄여야 한다. 하지만 트랜지스터가 너무 작아지면 전력 소모, 발열, 신호 간섭과 같은 문제가 생긴다. 그래서 요즘은 단순히 크기를 줄이는 것을 넘어

새로운 구조와 재료를 이용해 성능을 높이고 있다. 최근 AI
가 빠르게 발전하면서 AI 연산에 특화된 집적 회로, 예를
들어 NPU, TPU, 뉴로모픽 칩 같은 새로운 형태의 집적
회로가 등장했다. 이 칩들은 단순 계산이 아닌 머신 러닝과
딥 러닝 연산에 최적화되어 있다.

삼성전자, TSMC, 인텔 같은 기업들은 3나노, 2나노 기술
처럼 아주 정밀한 공정으로 더 작은 회로를 만들기 위해 경
쟁 중이다.

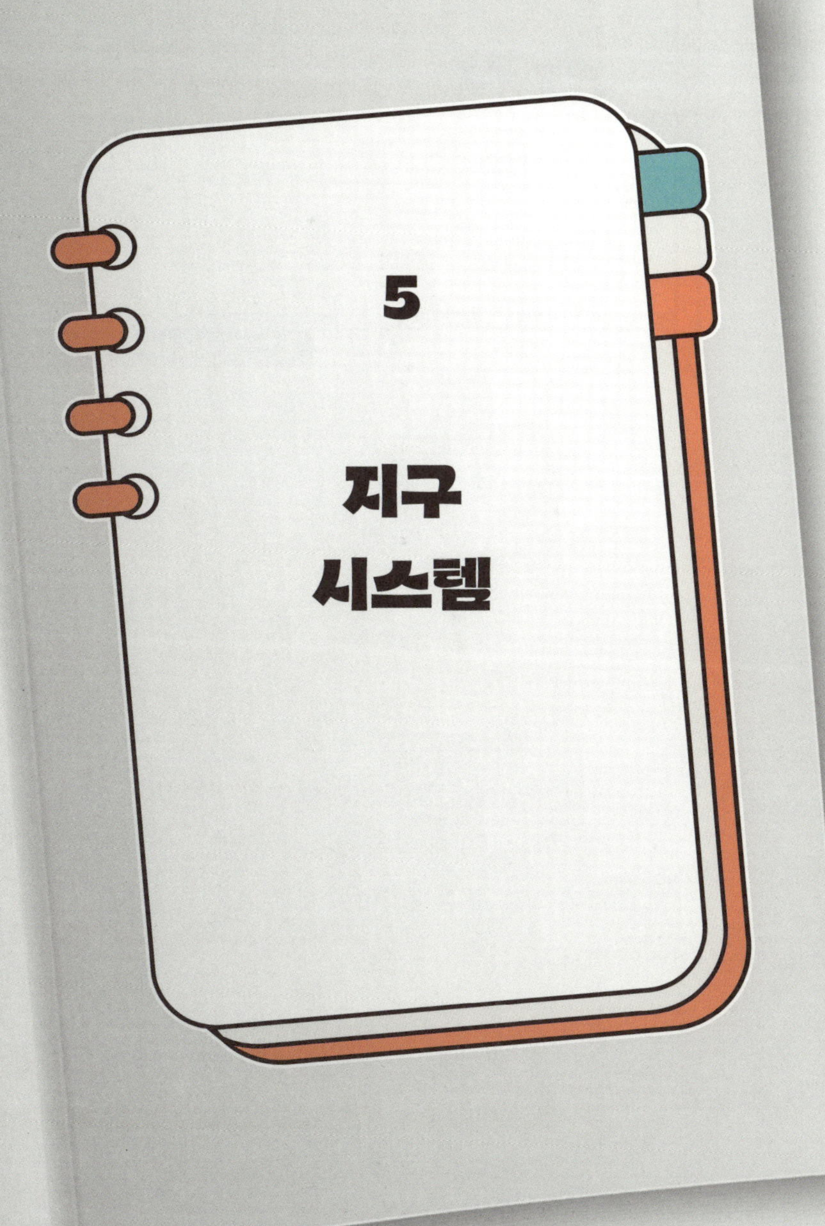

5
지구
시스템

○ 개념 잡기

지구 표면에서 물이 있는 부분을 가리킨다. 해양, 하천, 호수, 지하수, 빙하 등이 수권에 속한다. 물은 생명체가 존재하기 위한 필수 조건이며 지구 기온 조절에 중요한 역할을 한다.

○ 교과서 들여다보기

수권 중 해수가 약 97%, 육지에 있는 물이 3%다. 해수는 깊이가 깊어짐에 따라 수온이 변화하는데, 이 기온 변화를 기준으로 혼합층, 수온 약층, 심해층으로 구분한다.

혼합층은 태양 에너지로 해수면이 가열되어 수온이 높으

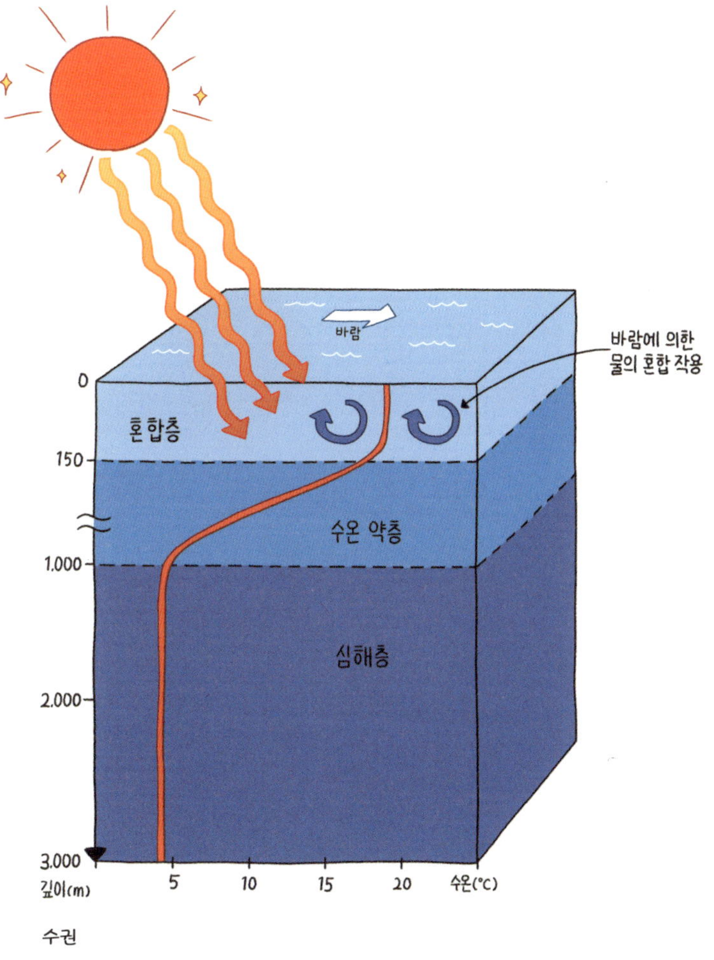

수권

며, 수온이 높아진 부분이 아래의 차가운 물과 바람에 의해 섞여 수온이 일정한 층을 이룬다. 혼합층 아래는 수온이 급격히 낮아지는 수온 약층이 분포하며, 그 아래쪽에 수온이 가장 낮은 해수가 분포하는 심해층이 있다. 심해층은 태양 에너지가 도달하지 않아 평균 수온이 0~4 ℃로 낮으며 계절에 따른 수온의 변화가 거의 없다.

○ 개념 잡기

지구 표면과 내부를 구성하는 암석과 토양으로 이루어진 영역이다. 지각, 맨틀, 외핵, 내핵으로 구분한다. 생명체가 살아가는 서식지로서의 역할이 크다.

○ 교과서 들여다보기

지각은 지권에서 가장 바깥에 있는 부분이며 해양 지각과 대륙 지각으로 나뉜다. 지각은 암석으로 구성되어 있으며 암석은 광물, 그중에서도 주로 규산염 광물(→105쪽)로 이루어져 있다. 맨틀은 지구 전체 부피 중 가장 많은 부분(약 80%)을 차지하고 있으며 지각보다 밀도가 큰 광물로 이루

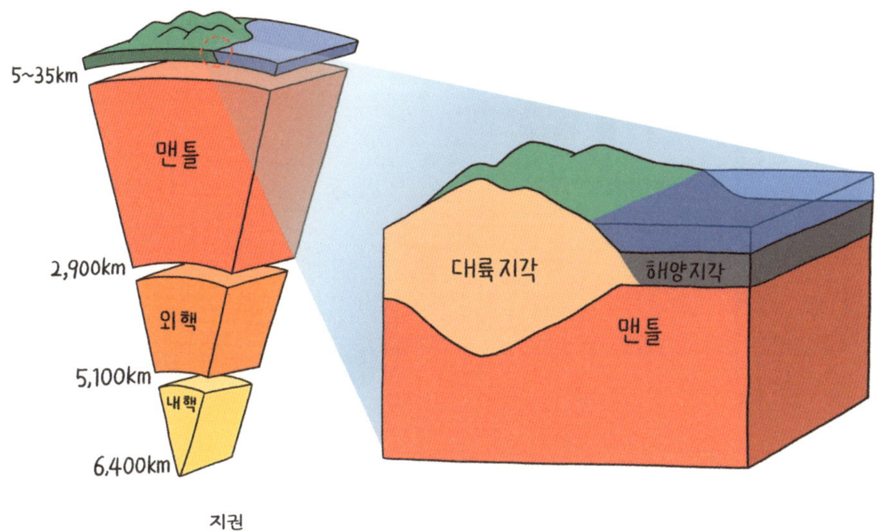

어져 있다. 고체 상태이지만 유동성이 있어 오랜 시간에 걸쳐 서서히 움직인다. 핵은 철과 니켈로 이루어져 있으며 외핵은 액체 상태이고 내핵은 고체 상태다.

● 개념 잡기

지구를 둘러싼 대기층으로, 지표에서 높이 약 1,000km까지가 해당된다. 주요 성분은 질소(약 78%), 산소(약 21%)이며, 그 외 이산화 탄소, 수증기 등의 기체로 이루어져 있다. 기권은 지표면으로부터 높이가 증가함에 따라 기온이 변하는데, 이 온도 변화의 특징을 기준으로 대류권, 성층권, 중간권, 열권으로 나뉜다.

● 교과서 들여다보기

미행성체(→71쪽)와의 충돌로 마그마의 바다가 되었던 원시 지구는 서서히 식으면서 밀도가 가장 큰 철 등의 물질이

통합과학 개념 픽

가라앉아 핵을 만들고, 밀도 순서대로 맨틀, 지각과 같은 지권을 형성했다. 가장 밀도가 작은 기체는 바깥쪽에 모여 기권을 이루었다.

대류권은 지표면에서 가장 가까운 대기층으로 지표면에서 약 10~12km까지에 해당한다. 태양 에너지로 가열되는 지표면에서 1km 높아질수록 6.5℃씩 온도가 낮아진다. 공기의 대류 현상*이 있어 대류권이라 한다. 수증기를 포함한 공기 덩어리가 상승해 구름이 만들어지고 비, 눈, 바람 같은 기상 현상이 나타난다.

높이가 높아짐에 따라 기온이 낮아지던 기권은 오존층*이 자외선을 흡수하면서 다시 위로 올라갈수록 기온이 높아지는 성층권이 나타난다. 대류 현상이 거의 일어나지 않는 안정한 층을 이루고 있어 **성층권**이라 부른다.

더 위로 올라가면 다시 높아질수록 기온이 낮아지는 층이 나타나는데, 이를 **중간권**이라 한다. 중간권에서도 대류 현상이 나타나지만 수증기가 없어 구름이 만들어지지 않기 때문에 기상 현상도 없다. 중간권 위에 있는 층을 **열권**이라 하며 다시 높이가 올라감에 따라 기온이 오르는 층이다. 열권은 공기가 희박하며, 낮에 태양에서 들어오는 자외선을 질소와 산소 원자가 흡수해 온도가 상승한다. 밤에는 낮보다 약 200℃ 정도 낮아 낮과 밤의 기온 차가 매우 크다.

● **심화 학습**

오로라

오로라는 우주에서 날아오는 전하를 띠는 입자(전자, 양성자, 이온 등)들이 지구 자기장을 따라 대기권으로 들어오다가

열권
중간권
성층권
오존층
대류권
열기구
(Km)
110
90
70
50
30
10

열권의 기체와 충돌해 빛을 내는 현상이다. 전하를 띠는 입자들이 공기 중의 원자나 분자와 충돌하면, 이들이 에너지를 받아 들뜬 상태*가 된다. 들뜬 기체가 바닥 상태*로 돌아갈 때 빛을 방출하는데, 이것이 오로라다.

고도 약 200km 이상에서 산소와의 충돌로 붉은색 오로라가 나타나며, 산소 밀도가 높은 90~150km에서는 산소와 충돌해 녹색을 띤다. 질소와 충돌하는 경우 질소 밀도가 높은 곳에서는 보라색, 낮은 곳에서는 파란색 오로라가 주로 나타난다. 오로라는 충돌하는 높이와 원소의 종류에 따라 색깔이 다르게 나타난다.

들뜬 상태
원자 안의 전자가 빛 또는 열 등을 받아 에너지를 흡수해 바닥 상태보다 높은 에너지 준위로 올라간 상태. 들뜬 상태에서 전자는 에너지를 방출해 원래의 바닥 상태로 돌아간다.

바닥 상태
원자 안의 전자가 가장 안정적으로 배치된 상태로 에너지가 가장 낮은 상태다.

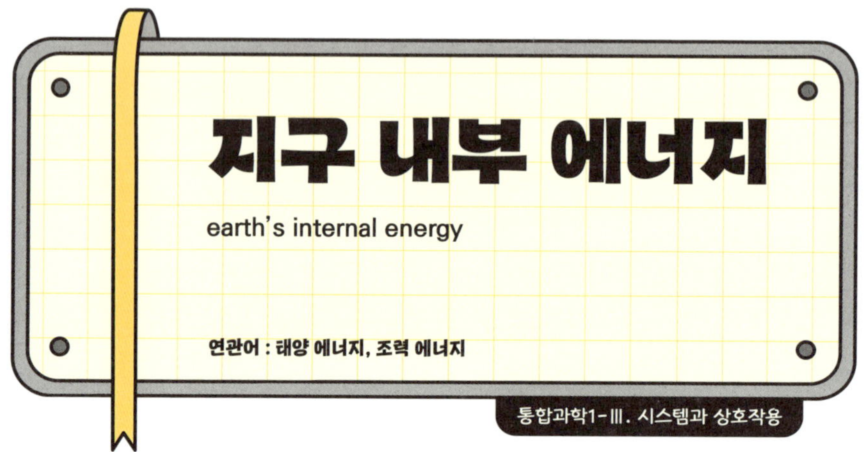

● 개념 잡기

지구 내부에 있는 열로 지구 형성 초기의 충돌로 인한 내부 열과 방사성 동위 원소의 붕괴열이 원인이다. 지구 내부 에너지가 맨틀 대류를 일으키며 급격히 방출될 때 화산과 지진 현상이 나타난다.

● 교과서 들여다보기

지구 시스템은 기권, 수권, 지권, 생물권으로 구성되어 있으며 이들 간 상호 작용으로 여러 가지 자연 현상이 나타난다. 이 과정에는 에너지가 필요하며 지구 시스템의 에너지원에는 태양 에너지, 지구 내부 에너지, 조력 에너지가 있다.

태양 에너지는 에너지원 중 가장 많은 양을 차지하며 날씨 변화를 일으켜 대기와 물을 순환시키고 생명 활동에 필요한 에너지를 공급한다. 지구 내부 에너지는 **맨틀 대류**를 일으키는 원인이다. 맨틀의 아랫부분이 가열되어 위로 올라가면 차가운 윗부분이 아래로 하강하는데, 오랜 시간 동안 천천히 이러한 대류가 일어나며 지각판을 이동시킨다.

또한 지구 내부 에너지가 한곳에 축적되어 있다가 한꺼번에 터져 나오면서 지진과 화산 활동이 발생한다. 조력 에너지는 달과 태양의 인력으로 생겨나는 에너지로, 밀물과 썰물을 만든다. 이로써 해수면의 높이를 변화시키고 해안 지형과 생태계에 영향을 준다.

○ 심화 학습

지구과학
Ⅱ. 지구의 역사와
한반도의 암석

방사성 동위 원소는 원자핵이 불안정하므로 방사선을 방출하며 안정한 상태가 되고자 하는데, 이 과정에서 **방사성 원소 붕괴열**이 발생한다. 광물 속에 들어 있는 방사성 동위 원소가 붕괴하면서 발생하는 열이 지구 내부 에너지의 주요 근원이다. 또한 지구 형성 초기에 수많은 미행성체(→71쪽)와 충돌하면서 지구는 막대한 충돌 열을 축적했고, 이 때문에 지구 내부의 온도는 매우 높다. 지구 내부가 점차 식어 가면서 지구 내부 에너지는 대류와 전도 등을 통해 외부로 전달된다.

탄소 순환

carbon cycle

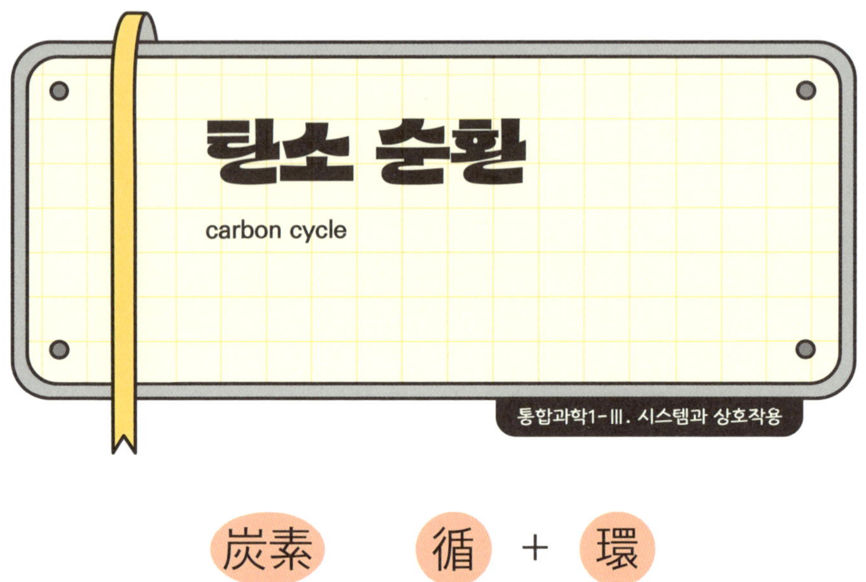

● 개념 잡기

기권, 수권, 지권, 생물권 사이에서 다양한 형태로 탄소가 이동하고 변화하는 과정이다. 탄소 순환은 생태계의 안정과 지구의 기후 변화 등에 중요한 물질 순환이다.

● 교과서 들여다보기

탄소는 지구 시스템의 각 권역을 순환한다. 생물이 숨 쉬는 호흡 과정을 통해 탄소는 이산화 탄소의 형태로 기권으로 이동한다. 기권의 이산화 탄소는 해수에 녹아 탄산 이온(CO_3^{2-})의 형태로 수권으로 이동한 후 칼슘과 결합해 해저에 가라앉거나, 해양 생물에 흡수되었다가 생물이 죽으

탄소는 지권에서는 석회암과 화석 연료, 수권에서는 탄산 이온, 기권에서는 이산화 탄소와 메테인으로 존재한다. 또, 생물권에서는 포도당, 뼈대 등 탄소 화합물 형태다.

면 퇴적암이 되어 석회암($CaCO_3$)의 형태로 지권으로 이동한다. 지권의 탄소는 화산 활동이나 화석 연료의 연소로 기권으로 이동하며 기권의 탄소는 광합성(→210쪽)에 의해 생물권으로 이동한다. 일부 생물의 사체는 지층에 묻혀 화석 연료의 형태로 지권에 저장된다. 탄소 순환은 지구 기후의 변화에도 큰 영향을 미친다. 지구의 기온이 상승하면 해수의 온도가 높아져 기권의 이산화 탄소가 바닷물에 잘 녹지 못하고 대기 중으로 더 많이 방출된다. 이렇게 되면 기권의 이산화 탄소 양이 증가해 지구 온난화가 가속화된다.

지구 시스템에서 각 권역으로 이동하는 물질로 가장 대표적인 것이 물과 탄소다. 탄소는 이산화 탄소, 탄산 이온, 탄산 칼슘(석회암) 등의 형태로 이동하며, 물은 수증기, 물방울, 얼음(눈)의 형태로 각 권역을 이동한다. 이렇게 물질이 이동하려면 에너지가 필요하다. 지구 시스템에는 태양 에너지, 지구 내부 에너지, 조력 에너지가 작용한다.

탄소의 경우 태양 에너지는 식물의 광합성 과정에서 기권의 탄소를 생물권으로 이동시키고 생물은 태양 에너지로 살아가고 호흡으로 탄소를 기권으로 이동시킨다. 화석 연료나 석회암은 지구 내부 에너지에 의한 화산 활동으로 이산화 탄소의 형태로 기권으로 이동한다. 물의 경우 수권에서 태양 에너지의 가열로 수증기로 증발해 기권에서 구름을 만들고 다시 비나 눈의 형태로 수권으로 이동한다. 이처럼 물질의 순환에는 에너지가 필요하다.

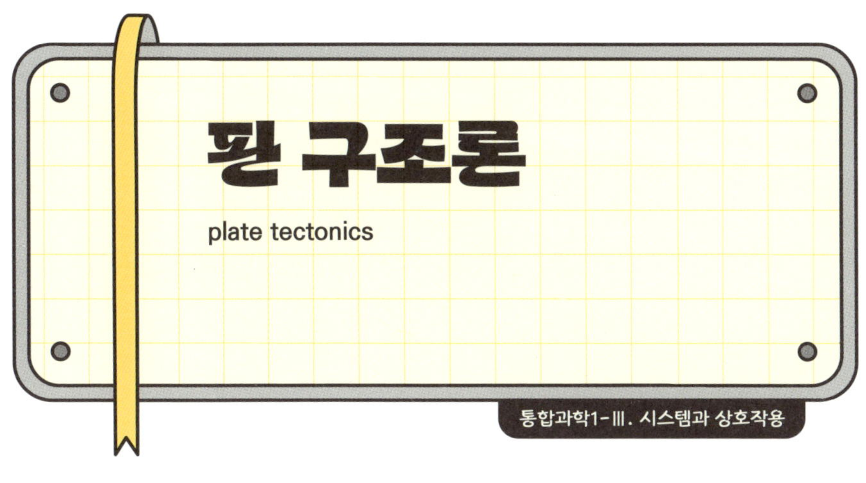

○ 개념 잡기

판 구조론은 판(암석권)의 움직임으로 지진, 화산 활동 등을 설명하는 이론이다. 지구 내부의 물질 중 지각과 일부 맨틀을 포함하는 암석권이 연약권 위에서 움직인다. 암석권이 이동하며 서로 부딪히거나 갈라져 멀어지는 지점이 판의 경계가 되고, 이 경계에서 여러 지형이 만들어진다. 판의 경계는 발산형, 수렴형, 보존형으로 나눌 수 있다.

연약권
암석권 아래 약 100~400km 구간으로, 맨틀 물질이 일부 용융되어 있어 유동성이 있다.

○ 교과서 들여다보기

지진, 화산 활동, 습곡 산맥의 형성 등 지권에서 일어나는 변화를 판 구조론으로 설명할 수 있다. 지진과 화산 활동은 특정 지역에서 활발하게 일어나는데, 이런 곳을 지진대와 화산대라고 하며 합쳐서 **변동대**라고 부른다. 변동대는 띠 모양으로 분포하고 이와 같은 분포는 판의 경계 지역과 일치한다.

지권에서 일어나는 지각 변동의 원인을 판의 충돌, 어긋남, 멀어짐 등으로 설명할 수 있다. 지권의 표면은 10여 개의 판으로 이루어져 있고 판은 각각의 방향과 속도로 이동한다. 이렇게 움직이는 판들은 서로 부딪치거나 멀어지고 어긋나며 경계를 만들고, 이 경계에서 화산, 지진 등의 활동이 일어나며 습곡 산맥, 해령, 해구 등 다양한 지형이 만들어진다.

두 판이 서로 멀어지는 경계는 **발산형 경계**라고 하며 서로 가까워지는 경계는 **수렴형 경계**, 두 판이 어긋나며 이동하는 경계는 **보존형 경계**라고 한다. 발산형 경계에서는 판이 생성되고 수렴형 경계에서는 판이 소멸되며 보존형 경계에서는 생성과 소멸 없이 판의 크기가 보존된다.

심화 학습

지구시스템과학
I. 지구 탄생과 생동하는 지구

판 구조론은 **대륙 이동설**로부터 출발했다. 이후 탐사 기술이 발달하면서 정립되었고, 오늘날에는 판의 이동 방향과 속도를 측정해 미래의 대륙 위치까지 예측할 수 있다.

대륙 이동설은 베게너의 과학적 가설에서 시작되었다. 그는 대서양을 사이에 둔 남아메리카와 아프리카의 해안선 모양이 잘 들어맞는다는 점에 주목했다. 그는 빙하의 흔적, 지질 구조의 연속성, 화석 분포 등의 자료를 근거로 과거에

통합과학 개념 픽

는 대륙이 하나로 모여 있다가 이동해 지금의 모습이 되었다고 주장했다. 그의 주장은 당대에는 인정받지 못했으나 1929년 홈스가 **맨틀 대류설**을 발표하며 대륙을 움직이는 원동력이 설명되었고, 대륙 이동설이 재조명받았다.

20세기 중반 세계 대전으로 인해 해양 탐사 기술이 급격히 발전하며 해저 지형의 모습을 확인할 수 있게 된다. 음파가 반사되어 돌아오는 시간을 이용해 수심을 측정하고 이를 통해 해저 지형의 모습을 확인한 결과, 해저에 해령과 해구 등이 존재한다는 사실을 알게 된다. 1962년에는 헤스와 디츠가 해저 지형을 관측해 해령을 중심으로 지층이 대칭을 이룬다는 사실을 밝혔다. 이로써 해령에서 두 판이 멀어지는 발산형 경계가 존재한다는 사실이 증명되었다.

1960년대 후반에는 심해저 시추˙가 이루어졌다. 해양 지각의 나이를 측정해 해령을 기준으로 양쪽으로 멀어질수록 해양 지각의 나이가 많아진다는 점을 밝혔으며, 이로써 **해양저 확장설**이 인정받는다. 또한 해령과 해령 사이 변환 단층이 서로 반대 방향으로 이동한다는 사실과 해구에서 섭입대를 따라 지진의 진원 깊이가 깊어진다는 점을 확인하면서 판 구조론이 정립된다.

시추(試錐)

송곳으로 시험해 본다는 뜻으로, 시험 삼아 바닥에 구멍을 파서 조사하는 것이다.

○ 개념 잡기

어떤 지점에서 물질이 서로 다른 방향으로 이동하며 멀어지는 현상을 말한다. 발산의 반대말은 수렴이다. 판, 공기, 해수 등이 발산하거나 수렴하는 지역이 있다. 예를 들어 대서양 중앙 해령에서는 마그마가 상승해 서로 반대 방향으로 이동하는데, 이런 곳을 판의 경계 가운데 **발산형 경계**라고 부른다. 또한 고기압 지역에서 공기는 고기압의 중심에서 바깥쪽으로 이동하는데 이를 공기의 발산이라 한다.

한편 수학에서는 함수의 극한값이 한없이 커지거나 한없이 작아질 때 이 함수는 '발산한다'라고 말한다. 양 혹은 음의 무한대로 발산하는 경우 외에, 값이 진동해 하나로 모이지 않는 함수도 발산에 해당한다.

○ 교과서
들여다보기

판 구조론에서 발산형 경계란 판이 서로 멀어지는 경계를 말한다. 판이 갈라지며 그 틈 사이로 마그마가 상승해 새로운 지각이 만들어진다. 발산형 경계의 틈에는 **열곡대**라고 부르는 깊은 골짜기 같은 지형이 형성되는데, 이 틈이 바다로 채워져 해저에 있으면 이를 **해령**이라고 한다. 현재 발산형 경계는 대부분 해저에 분포한다. 대표적인 발산형 경계로 동아프리카 열곡대, 아이슬란드 열곡대, 대서양 중앙 해령, 동태평양 해령 등이 있다.

지표면이 냉각되는 지역에서는 공기가 수축해 하강하게 되는데, 공기가 모여들면서 지표면에 고기압이 만들어진다. 공기는 기압이 높은 쪽에서 낮은 곳으로 이동하므로 지상의 고기압 중심에서 바깥쪽으로 공기가 불어 나간다. 이를 공기의 발산이라 한다.

개념 잡기

수렴이란 물질이 한 지점으로 모여 서로 가까워지는 것을 의미한다. 지구과학에서는 판, 공기, 해수 등이 서로 만나고 모이는 현상을 뜻한다. 생물학에서는 서로 다른 계통의 생물이 비슷한 환경에 적응하는 과정에서 결과적으로 유사한 외형이나 특징을 갖도록 진화한 경우를 가리킨다. 이를 **수렴 진화**라고 부른다.

한편 수학에서는 함수가 일정한 값에 한없이 가까워지는 경우를 말한다. 함수 $f(x)$에서 x의 값이 일정한 값, 예를 들어 a에 가까워지는 상태를 '수렴'이라고 부른다. 이때 함수

f(x)가 수렴하는 값을 극한값이라고 한다.

판 구조론에서 수렴형 경계란 두 판이 서로 가까워지는 경계다. 두 개의 대륙판이 충돌해 솟아나는 곳에서는 **습곡 산맥**(→173쪽)이 만들어지며, 판과 판이 만날 때 하나의 판이 다른 판 아래로 들어가는, 즉 **섭입**하는 곳에서는 **해구**(→171쪽)가 만들어진다. 대표적인 수렴형 경계로 히말라야산맥, 알프스산맥, 일본 해구, 칠레 해구 등이 있다.

주변보다 기압이 낮은 곳을 저기압이라고 하는데, 저기압 지역에서는 주변의 공기가 저기압 중심으로 불어 들어간다. 공기는 기압이 높은 곳에서 낮은 곳으로 이동하기 때문이다. 이처럼 저기압 중심으로 공기가 모이는 것을 수렴이라고 한다.

보존형 경계

conservative boundary

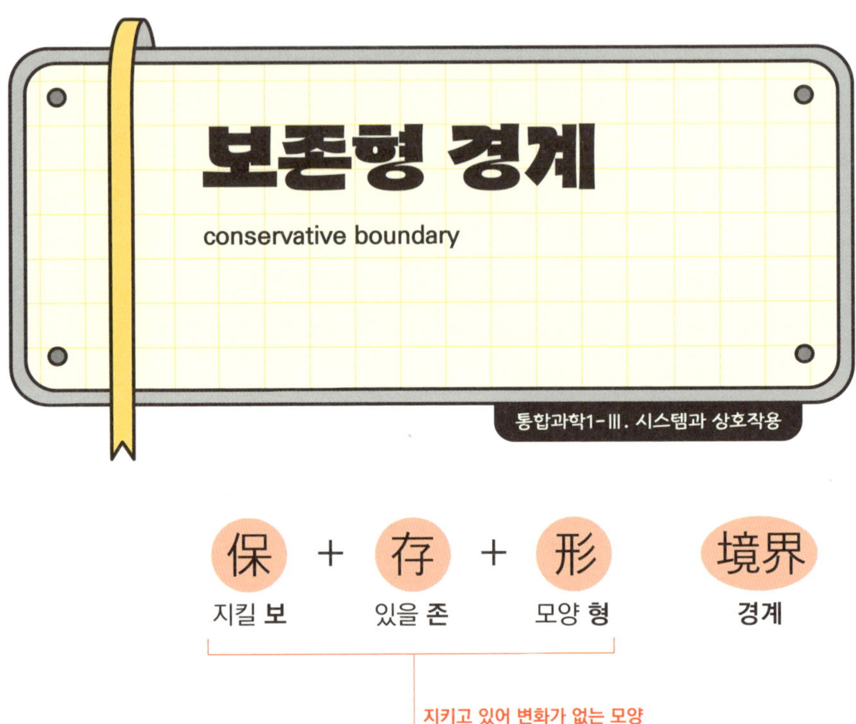

○ 개념 잡기

판의 생성이나 소멸이 일어나지 않는 경계다. 판이 움직일 때 판 전체가 같은 속도로 하나가 되어 움직이는 것이 아니라 경계마다 속도가 서로 다르다. 즉 해령은 완벽한 일직선이 아니며 연속적이지도 않다. 인접한 해령과의 속도 차이로 해령과 해령 사이에 어긋나는 지점이 생겨나는데, 이를 보존형 경계라고 한다. 보존형 경계에서는 **변환 단층** 지형이 만들어진다.

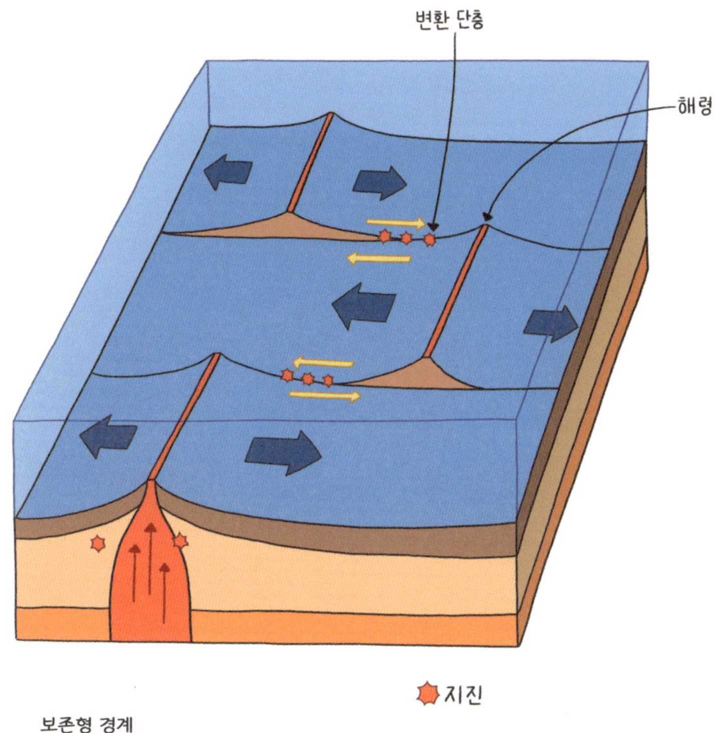

보존형 경계는 두 판이 어긋나는 지역으로, 지진이 잘 발생하지만 화산 활동은 거의 없다. 해령과 해령 사이에서 발달하므로 대부분 바닷속에 위치하지만 북아메리카 대륙의 산안드레아스 단층과 같이 육지 위로 드러나 있는 경우도 있다.

보존형 경계에 나타나는 지형으로 변환 단층이 있다. **단층**은 지층이 끊어져 수평 또는 수직 방향으로 이동하며 형성되는 지질 구조인데, 변환 단층은 그중 수평 이동 단층이다. 변환 단층은 해령과 해령 사이에 발달하는 특이한 지질 구조다.

해령과 해령 사이에 발달하는 변환 단층에서는 지진이 발생하지만 그 외 지역은 판이 같은 방향으로 이동하므로 지진이 일어나지 않는다. 1965년 윌슨은 해령과 해령 사이의 이 같은 단층을 변환 단층이라고 처음으로 이름 붙였으며, 판 구조론(→159쪽)이 정립되는 데 중요한 기여를 했다.

개념 잡기

바다 밑에 산맥 모양으로 솟은 지형이다. 맨틀 대류의 상승으로 판이 위로 밀려, 해양저보다 높은 지형이 된다. 판이 갈라져 맨틀 물질이 나오면서 새로운 판이 만들어진다.

교과서 들여다보기

해양판과 해양판이 서로 멀어지는 **발산형 경계**에서 해령이 발달한다. 맨틀 물질의 상승으로 주변보다 높은 지형이 되며 양쪽으로 이동하면서 두 판이 갈라지고 지진과 화산 활동이 일어난다. 대서양 한가운데에서 발달한 **대서양 중앙 해령**과 태평양 동쪽에서 발달한 **동태평양 해령**이 대표적이다.

맨틀 물질이 상승하는 부분이 육지일 때는 양쪽으로 이동하는 골짜기 모양의 이름을 따서 열곡대라고 한다.

심해저 시추로 대서양 중앙 해령 주변에 있는 해양 지각의 나이를 측정한 결과, 해령에서 멀어질수록 해양 지각의 나이가 증가했다. 또한 해령을 중심으로 해양 지각의 나이는 대칭적으로 증가한다. 맨틀 물질이 상승해 해령에서 흘러나와 해양 지각이 만들어지므로 해령과 가까운 곳의 지각이 가장 어리며 멀어질수록 나이가 많아진다. 해령에서 생성된 해양 지각은 점점 식으면서 해구 쪽으로 이동하고, 차가워진 해양 지각은 밀도가 크기 때문에 대륙판 아래로 섭입해 소멸한다.

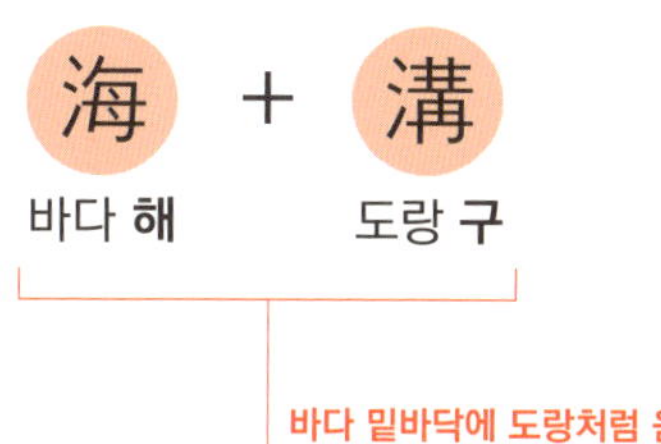

개념 잡기

바다 밑에 도랑 모양으로 깊게 파여 들어간 지형이다. 맨틀 대류의 하강부로, 해양저보다 깊어 수심이 6,000m 이상인 지형이며 판이 섭입하면서 소멸하는 곳이다.

교과서 들여다보기

서로 다른 판이 가까워지는 **수렴형 경계**에서 해구가 발달한다. 해양판이 대륙판을 만나면 밀도가 더 큰 해양판이 대륙판 아래로 섭입해 해구가 만들어지고 지진과 화산 활동이 발생한다. 해양판과 해양판이 만나는 경계에서는 밀도가 더 큰 쪽이 아래로 섭입하면서 해구가 만들어진다. 태평양

판이 필리핀판 아래로 섭입하는 **마리아나 해구**, 나스카판이 남아메리카판 아래로 섭입하는 **칠레-페루 해구**가 대표적이다. 해구와 나란하게 **호상 열도**(→175쪽)가 발달하며, 산맥을 따라 화산이 분포하기도 한다.

○ 과학사

해구 탐사의 역사

지구상에서 가장 깊은 바다는 마리아나 해구로 평균 7,000~8,000m, 가장 깊은 곳은 약 11km(1만 984m)에 달한다. 이곳의 압력은 해수면 압력의 1,000배로 사람은 견딜 수 없는 압력이기 때문에 해구 탐사를 위해서는 잠수정 장비가 필요하다. 1960년 월시와 피카르가 심해 잠수정 트리에스테를 타고 인류 최초로 마리아나 해구의 1만 912m 지점까지 도달했다. 압력을 견디기 위해 잠수정에는 두께 5cm 철판, 지름 약 2.1m의 구형 선실이 설치되었다. 2012년 영화 감독 캐머런은 디프시 챌린저(Deepsea Challenger)를 타고 마리아나 해구 1만 908m 지점에 도달했으며 고화질 카메라로 심해 생명체를 촬영했다. 수심이 매우 깊고 압력 또한 높지만 해구에는 심해어, 새우, 관벌레 등 다양한 생명체가 살고 있다.

습곡 산맥

fold mountains

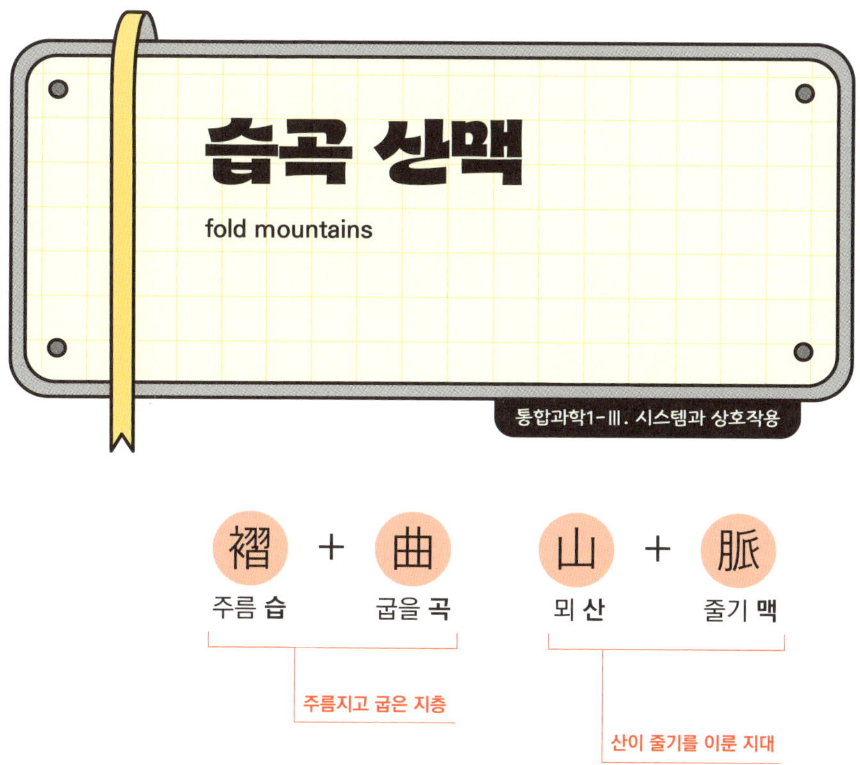

개념 잡기

습곡 산맥은 지층이 휘어져 형성된 습곡이 높이 들어 올려지며 형성된 산맥이다. 판의 경계에 퇴적된 지층이 판의 충돌로 압력을 받으면 습곡이 발달하며 이것이 융기해 산맥이 만들어진다.

교과서 들여다보기

판과 판이 가까워지는 **수렴형 경계**에서 판이 서로 충돌 또는 섭입한다. 이때 그 사이에 있던 퇴적층이 강한 압력을 받아 습곡 구조가 형성되면서 밀려 올라가 습곡 산맥이 만들어진다. 히말라야산맥은 인도-오스트레일리아판과 유라시아판이 충돌해 형성된 습곡 산맥이며, 안데스산맥은 나스카판이 남아메리카판 아래로 섭입하면서 형성된 습곡 산맥이다. 습곡 산맥에는 과거 해양에서 퇴적된 지층의 흔적이 남아 해양 화석이 나타나기도 한다. 히말라야산맥에서는 암모나이트 화석이 산출되었다.

○ 심화 학습

암염

암염은 바닷물이 증발하며 만들어진 퇴적암으로 구성 성분은 염화 나트륨($NaCl$)으로, 소금이다. 바다가 지각 변동으로 융기되는 경우 오랜 세월 동안 증발이 이루어지면서 암염이 생성된다. 또는 호수로 들어오는 물의 양보다 증발량이 많은 경우에 생성되기도 한다. 히말라야산맥에서 얻어지는 암염은 판이 충돌하던 시기인 신생대의 바닷물에서 만들어진 것이다. 이 암염은 철분(Fe)이 들어 있어 붉은색을 띠며 그래서 핑크 솔트라고 불린다.

호상 열도

island arcs

● 개념 잡기

활처럼 굽은 모양으로 줄지어 서 있는 섬들을 부르는 말이다. 수렴형 경계에서 **해구**(→171쪽)와 나란하게 형성되며 화산 활동으로 만들어진다.

● 교과서 들여다보기

호상 열도는 판이 섭입하면서 생기는 해구와 같이 발달한다. 일본은 호상 열도로 만들어진 섬으로 태평양판이 유라시아판으로 섭입하며 생긴 일본 해구와 나란하게 발달한다. 일본 열도와 알류산 열도 등은 **환태평양 조산대**에 있는 호상 열도다. 환태평양 조산대는 태평양을 둘러싸고 고리 모양을 이루는 판의 경계 지역으로 지진과 화산 활동이 많아 '불의 고리'라고 불린다.

수렴형 경계에서 해양판이 대륙판 아래로 섭입하는 경우 온도와 압력이 높아지면서 해양판에서 물이 빠져나온다. 이 영향으로 맨틀을 구성하는 암석의 용융점이 낮아져 현무암질 마그마가 생성된다. 이 마그마가 상승하며 만들어진 화산섬들이 경계를 따라 활 모양으로 분포하는데, 이를 호상 열도라고 한다.

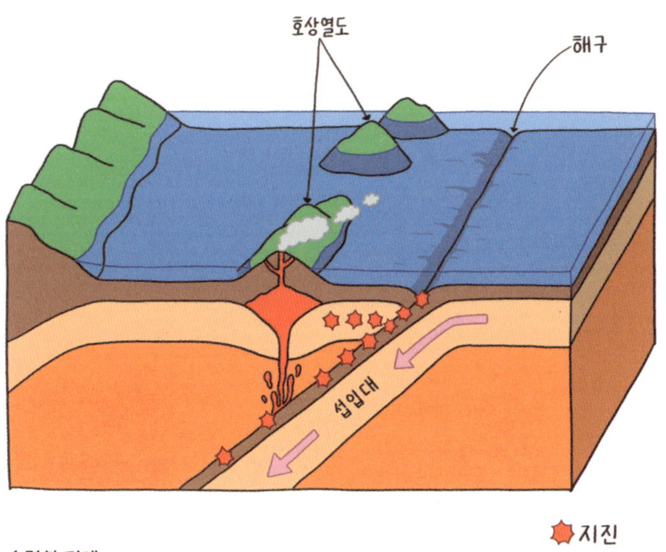

수렴형 경계

    통합과학 개념 픽

지진파

seismic wave

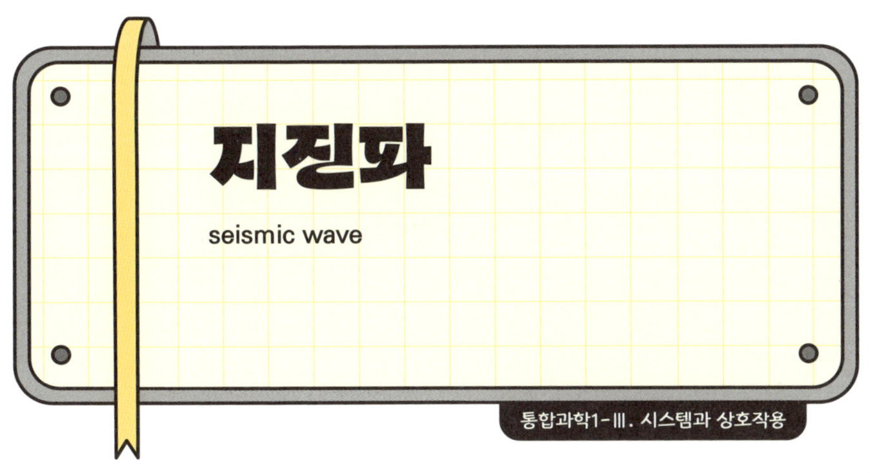

○ **개념 잡기**

지진, 폭발 등으로 발생해 지구의 표면과 내부로 전파되는 파동이다. 탄성이 있는 매질 내에서 에너지가 전달되는 **탄성파**이며 지구 표면을 따라 흐르는 표면파와 내부를 통과하는 실체파로 구분된다.

○ **교과서 들여다보기**

단층, 화산 활동, 마그마의 움직임, 산사태 등으로 지각에 에너지가 가해지는데 그로 인한 변형이 있더라도 어느 정도까지는 이전 상태를 회복하지만 한계점을 넘으면 탄성 에너지˚가 급격하게 방출되어 지진이 발생한다. 이때 나오는 탄성파를 지진파라고 한다.

실체파는 첫 번째로 도착하는 P파와 두 번째로 도착하는 S파로 나뉜다. P파는 고체, 액체, 기체를 모두 통과하며 파동의 진행 방향과 매질의 진동 방향이 나란한 종파이다. S파는 고체만 통과하며 파동의 진행 방향과 매질의 진동 방향이 수직인 횡파이다. 표면파는 가장 속도가 느린 지진파로 진폭이 커 파괴적 피해를 발생시킨다.

지진파의 전파 속도는 암석의 밀도가 높을수록 빠르다. 지구 내부가 균질하면 지진파는 같은 속도로 전파되겠지만, 지구 내부는 깊이에 따라 구성 물질의 종류와 상태가 다르므로 지진파의 속도 분포가 불연속적인 구간이 나타난다. 이렇게 속도가 변하는 구간을 경계로 지각, 맨틀, 외핵, 내핵의 층상 구조를 구분한다.

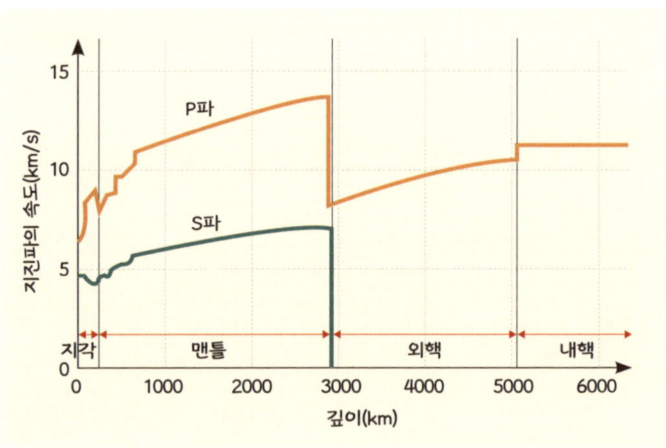

깊이에 따른 지진파의 속도(출처: 《Earth: Portrait of a planet》, 2019)

　모호로비치치는 약 40km 깊이에서 지진파 속도가 빨라지는 경계면을 알아내고 지각과 맨틀을 구분했다. 구텐베르크는 P파의 속도가 급격하게 줄어들며 크게 굴절해 P파가 도달하지 않는 암영대를 발견했다. 깊이 약 2,900km 지점에 있는 이 경계면으로 맨틀과 핵을 구분했다. 또한 S파가 통과하지 않는 암영대를 통해 외핵이 액체임을 밝혀냈다. 레만은 P파가 핵을 통과하는 동안 속도가 증가하는 경계면이 있다는 사실을 발견하고, 깊이 약 5,100km에 있는 이 경계면을 기준으로 외핵과 내핵을 구분했다.

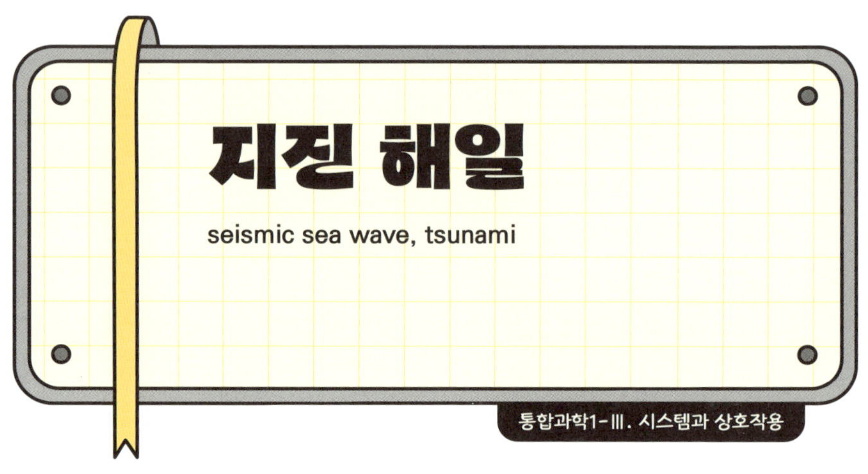

개념 잡기

해저에서 지진, 화산 등 급격한 지각 변동이 발생하면, 그 에너지가 바닷물로 전달되어 거대한 파도가 만들어진다. 이 파도가 해안으로 밀려오는 현상을 지진 해일 또는 쓰나미라고 한다. 해안에 가까워질수록 파고가 높아진다.

교과서 들여다보기

지진 해일은 해저 지진으로 주로 발생하며 해안 지역을 덮쳐 인명 또는 선박 피해를 일으킨다. 해저 지진으로 단층이 생기면 그 에너지가 바닷물에 전달되어 거대한 파도가 발생한다. 지진 해일은 주기와 파장이 일반적인 파도보다 길며 해안가에 도달하면 5~10분 간격으로 높은 파도가 계속 밀려온다. 지진 해일은 수 시간 동안 해안에 영향을 끼치므로 안전에 유의해야 한다.

○ **심화 학습**

지구시스템과학
II. 해수의 운동과 순환

바다에서 파도가 높아져 바닷물이 밀려오는 현상이다. 태풍이나 폭풍 등으로 파도가 높아지면 폭풍 해일, 지진이나 화산 등으로 생기는 해일은 지진 해일 또는 쓰나미라고 한다. 그 밖에도 사리(밀물이 가장 높은 때)일 때, 산사태가 일어나거나 운석 충돌 등으로 바다에 충격이 가해질 때 해일이 발생할 수 있다.

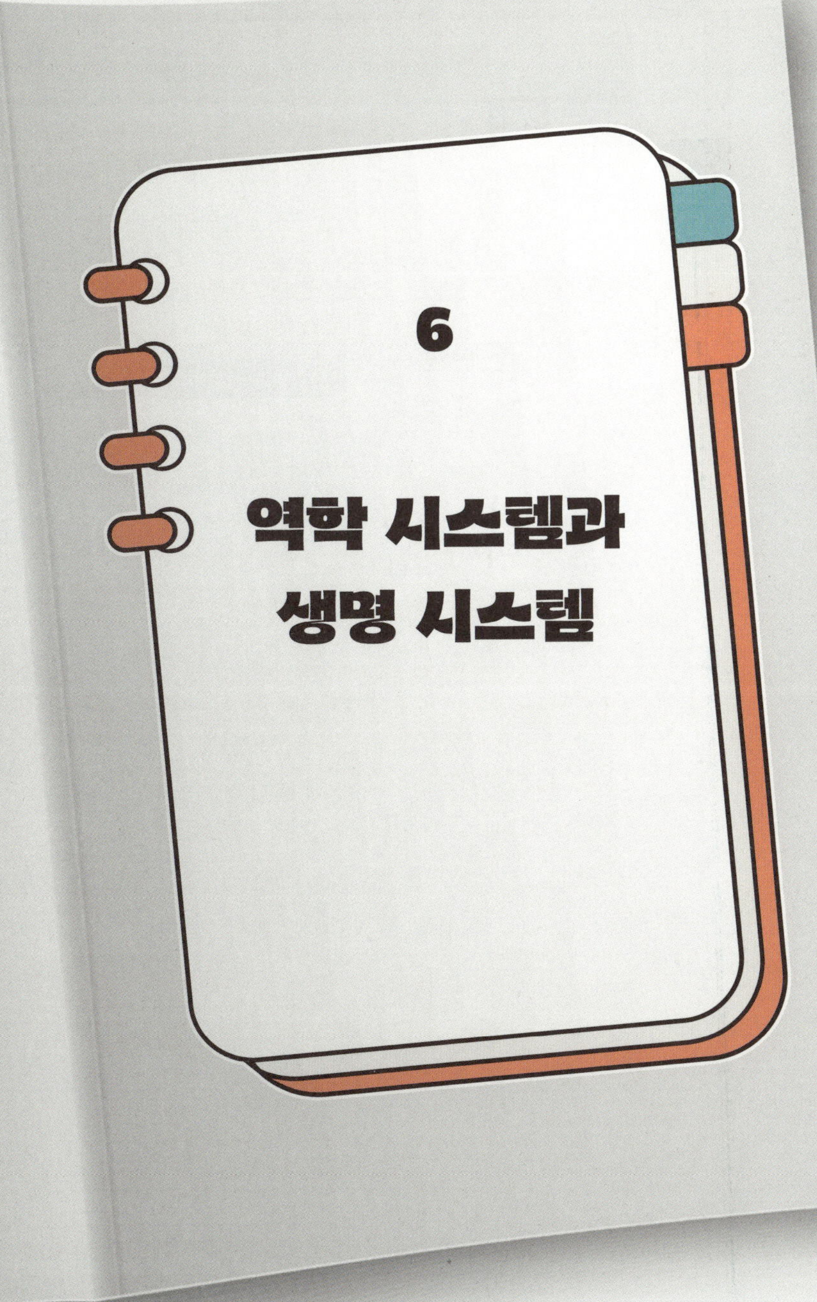

6
역학 시스템과
생명 시스템

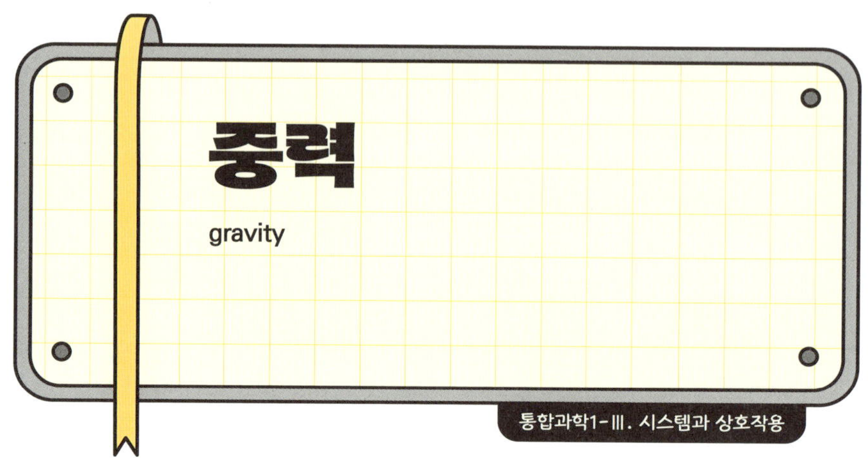

◦ 개념 잡기

중력은 영어로 그래비티(gravity)라고 하는데, 무거움, 진지함, 무게 있는 상태를 뜻하는 라틴어 '그라비타스(gravitas)'에서 유래한 단어다. 즉, 어떤 물체가 무게를 가져 아래로 끌리는 성질을 의미한다.

중력은 질량을 가진 물체가 서로 끌어당기는 힘이다. 지구 표면에 있는 우리는 지구가 우리를 지구 중심 방향, 즉 아래 방향으로 끌어당기는 힘으로 중력을 경험한다. 이 힘이 없으면 우리는 땅에 서 있을 수 없고 물체들도 공중에 떠 있을 것이다. 중력은 지구뿐 아니라 모든 물체 사이에서 작용하는 자연의 기본적인 힘 중 하나다.

물건을 들거나 계단을 오를 때 우리는 몸이 무거워지는 느낌을 받는다. 이처럼 우리 몸이나 물체가 아래로 끌리는 것은 중력 때문이다. 예를 들어 사과가 나무에서 떨어질 때, 지구가 사과를 끌어당겨 떨어지게 만든다. 그런데 사실 사과도 지구를 끌어당긴다. 이때 지구와 사과가 서로를 끌어당기는 힘의 크기는 같고 그 방향만 반대다. 단, 지구의 질량이 사과의 질량보다 훨씬 크기 때문에 사과가 지구의 표면으로 떨어지는 것처럼 보인다.

중력은 지구 주변에 있는 물체에 끊임없이 작용하며 물체의 운동에 영향을 준다. 그래서 중력은 운동 체계를 설명하는 역학 시스템에서 매우 중요하다.

뉴턴은 "왜 사과는 땅으로 떨어질까?"라는 질문에서 출발해 중력이라는 개념을 수학적으로 설명했다. 이후 아인슈타인은 중력을 단순한 힘으로 보는 데 그치지 않고 시공간이 휘어지는 현상으로 더 깊이 있게 이해하려고 했다. 우리가 사는 우주는 시간과 공간이 하나로 연결된 4차원의 시공간 구조를 가지고 있다. 아인슈타인은 고무 시트 위에 무거운 공을 놓으면 그 부분이 휘는 것처럼 질량이 있는 물체는 주변의 시공간을 휘게 만든다고 설명했다. 이를 **일반 상대성 이론**이라 한다.

일반 상대성 이론에 의하면 태양처럼 큰 질량을 가진 물체는 주변 시공간을 휘게 만들고 지구는 그 휘어진 시공간을 따라 돌기 때문에 태양 주위를 공전하게 된다. 즉 지구가 태양에 끌려서 도는 것이 아니라 태양이 휘어 놓은 시공간의 길을 따라 움직이는 것이다. 1915년에 발표된 아인슈타인의 일반 상대성 이론은 태양 근처를 지나는 별빛이 휘는 현상이 관측되는 등 여러 실험을 통해 증명되었다. 오늘날 우리가 사용하는 GPS 위성도 일반 상대성 이론을 바탕으로 시간 오차를 보정해 주어야만 정확한 위치를 계산할 수 있다.

○ 개념 잡기

가속도는 영어로 '액셀러레이션(acceleration)'으로 라틴어 'accelerare'에서 왔다. 이 단어는 'ad(…쪽으로)'와 'celero(빠르게 하다)'가 합쳐진 말이다. 즉, '더 빠르게 하다, 속도를 높이다'라는 뜻이다. 자동차의 가속 페달을 '액셀'이라 부르는데, 여기서 유래했다.

가속도는 단순히 속도가 빨라지는 것만을 뜻하지 않는다. 속도가 줄어들거나 방향이 바뀔 때에도 가속도가 존재한다. 왜냐하면 속도는 빠르기와 운동 방향을 포함하는 개념이고, 가속도는 '속도의 변화'를 나타내는 말이기 때문이다. 예를 들어 자동차가 멈춰 서려 할 때도 가속도가 생기고, 곡선길을 돌 때도 속도의 방향이 바뀌기 때문에 가속도가 생긴다. 결국 가속도는 ==속도의 변화율, 즉 얼마나 빠르게 속도가 바뀌는지를 나타내는 물리 개념==이다.

물체가 움직일 때 **속력**이나 방향이 바뀌는 운동, 즉 속도가 변하는 운동을 **가속도 운동**이라고 한다. 예를 들어 자동차가 점점 빨라지거나 멈추거나 방향을 바꾸는 것이 모두 가속도 운동에 해당한다. 이때 ==단위 시간당 물체의 속도 변화량==을 가속도라고 한다. 가속도의 크기는 속도 변화량을 속도 변화에 걸린 시간으로 나누어 계산한다. 예를 들어 속도가 2초 동안 0에서 10m/s로 증가했다면, 가속도는 $10 \div 2 = 5\,\text{m/s}^2$가 된다.

$$\text{가속도} = \frac{\text{나중 속도} - \text{처음 속도}}{\text{걸린 시간}} = \frac{\text{속도 변화량}}{\text{걸린 시간}} \quad (\text{단위: } \text{m/s}^2)$$

가속도의 단위는 주로 m/s^2을 사용하며, 이는 속도가 1초마다 몇 m/s씩 변하는지를 나타내는 단위다. $1\,\text{m/s}^2$은 1초마다 속도가 1m/s씩 증가한다는 뜻이다. 또한 가속도의 방향은 속도 변화량의 방향과 같다. 속도가 빨라질 때는 가속도와 속도의 방향이 같고, 속도가 느려질 때는 가속도와 속도의 방향이 반대다.

　한편 지구 표면에서 자유 낙하(→190쪽) 하는 모든 물체는 1초마다 약 9.8m/s씩 속도가 일정하게 증가한다. 이때의 가속도를 **중력 가속도**라고 부르며, 보통 $9.8m/s^2$으로 나타낸다.

우리가 일상생활에서 보는 물체는 대부분 속도가 변하는 가속도 운동을 한다. 물체의 속도가 변하는 이유는 물체에 힘이 작용하기 때문이다. 어떤 물체에 일정한 힘이 계속 작용하면 가속도가 일정하기 때문에 물체의 속도는 계속 같은 양만큼 빨라지거나 느려진다. 이처럼 직선상에서 운동하는 물체의 속도가 일정하게 빨라지거나 느려지는 운동을 **등가속도 직선 운동**이라고 한다. 예를 들어 자유 낙하 운동, 경사진 빗면을 따라 미끄러져 내려오는 운동이 여기에 해당한다.

반대로, 물체에 아무 힘도 작용하지 않으면 가속도가 0이기 때문에 속도가 변하지 않는다. 이럴 때 정지해 있는 물체는 계속 정지해 있고, 운동하고 있는 물체는 같은 방향과 속력으로 운동한다. 이렇게 속도가 변하지 않고 일정한 방향으로 움직이는 운동을 **등속 직선 운동**이라고 한다.

가속도는 물체에 작용하는 힘뿐 아니라, 물체의 질량에도 영향을 받는다. 같은 힘을 가했을 때 가벼운 물체는 무거운 물체보다 더 빨리 속도가 변한다. 예를 들어 같은 힘으로 축구공과 볼링공을 밀면 가벼운 축구공이 훨씬 더 빠르게 움직이는 것을 볼 수 있다. 이런 관계를 정리한 것이 바로 **뉴턴의 제2 법칙**인 **가속도의 법칙**(F=ma)이다.

자유 낙하

free fall

○ 개념 잡기

자유 낙하 운동은 물체를 정지 상태에서 가만히 놓았을 때 물체가 중력(→184쪽)만을 받아 아래로 떨어지는 운동을 말한다. 지구 표면 근처에서 물체가 중력만을 받아 자유 낙하 운동을 하면 물체의 아래 방향 속도가 1초마다 약 9.8m/s씩 일정하게 빨라진다. 이러한 현상은 물체의 질량과 관계없이 지구 표면 근처에서 자유 낙하하는 모든 물체에서 나타난다. 하지만 현실에서는 중력 이외에도 공기 저항과 같은 다른 힘을 동시에 받게 되므로 자유 낙하 운동을 관찰하기 어렵다.

똑같은 높이에서 물체를 떨어뜨린 경우를 생각해 보자. 하나는 그냥 아래로 자유 낙하시키고, 다른 하나는 수평 방향으로 던졌을 때, 두 물체는 같은 시간에 땅에 떨어진다. 수평으로 던진 물체는 시간이 지날수록 궤적이 아래로 휘어지고, 속력도 점점 빨라진다. 이 운동은 수평 방향의 운동과 위아래 방향(연직 방향●)의 운동으로 나누어 생각할 수 있다. 공기 저항을 무시하면, 수평 방향으로는 힘이 작용하지 않기 때문에 속도가 일정한 등속 직선 운동을 한다. 반면, 연직 방향으로는 중력이 작용해 속도가 계속 빨라진다. 자유 낙하하는 물체와 마찬가지로 연직 방향의 속도는 매초 약 9.8m/s씩 커진다. 즉, 두 물체는 연직 방향에서는 똑같은 움직임을 하기 때문에 동시에 땅에 도착하게 된다.

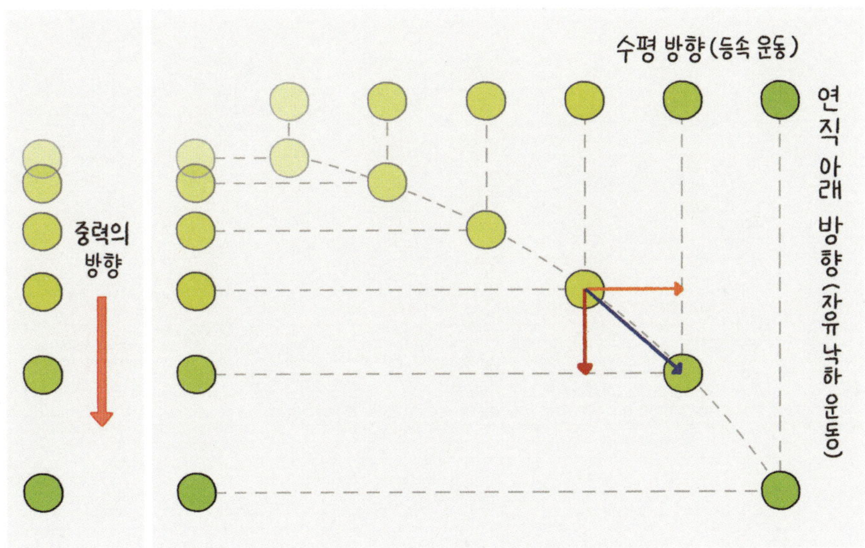

자유 낙하를 하는 물체의 운동(왼쪽)과 수평으로 던진 물체의 운동(오른쪽)

이탈리아에 있는 피사의 사탑은 이탈리아의 천문학자이자 물리학자, 수학자였던 갈릴레오 갈릴레이가 16세기 당시 사람들이 진리라 굳게 믿고 있던 아리스토텔레스의 과학을 송두리째 바꾼 실험을 한 곳으로 유명하다. 아리스토텔레스는 '무거운 것이 먼저 떨어진다'라고 주장했는데, 갈릴레이는 아리스토텔레스의 말이 틀렸다는 것을 증명하기 위해 피사의 사탑 꼭대기에서 무게가 서로 다른 두 종류의 물체를 동시에 떨어뜨려 양쪽이 동시에 땅에 닿는 것을 보여 주었다는 일화가 전해 내려온다. 하지만 이는 후대에 만들어진 이야기가 위인전을 통해 퍼진 것으로 공을 떨어뜨리는 것과 같이 자유 낙하로 실험하는 방법은 사실 공기의 저항 때문에 정밀한 실험이 어렵다.

포물선 운동

projectile motion

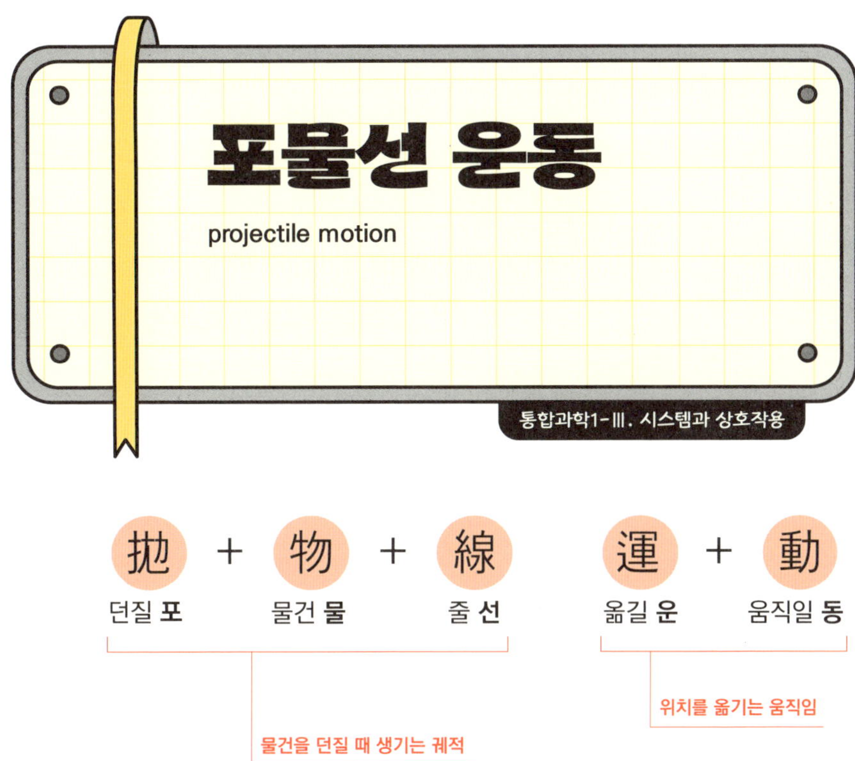

○ 개념 잡기

포물선이란 어떤 물체가 던져졌을 때 생기는 궤적이 이루는 일정한 곡선 모양을 가리킨다. 예를 들어 누군가가 공을 비스듬히 던지면 공은 위로 솟았다가 다시 아래로 떨어지는 곡선을 그린다. 이 곡선 경로가 바로 포물선 모양이며, 그러한 궤적을 그리는 운동을 포물선 운동이라 한다. 포물선 운동은 우리 주변에서도 공을 던지거나 분수대에서 물이 뿜어져 나올 때 자주 볼 수 있다.

수평 방향으로 물체를 던지면, 공기 저항이 없다고 가정할 때 물체는 수평 방향으로는 일정한 속력으로 움직이고, 아래 방향으로는 점점 빨라지면서 떨어진다. 수평 방향으로는 힘이 작용하지 않기 때문에 속력이 변하지 않고, 아래 방향으로는 중력이 작용하여 속력이 점점 커지는 **자유 낙하** 운동을 한다. 이렇게 수평 방향의 등속 운동과 연직 아래 방향의 **가속도**(→187쪽) 운동이 합쳐지면, 물체는 포물선을 그리며 운동한다. 물체를 수평 방향으로 던지는 속력이 클수록 같은 시간 동안 더 멀리 이동하므로 물체는 바닥에 닿기 전까지 많은 거리를 날아가는 포물선 운동을 하게 된다.

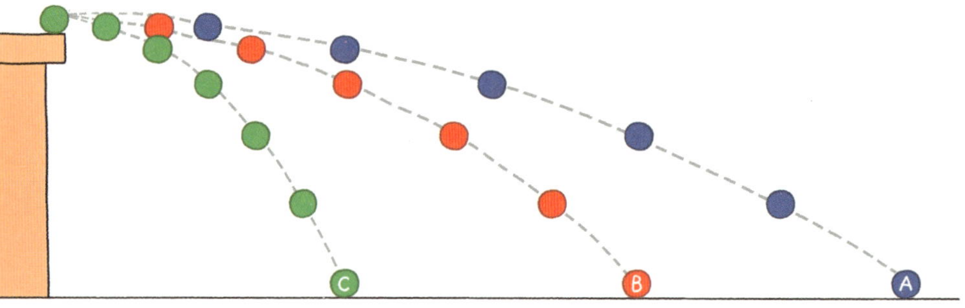

수평으로 던진 물체의 운동 비교. A가 수평 방향 속력이 가장 크므로 A가 수평 방향으로 가장 멀리 날아간다.

○ **심화 학습**

역학과 에너지
Ⅰ. 시공간과 운동

포물선 운동은 사실 두 가지 움직임이 동시에 일어나 만들어진다. 하나는 앞으로 나아가는 등속 운동이고, 다른 하나는 위아래로 움직이는 운동이다. 공은 수평 방향으로는 같은 속력으로 움직이지만, 위아래로는 중력의 영향을 받아 속도가 변한다. 위로 갈 때는 점점 느려지고, 가장 높은 지점에 도달하면 잠시 멈췄다가, 다시 아래로 떨어지면서는 점점 빨라진다. 이처럼 포물선 운동은 수평 방향의 일정한 운동과, 연직 방향의 느려졌다 빨라지는 움직임이 더해진 결과다. 우리가 축구공을 찰 때, 농구공을 던질 때, 분수가 뿜어져 나올 때 언제나 이 같은 포물선 운동이 일어난다. 이 원리를 알면 물체가 얼마나 높이 오를지, 얼마나 멀리 날아갈지를 예측할 수 있다.

○ 개념 잡기

원운동은 말 그대로 '원을 그리며 움직이는 운동'을 뜻한다. 즉, 원운동은 어떤 물체가 중심을 기준으로 일정한 거리(반지름)를 유지하며 둥글게 움직이는 운동을 말한다. 예를 들어, 줄 끝에 공을 매달아 돌리면 공은 줄의 길이를 반지름으로 하는 원을 따라 움직인다. 이때 공의 속력은 일정할 수 있지만, 방향은 계속 바뀌기 때문에 원운동은 **가속도 운동**(→187쪽)에 해당한다. 원운동은 인공위성이 지구 주위를 도는 운동, 놀이공원의 회전하는 놀이 기구, 자동차가 곡선 도로를 도는 상황 등 다양한 운동을 설명하는 데 쓰인다.

중력 개념을 만든 뉴턴은 지구에 있는 물체가 아래로 떨어지는 이유를 중력 때문이라고 설명했다. 그런데 그는 지구와 달 사이에도 중력이 작용한다면, 왜 달은 지구로 떨어지지 않고 계속 지구 주위를 도는지 궁금했다. 뉴턴은 이 문제를 해결하기 위해 높은 곳에서 물체를 수평 방향으로 던지는 상황을 떠올렸다. 물체를 약하게 던지면 가까운 곳에 떨어지고, 더 강하게 던지면 멀리까지 날아간 뒤 땅에 떨어진다. 그런데 만약 아래 그림의 C와 같이 매우 강한 힘으로 던진다면 물체는 계속 떨어지긴 하지만 지구가 둥글기 때문에 땅에 닿지 않고 지구 주위를 도는 원운동을 하게 된다고 보았다.

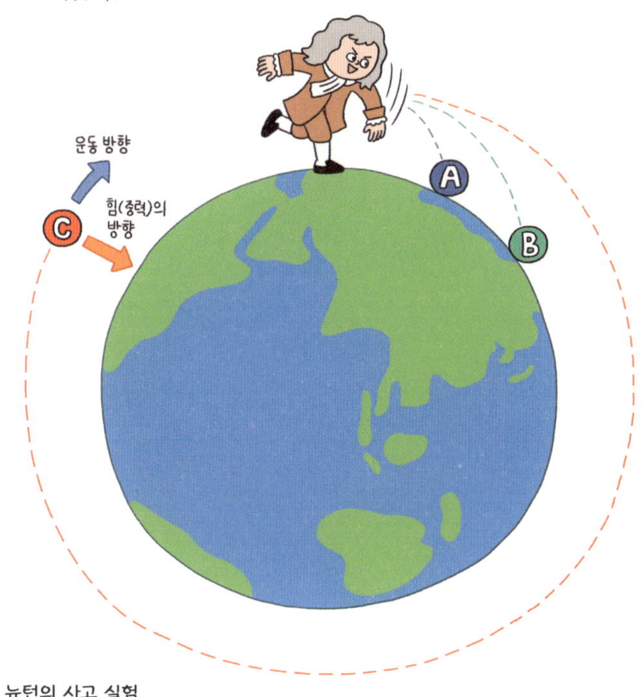

뉴턴의 사고 실험

　즉, 지구 위의 사과가 떨어지는 운동, 수평으로 던진 물체가 곡선을 그리며 날아가는 운동, 지구를 도는 달이나 인공위성의 운동은 모두 중력의 영향으로 나타나는 운동이며, 이때 가속도의 방향은 항상 지구 중심을 향한다.

원운동은 항상 가속도를 가지는데 이 가속도는 언제나 원의 중심을 향해 작용한다. 이를 **구심 가속도**라고 부르고, 이런 가속도를 만들기 위해서는 중심을 향하는 힘인 **구심력**이 필요하다. 예를 들어, 줄 끝에 공이 매달린 줄을 잡고 원형으로 돌릴 때 공이 날아가지 않고 계속 원을 그리며 움직이려면, 줄이 공을 안쪽으로 끌어당겨야 한다. 이 줄의 힘이 바로 구심력이다. 만약 줄이 끊긴다면 공은 더 이상 중심을 향한 힘을 받지 않아 원을 따라 돌지 못하고 운동하던 방향으로 튕겨 나가게 된다. 이처럼 원운동에서는 비록 보이지 않아도 중심을 향한 힘이 항상 필요하다. 이 힘이 없으면 물체는 원을 돌 수 없다.

○ **개념 잡기**

관성은 영어로 '이너시아(inertia)'라고 한다. 이는 라틴어 이너스(iners)에서 유래한 말로, in-은 '~하지 않는', ars는 '움직임, 활동'을 의미한다. 즉, 움직이지 않으려는 성질, 또는 현재 상태를 유지하려는 성질을 뜻한다. 따라서 관성이란 물체가 정지해 있으면 계속 정지해 있으려 하고, 움직이고 있으면 계속 움직이려는 성질이다. 가령 버스가 갑자기 멈출 때 몸이 앞으로 쏠리는 것은 우리 몸이 원래의 움직임을 유지하려는 관성 때문이다. 정지해 있는 공이 저절로 움직이지 않는 것도 정지 상태를 유지하려는 관성 때문이다.

○ 교과서
들여다보기

물체에 힘이 작용하지 않으면 물체는 원래의 운동 상태를 계속 유지하려 한다. 정지해 있는 물체는 계속 정지해 있고, 움직이는 물체는 같은 속력과 방향으로 계속 움직인다. 이러한 성질을 관성이라고 한다. 만약 움직이는 물체에 힘이 작용하면 속력이나 방향이 달라져 **가속도**(→187쪽) 운동을 하게 되지만, 힘이 작용하지 않으면 물체는 변화 없이 같은 속력과 방향으로 움직이는 **등속 직선 운동**을 하게 된다.

○ 과학사

관성의 법칙

지금이야 움직이는 물체는 계속 움직인다는 생각이 당연하게 느껴지지만, 옛날에는 그렇지 않았다. 아리스토텔레스 시대에는 물체가 스스로 움직이고자 하는 힘이 있다고 생각했고, 움직이는 물체도 언젠가는 멈춘다고 여겼다. 하지만 16~17세기 이탈리아의 과학자 갈릴레이는 이 생각에 의문을 가졌다. 갈릴레이는 '힘이 작용하지 않으면 물체는 멈출 이유가 없다'라고 생각했다. 이를 설명하고자 그는 기울어진 두 개의 경사면을 이용하는 사고 실험을 했다. 만약 작은 쇠구슬을 한쪽 경사면 위에서 굴려 다른 경사면으로 올라가게 한다면, 구슬은 원래 출발했던 높이까지 도달하려 한다. 그런데 두 번째 경사면의 기울기를 점점 작게 만들면, 구슬은 더 멀리 굴러야 같은 높이에 도달할 수 있다. 그리고 마침내 두 번째 경사면을 완전히 평평하게 만든다면, 구슬은 멈추지 않고 계속 같은 속도로 굴러갈 것이라고 생각했다. 이처럼 갈릴레이는 '마찰이나 저항이 없다면 물체는 영원히 움직일 수 있다'라는 결론에 도달했다. 이것이

통합과학 개념 픽

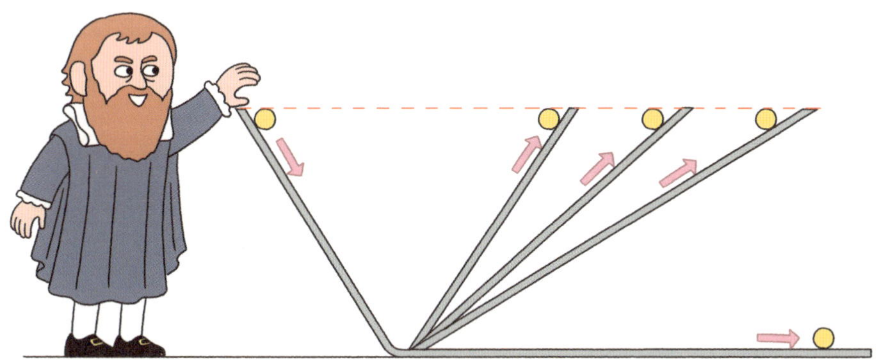

갈릴레이의 사고 실험

바로 '관성' 개념이다.

이후 뉴턴은 갈릴레이의 아이디어를 바탕으로 관성 개념을 운동 법칙으로 정리했다. 그가 제시한 뉴턴의 운동 제1법칙은 '물체는 외부에서 힘이 작용하지 않으면 정지해 있거나 등속 직선 운동을 계속한다'라는 것이다. 이 법칙은 우리가 알고 있는 관성 개념을 수학적이고 물리적으로 명확하게 표현한 것이다. 그래서 뉴턴의 제1법칙을 가리켜 **관성의 법칙**이라고도 한다. 결국 갈릴레이의 사고 실험에서 시작된 '관성'이라는 아이디어는 뉴턴에 의해 물리학의 기본 법칙으로 자리 잡게 되었고, 오늘날 우리가 물체의 운동을 이해하는 데 중요한 기초가 되었다.

개념 잡기

운동량은 영어로 모멘텀(momentum)이라고 하는데, '움직임의 양' 또는 '힘'이라는 뜻의 라틴어에서 유래했다. 즉 움직임과 관련된 양이라는 의미를 담고 있다. 운동량을 나타내는 기호는 소문자 p를 쓰는데, 질량 기호(m)와 겹치지 않도록 하기 위해서라고 한다. 하지만 왜 하필 p인지는 확실히 밝혀지지 않았다. 다만 옛 물리학자들이 운동량을 라틴어 petere에서 유래한 '임페투스(impetus)'라는 말로 불렀고, 그 영향을 받은 것이라는 설이 있다. 이 개념은 일상에서 충돌이나 운동 변화를 설명할 때 자주 사용된다.

운동하고 있는 물체가 외부에서 힘을 받을 때, 운동 상태가 쉽게 바뀌는지 그렇지 않은지는 물체의 질량과 속도에 따라 달라진다. 예를 들어 같은 속도로 움직이는 트럭과 자전거가 있다면 트럭은 훨씬 더 무겁기 때문에 멈추거나 방향을 바꾸기가 더 어렵다. 한편, 같은 질량의 두 물체라도 속도가 빠른 쪽이 더 멈추기 어렵다. 이처럼 운동하는 물체의 상태를 잘 설명하기 위해서는 질량과 속도를 함께 고려해야 한다. 물리에서는 질량과 속도를 곱한 값을 운동량이라고 한다. 운동량은 물체가 움직이려는 성질을 얼마나 가지고 있는지를 나타내는 값이다. 예를 들어 무거운 트럭은 천천히 움직이더라도 질량 때문에 운동량이 크고, 가벼운 자전거라도 빠르게 달리면 운동량이 클 수 있다. 운동량의 단위는 질량(kg)과 속도(m/s)를 곱한 kg·m/s이고, 속도는 방향을 포함하는 것이므로 운동량은 어느 방향으로 움직이는지도 함께 고려해야 한다.

운동량 = 질량 × 속도 (단위: kg·m/s)

임페투스는 중세 유럽에서 사용된 개념으로, 오늘날의 운동량 개념과 비슷하다. 당시 사람들은 왜 던져진 물체가 공중에서 계속 움직이다가 어느 순간 멈추고 떨어지는지를 설명하고 싶었다. 고대 그리스의 아리스토텔레스는 '물체는 누가 계속 밀어야만 움직일 수 있다'라고 생각했다. 하지만 공중으로 던진 돌이나 쏜 화살처럼 사람이 힘을 더는 주지 않는데도 계속 날아가는 현상을 제대로 설명하지 못했다. 그래서 중세의 학자들은 새로운 아이디어를 내놓았는데, 그게 바로 '임페투스'다. 물체에 힘을 가하면 그 물체 안에 움직이려는 성질이 생기고, 이 성질이 물체를 계속 움직이게 만든다는 이론이었다.

예를 들어 공을 던지면 공이 손에서 떨어진 뒤에도 공 안에 남아 있는 임페투스가 계속 작용하여 날아가다가 공기 저항이나 중력 같은 다른 힘에 의해 그 임페투스가 점차 사라지면 멈춘다고 본 것이다.

비록 오늘날 물리학의 기준으로 보면 정확한 설명이 아니지만 당시로서는 아주 중요한 진전이었다. 그리고 나중에 갈릴레이와 뉴턴 같은 과학자들이 이 개념을 더 발전시켜 지금 우리가 배우는 '운동량'이나 '관성' 같은 개념으로 이어지게 되었다.

 통합과학 개념 픽

충격량

impulse

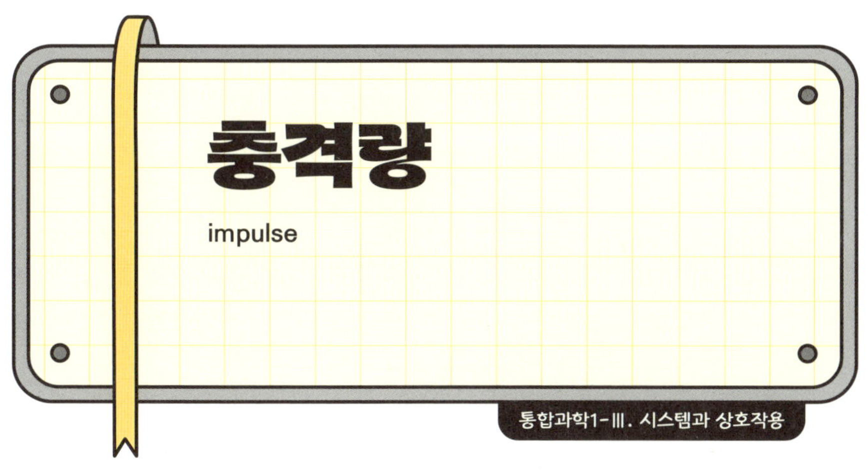

○ 개념 잡기

충격량은 물체에 얼마나 세게, 얼마나 오래 힘을 주었는가를 나타내는 **물리량**(→30쪽)이다. 같은 힘이라도 짧은 시간 동안 작용하면 순간적으로 큰 영향을 줄 수 있고 긴 시간 동안 작용하면 조금씩 천천히 영향을 줄 수 있다. 충격량은 이렇게 힘이 작용한 정도와 시간 두 가지를 곱해서 나타내며, 단위는 $N \cdot s$(뉴턴·초)를 사용한다.

물체에 힘을 주면 그 힘 때문에 속도가 변한다. 즉, 멈춰 있던 물체가 움직이거나 움직이던 물체가 더 빨라지거나 느려진다. 이렇게 속도가 바뀌면 운동량(질량×속도)도 함께 변하게 된다. 그래서 힘히 작용한 정도(충격량)는 결국 운동량이 얼마나 변했는가를 나타낸다고 볼 수 있다.

같은 달걀을 같은 높이에서 떨어뜨릴 때 딱딱한 나무판에 떨어지면 달걀이 깨지지만 푹신한 방석에 떨어지면 깨지지 않는다. 두 경우 모두 바닥에 닿기 직전 달걀의 운동 상태는 같고 바닥에 닿은 후 멈추므로 운동량의 변화도 같다. 즉, 달걀이 받은 충격량은 두 경우가 같다. 하지만 달걀이 받는 힘의 크기는 다르다. 방석에 떨어질 때는 달걀이 멈출 때까지 힘을 받는 시간이 길기 때문에 같은 충격량을 더 긴 시간에 나누어 받게 되어 순간적으로 작용하는 힘이 작아진다. 반면 나무판은 힘이 짧은 시간에 집중되어 작용하므로 순간적으로 큰 힘이 가해져 달걀이 깨지게 된다.

바퀴 달린 의자에 앉아 나와 친구가 서로를 손으로 밀면 나와 친구 모두 서로 반대 방향으로 밀리는 것을 관찰할 수 있다. 그리고 내가 친구를 세게 밀수록 친구와 나는 서로 더 많이 밀린다. 나와 친구가 서로에게 작용하는 힘은 항상 크기가 같고 방향은 반대다. 이를 **작용 반작용 법칙(뉴턴의 운동 제3법칙)**이라고 한다.

나와 친구에게 서로 작용하는 두 힘은 크기뿐 아니라 작용하는 시간도 같기 때문에 충격량도 방향만 다르고 크기는 같다. 충격량의 크기가 같다는 것은 나와 친구가 서로 반대 방향으로 같은 양의 운동량을 얻게 된다는 뜻이다.

결국 서로가 받은 운동량의 변화가 서로를 상쇄하면서, 전체 운동량은 변하지 않게 된다. 이를 **운동량 보존 법칙**이라고 한다. 즉, 외부에서 힘이 작용하지 않는다면, 여러 물체가 부딪쳐도 전체 운동량의 합은 그대로 유지된다. 이런 원리는 실제로 많은 곳에 적용된다. 예를 들어 로켓이 우주 공간에서 앞으로 나아가는 것도 연료가 뒤로 뿜어져 나가는 운동량과 로켓이 앞으로 나아가는 운동량이 같기 때문이다.

엽록소

chlorophyll

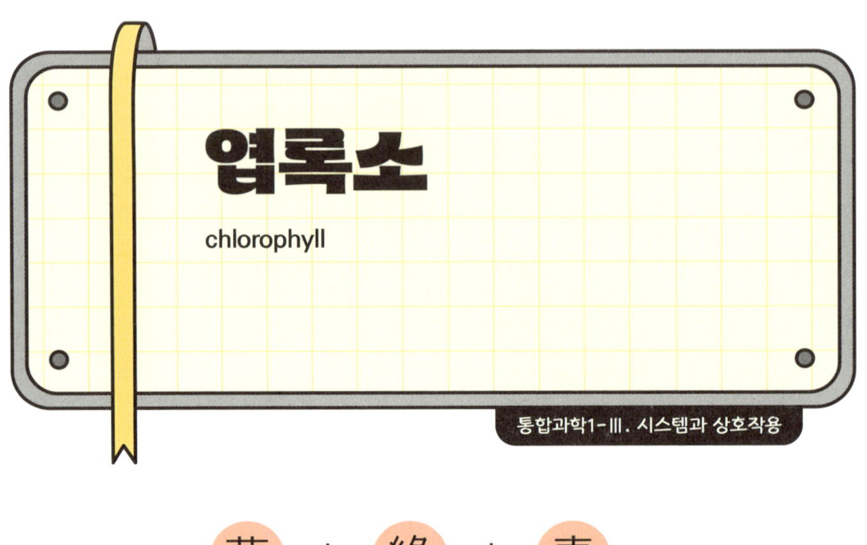

○ 개념 잡기

엽록소는 식물의 잎에서 볼 수 있는 대표적인 녹색 색소로, 식물이 **광합성**(→210쪽)을 할 때 태양 빛을 흡수하는 역할을 한다. 식물에는 엽록소 외에도 다양한 색소가 존재하고 이 색소들은 빛의 파장에 따라 서로 다른 색을 나타낸다. 엽록소는 빛의 청색과 적색 계열을 주로 흡수하고 녹색 빛은 반사해 식물의 잎이 녹색으로 보인다. 그 외에 주황색을 띠는 색소로 빛의 청색 영역을 흡수하는 카로틴(carotene)이 있고 노란색을 띠는 색소로는 크산토필(xanthophyll)이 있다.

식물을 구성하는 모든 세포가 초록색인 것은 아니다. 식물이 초록색으로 보이는 이유는 엽록소라는 녹색 색소 때문이다. 엽록소는 **엽록체** 안에 들어 있고, 엽록체는 주로 잎을 구성하는 세포에 많이 분포한다. 현미경으로 식물의 잎을 관찰하면 초록색의 동글동글한 모양의 엽록체를 볼 수 있다. 일반적으로 표피 세포에는 잘 발달된 엽록체가 없지만 수생 식물의 표피 세포에서는 엽록체가 관찰된다.

가을철에 일조량이 줄어들면 나무는 '에너지 절약' 차원으로 잎을 떨어뜨릴 준비를 한다. 광합성이 줄어드니 빛을 흡수하는 엽록소도 필요가 없어 엽록소를 분해하기 시작하는 것이다. 엽록체 구성에 필수적 원소인 마그네슘을 주변 가지로 이동시켜 엽록소가 파괴되면 잎은 노란색 또는 붉은색으로 변한다. 또한 잎을 줄기에서 분리하는 '떨켜'라는 세포층이 생기면서 낙엽이 된다.

몇 해 전 가을, 미처 물들지 못한 초록 은행잎이 우수수 떨어져 화제가 되었다. 널뛰듯 변하는 기온의 영향으로 잎이 노란빛으로 물들 시간이 없었던 것이다. 전문가들은 이러한 초록 낙엽이 기후 위기의 신호라고 분석했다. 온난한 날씨가 이어지다 갑자기 추워지니 나무 입장에서는 영양분을 이파리에 뺏기지 않으려 급하게 잎을 떨어뜨려야 했다. 곱게 단풍이 드는 것은 단순히 아름다운 가을 풍경에 그치지 않는다. 그것은 나무가 영양분을 저장해 이듬해 봄 건강하게 싹을 틔우기 위한 준비를 한다는 증거이기도 하다.

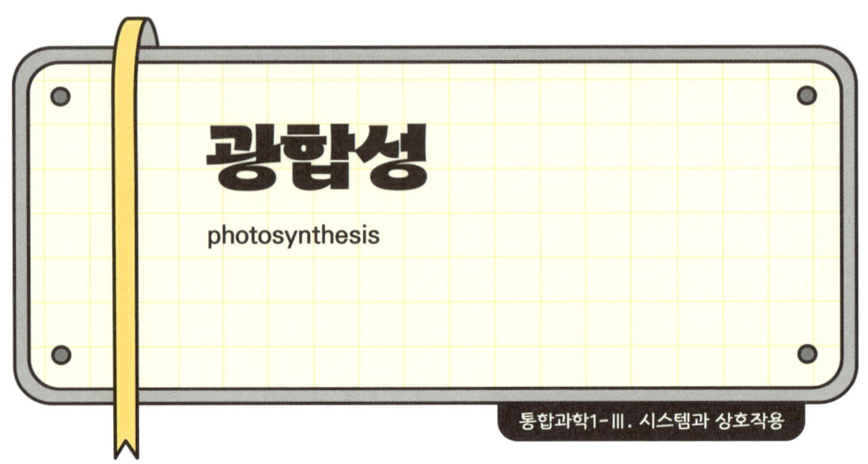

○ 개념 잡기

사이아노박테리아
지구상에서 최초로
광합성을 시작한 것
으로 알려진 생명체

광합성은 식물, 조류, 사이아노박테리아 등이 빛 에너지를 흡수해 이산화 탄소와 물로부터 양분을 합성하는 생명 활동이다. 이 과정에서 산소도 함께 방출된다. 광합성은 지구 상의 생물에게 에너지와 산소를 공급하는 핵심적인 생명 유지 과정이면서 에너지 흐름과 물질 순환의 출발점이라 할 수 있다. 이 과정은 주로 식물 세포 내 엽록체에서 일어나며, 빛 에너지를 화학 에너지로 전환하는 활동이다.

광합성은 빛 에너지를 이용해 이산화 탄소와 물을 포도당과 산소로 바꾸는 과정이다. 이와 같은 생명 활동은 지구의 역사를 바꾸는 큰 전환점이 됐다. 광합성의 결과로 생성된 산소는 처음에는 바닷속의 철 이온과 결합해 호상 철 광층을 만들었다. 이 반응이 충분히 일어난 뒤에는 대기 중 산소의 농도가 점차 증가하게 됐다. 그러자 대기 중에 떠다니던 산소 분자들이 자외선(UV)을 흡수하면서 산소 원자로 분해되고, 이 산소 원자들이 다시 산소 분자와 결합해 오존(O_3)을 형성했다. 이렇게 형성된 오존층은 해로운 자외선을 차단하며 땅에서 살아가는 생명체의 출현과 번성을 가능하게 했다. 즉, 광합성→산소 증가→오존층 형성→육상 동물의 등장 및 진화라는 연쇄적 반응이 오늘날과 같은 환경과 생물 다양성(→ 242쪽)을 만들어 냈다.

○ **이슈 더하기**

인공 광합성

광합성은 크게 두 단계로 나뉘는데 빛이 필요한 **명반응**과 빛이 없어도 진행되는 **암반응**이 있다. 명반응은 햇빛을 받아 물을 분해하고, 이 과정에서 에너지원(ATP, NADPH)과 산소를 생성한다. 암반응(캘빈 회로)은 명반응에서 만들어진 에너지를 이용해 이산화 탄소로부터 포도당을 합성한다.

이 원리를 모방해 인공 광합성 기술이 활발히 연구되고 있다. 인공 광합성은 빛을 에너지원으로 삼아 탄소를 폼산, 메탄올 등 고부가 가치 화합물로 만드는 기술이다. 구체적으로는 광촉매(엽록소의 역할)로 빛을 흡수하고, 광촉매 표면에 생겨난 전자와 수소 이온이 이산화 탄소와 반응해 화학 물질을 생산한다.

기후 위기의 주범으로 여겨지는 이산화 탄소를 연료와 같이 유용한 자원으로 바꾸는 인공 광합성은 **탄소 포집 및 활용(CCU)**의 대표적 사례라 할 수 있다. 이 기술을 상용화하려면 에너지 전환 효율이 일정 수준 이상이어야 하는데, 아직은 연구가 더 필요하다. 현재 연구자들이 고효율 광 나노 입자 개발 등 기술 상용화 방안을 모색하고 있다.

탄소 포집 및 활용
Carbon Capture and Utilization의 줄임말이다. 탄소가 대기로 배출되기 전에 잡아 모아(포집) 유용한 물질로 전환하거나 활용하는 것. 한편 탄소를 포집해 저장하는 기술을 CCS라고 한다.

통합과학 개념 픽

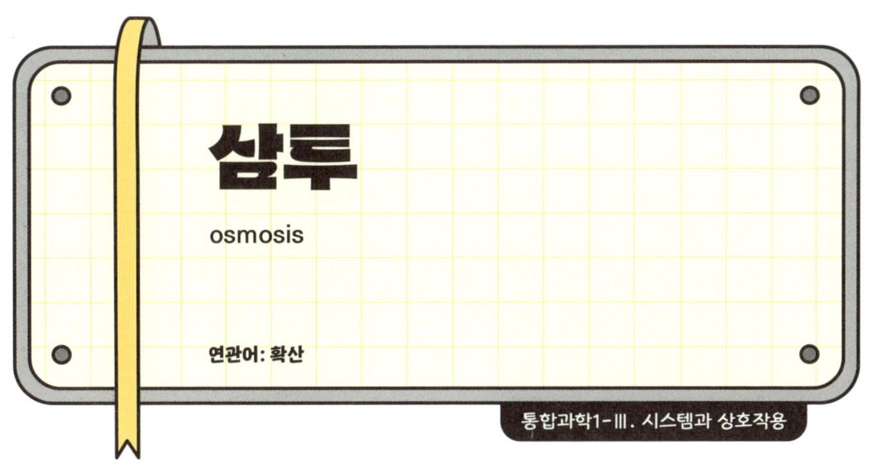

개념 잡기

반투과성
용액의 용매는 통과
시키고 용질은 통과
시키지 않는 성질. 세
포막, 달걀 속껍질에
서 나타난다.

농도가 진한 용액과 묽은 용액이 반투과성˙ 막을 사이에 두고 있을 때 묽은 용액의 용매가 농도가 더 진한 쪽으로 이동해 양쪽의 농도를 맞추려는 현상이다. 용질의 입자가 커서 반투과성 막을 통과할 수 없을 때 물이 이동해 농도의 평형을 맞춘다.

교과서 들여다보기

삼투는 반투과성 막이 물과 같은 용매만 통과시키고 용질은 통과시키지 못할 때 일어난다. 반투과성은 대표적으로 생물의 세포막(→217쪽)이 가지는 중요한 성질이다. 세포막

을 경계로 세포의 안과 밖 농도가 다르면 물 분자가 용질의
농도가 낮은 곳에서 높은 곳으로 세포막을 통과해 이동하
는 삼투 현상이 나타난다. 적혈구를 물에 넣으면 부풀어 터
지고, 배추를 소금에 절이면 배추의 수분이 밖으로 빠져나
가고, 오이를 소금물에 담그면 쭈글쭈글해지는 것 모두 삼
투 현상의 결과다.

물질이 고농도에서 저농도로, 또는 고밀도에서 저밀도로 에
너지를 쓰지 않고 스스로 퍼져 나가는 현상을 **확산**이라고
한다. 기체, 액체, 고체 등 모든 상태에서 일어나며 기체에
서 가장 잘 일어난다. 방 안에 향수 병 뚜껑을 열어 두면 향
수 입자가 확산에 의해 방 전체로 퍼져 나가며 방 전체에서
향수 냄새가 난다. 삼투는 물의 이동으로 농도의 평형을 맞
추지만 확산은 모든 물질이 이동해 농도의 평형을 맞추는
현상이다. 확산과 삼투는 모두 물질이 농도 차이에 따라 이
동하는, 에너지가 필요 없는 수동 수송 과정이다.

선택적 투과성

selective permeability

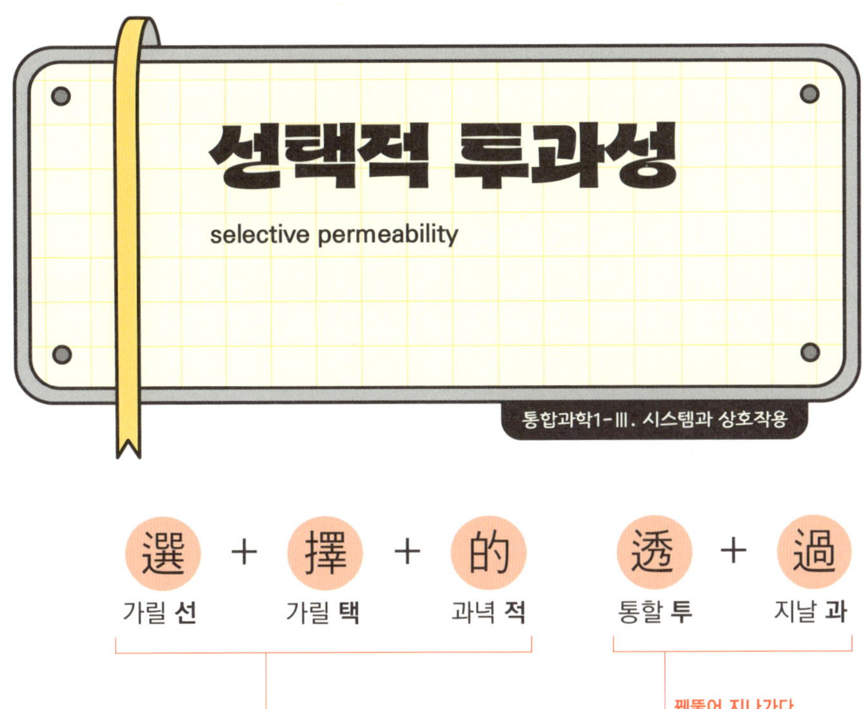

○ 개념 잡기

막이 특정 물질은 통과시키고 다른 물질은 통과시키지 않는 성질을 말한다. 막의 종류나 특성에 따라 선택적 투과가 일어나며 세포막이 선택적 투과성을 지닌 대표적 예다. 특정 기구를 이용해 통과시키고자 하는 물질을 선택할 수도 있다.

○ 교과서 들여다보기

세포막을 통해 물질이 이동할 때 물질의 종류, 크기 등에 따라 물질의 이동 방식이 다르게 나타난다. 세포막은 물질의 출입을 조절해 선택적으로 투과시키기 때문이다. 세

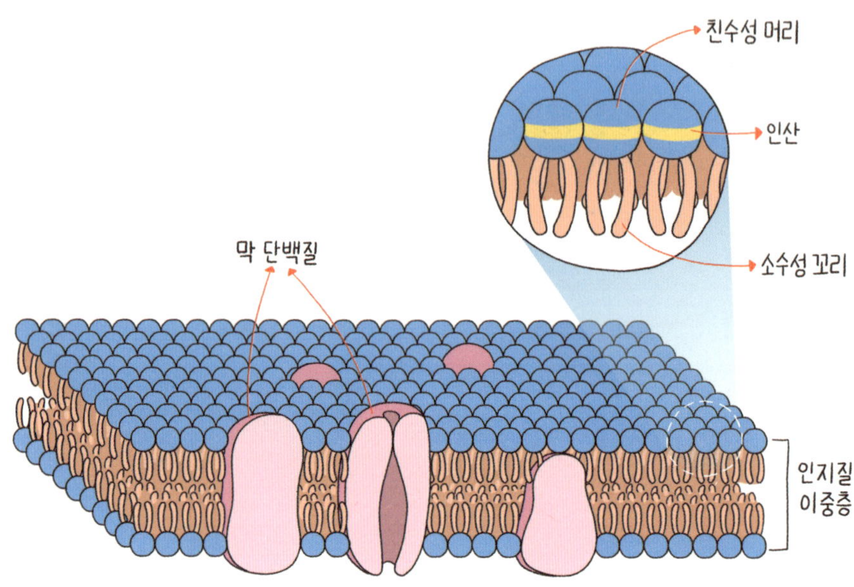

세포막은 인지질 이중층과 단백질로 구성되어 물질의 출입을 조절한다.

인지질
인산으로 된 머리와 지방산으로 된 꼬리로 구성된 지질. 머리는 친수성이고 꼬리는 소수성이다.

소수성
물 분자와 쉽게 결합하지 않는 성질

친수성
물 분자에 끌리는 성질

포막은 인지질과 단백질로 구성돼 있다. 인지질의 소수성 부분끼리 서로 마주 보고 친수성 부위는 바깥쪽에 배열돼 물이 많은 환경과 접해 있다. 이처럼 세포막은 인지질로 된 이중층 구조이며 곳곳에 막 단백질이 들어 있다. 산소와 같이 크기가 작은 지용성 분자는 인지질 이중층을 통해 농도가 높은 곳에서 낮은 곳으로 **확산**하며 포도당, 아미노산 같은 친수성 물질은 인지질 이중층을 통과하기 어려워 막 단백질을 통해 이동한다.

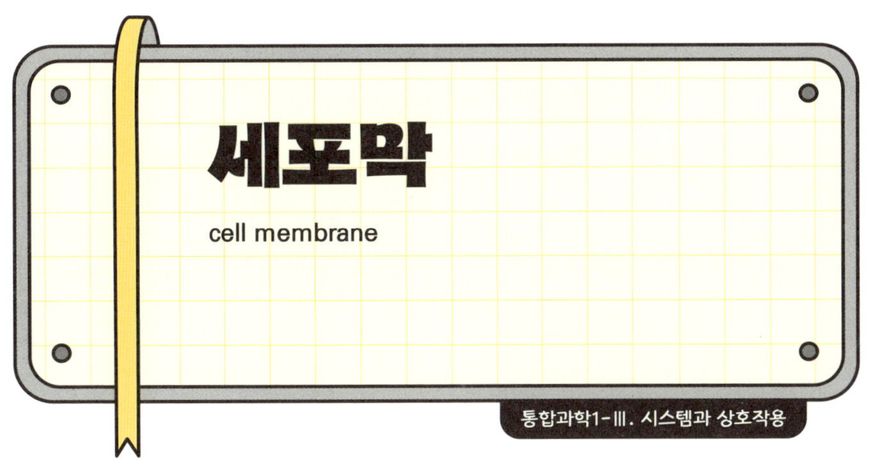

○ 개념 잡기

세포막은 모든 세포의 바깥쪽을 둘러싸는 막으로, 세포 내부와 외부를 구분하고 물질 이동을 조절하는 역할을 한다. 식물 세포, 동물 세포 모두 세포막을 가지고 있다. 이 세포막은 **인지질 이중층**과 **단백질**로 구성돼 있으며 **선택적 투과성**을 통해 세포의 생명 활동에 필수적인 물질을 교환한다.

○ 교과서 들여다보기

세포막을 구성하는 인지질과 단백질은 특정 위치에 고정된 것이 아니라 수평으로 자유롭게 이동할 수 있다. 이러한 특성 때문에 세포막을 유동 모자이크 막이라고 한다. 인지질은 세포막의 기본 틀을 만들고 막 단백질은 인지질 이중층에 붙어 있거나 박혀 있다. 막 단백질에는 여러 종류가 있으며 효소(→222쪽), 수용체, 수송 등 다양한 기능을 한다. 산소나 이산화 탄소 같은 기체 분자는 인지질 이중층을 통해 확산하며 이는 수동 수송이다. 반면 능동 수송은 **ATP 에너지**가 필요한 과정이며 낮은 곳에서 높은 곳으로 물을 펌프질하듯 에너지를 사용해 농도가 낮은 곳에서 높은 곳으로 물질을 운반하는 방식이다. 또한 단백질처럼 큰 물질은 세포막을 직접 통과하기 어려워 막으로 감싸 주머니를 만들어 이동한다. 이때 백혈구의 식세포 작용처럼 세포 내 섭취와 세포 외 배출 과정을 거치게 된다.

신경 신호는 시냅스라는 특수한 구조를 통해 한 뉴런에서 다른 뉴런으로 전달된다. 시냅스는 신경 세포체로부터 길게 뻗은 축삭 돌기 말단에 위치하며, 시냅스 전 뉴런과 시냅스 후 뉴런의 세포막이 $30\sim50nm$(나노미터)의 틈을 두고 연접된 구조다. 이 틈에서 신경 전달 물질이 다음 뉴런으로 전달된다. 시냅스는 여러 정보를 종합해 시냅스 후 뉴런에서 흥분을 발생시킬지를 결정한다. 이러한 뉴런 내 신호 전달 과정을 밝힌 공로로 쥐트호프가 2013년 노벨 생리의학상을 수상했다. 쥐트호프는 칼슘 이온에 초점을 맞춰, 칼슘 이온과 단백질의 상호 작용으로 신경 전달 물질이 세포막에 붙는 과정을 분자 수준에서 규명했다. 이는 뇌과학의 근간을 이루는 중요한 성과였다.

○ 개념 잡기

세포 호흡은 세포 단위에서 에너지를 생산하는 과정으로, 생명체가 포도당과 산소를 이용해 에너지를 얻는 과정을 말한다. 이 과정에서 포도당($C_6H_{12}O_6$)과 산소(O_2)가 반응해 이산화 탄소(CO_2)와 물(H_2O) 그리고 에너지(ATP)가 만들어진다.

$$C_6H_{12}O_6 + 6O_2 \rightarrow 6CO_2 + 6H_2O + 에너지(ATP)$$

우리의 체온이 추운 겨울날에도 평소와 같이 유지되는

까닭은 세포 호흡으로 발생한 에너지가 체온 유지에 사용
되기 때문이다. 단세포 생물도 마찬가지다. 효모는 산소가
없는 환경에서는 포도당을 분해하는 알코올 발효로 에너지
를 얻지만 산소가 존재하면 효모는 세포 호흡으로 에너지
를 더 많이 얻으며 살아간다.

달리기를 할 때 인체는 수많은 근육이 움직인다. 이때 근
육 세포의 **마이토콘드리아**에서는 산소를 이용한 세포 호흡
을 통해 영양분(포도당)을 분해해 유기물 속의 화학 에너지
를 세포 활동에 필요한 ATP(아데노신삼인산) 형태의 화학 에
너지로 전환한다. 이때 포도당이 산화(→264쪽)되고 산소가
환원(→267쪽)된다. 세포 호흡과는 반대로 식물 세포 속 엽
록체에서 일어나는 **광합성**(→210쪽)은 빛을 이용해 물과 이
산화 탄소로부터 포도당과 산소를 생성한다. 마이토콘드리
아에서 일어나는 세포 호흡과 엽록체에서 일어나는 광합성
은 지구와 생명의 역사가 시작된 초기부터 현재까지도 생
물에게 일어나고 있는 대표적인 **산화 환원 과정**이다.

세포 호흡을 통해 만들어진 에너지는 어디에 저장될까? 단
순히 열로 날아가지 않고, ATP라는 특별한 분자에 담겨 저
장된다. 이 ATP는 충전된 배터리처럼 필요할 때 에너지를
꺼내 쓸 수 있게 해 준다. ATP는 일종의 에너지 동전이라
할 수 있는데 근육이 움직일 때, 뇌가 작동할 때, 세포가 자
랄 때 이 동전을 꺼내 쓰는 것이다. 우리가 잠을 잘 때에도

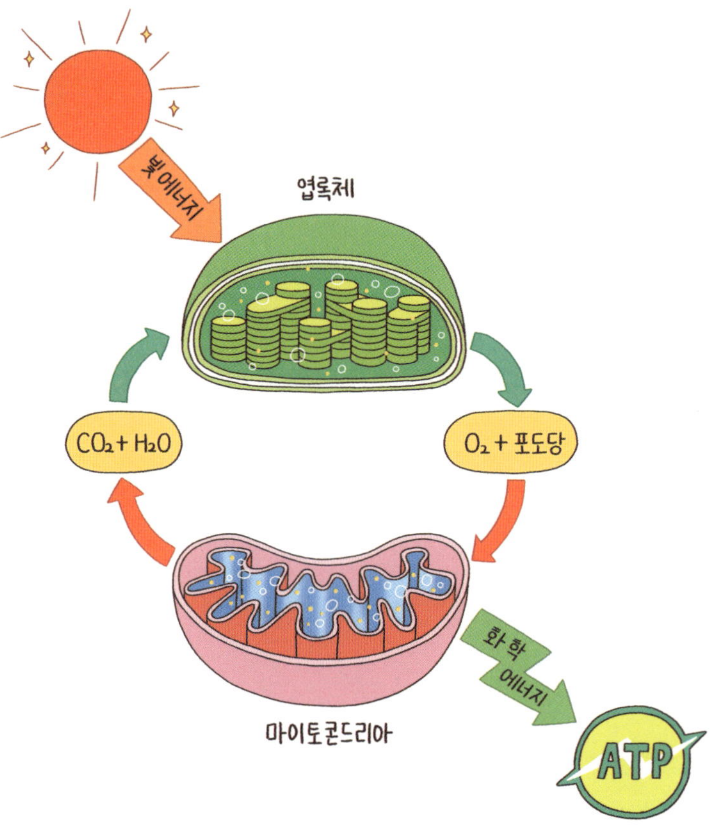

마이토콘드리아는 세포의 에너지 공장으로, 세포 호흡을 통해 영양분을 ATP라는 에너지로 전환한다.

심장 박동이나 호흡에 ATP가 계속 쓰인다.

세포 호흡은 원래 산소가 있어야 그 과정이 잘 진행된다. 그런데 강도 높은 운동을 하는 경우 산소 공급이 부족할 수 있다. 이럴 때 우리 몸은 무산소 호흡으로 에너지를 조금이나마 만들어 낸다. 이 과정에서 젖산이라는 찌꺼기(피로 물질)가 생기고 이것 때문에 근육이 아프고 뻐근해진다.

● 개념 잡기

효소는 생체 내에서 일어나는 화학 반응의 속도를 빠르게 해 주는 **단백질**(→121쪽)이다. 일반적 화학 반응은 온도나 압력 같은 조건을 바꾸지 않으면 매우 느리게 일어난다. 반면 인체 내에서는 체온이 그리 높지 않음에도 화학 반응이 매우 빠르게 진행되는데, 바로 효소 때문이다.

기질
효소와 결합해 화학 반응을 일으키는 분자

효소는 특정한 기질●과 결합해 반응을 촉진하고, 반응이 끝난 후에는 다시 원래대로 돌아와 반복적으로 작용할 수 있다. 그래서 효소는 생체 촉매라고도 불린다. 효소는 반응 과정에서 소비되지 않으며, 특정 반응에 대해서만 작용하는 기질 특이성을 갖는다. 예를 들어 말토스를 포도당으로 분해하는 데에는 말타아제라는 특정 효소만이 작용할 수 있다.

우리 몸에서는 소화 효소 덕분에 고기를 먹은 후 약 5시간 안에 단백질이 아미노산으로 분해된다. 하지만 실험실에서 단백질을 분해하려면 진한 염산을 넣고 100 ℃ 이상에서 하루 종일 끓여야 한다. 이처럼 효소는 반응 속도를 훨씬 빠르게 만들어 준다.

대부분의 세포에 들어 있는 카탈레이스는 생체 내에서 만들어지는 독성 강한 과산화 수소를 물과 산소로 즉시 분해해 세포를 보호한다. 상처 부위에 과산화 수소수를 바르면 거품이 나는 이유도 혈액 속 카탈레이스가 과산화 수소를 빠르게 분해하면서 산소 기체가 발생하기 때문이다.

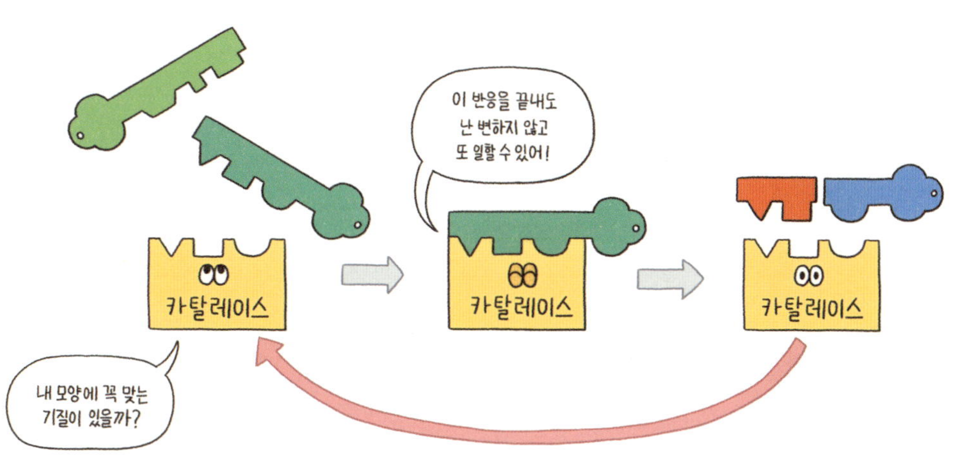

효소의 가장 중요한 특징은 화학 반응을 도와주지만 자신은 소모되지 않는다는 점이다. 반응물은 반응 후 제거되지만 효소는 그대로 남아 있어 반복해서 반응을 촉진할 수 있다. 효소의 이러한 성질 덕분에 생물체는 적은 양의 효소로도 많은 양의 반응을 효율적으로 진행할 수 있다.

● **이슈 더하기**

효소 보조제

효소가 다이어트와 건강에 도움이 될까? 최근 인기를 얻고 있는 어떤 효소 보조제 광고에서는 효소가 탄수화물을 분해한다거나 살을 빠지게 한다는 문구를 볼 수 있다. 사실 효소는 다이어트 기능이 인정된 식품이 아니다. 식품의약품안전처는 효소를 일반 식품으로 보며, 살이 갑자기 빠진다는 문구는 과대 광고라고 경고한다. 우리 몸은 영양소를 분해하는 효소를 스스로 만든다. 따라서 건강한 사람의 경우 효소 보조제가 체지방 감소나 다이어트에 도움이 된다는 것은 과학적 근거가 부족한 이야기다. 그리고 노화로 인한 소화 불량은 대부분 위장관 신경망의 기능 저하 때문이지 효소 부족 때문은 아니라고 전문가는 말한다. 따라서 효소만으로 살이 빠진다고 믿고 먹는 것은 조심해야 한다.

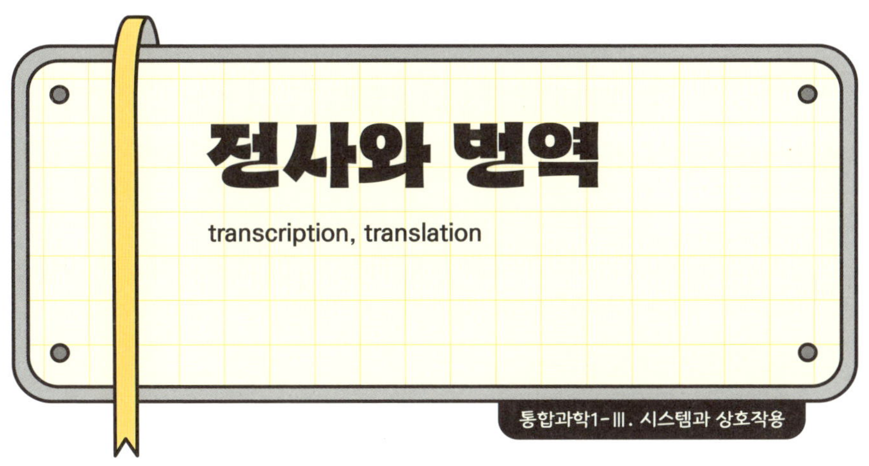

○ 개념 잡기

전사는 핵 안에서 DNA의 유전 정보가 RNA로 옮겨지는 과정이다. 이때 DNA의 염기 서열을 틀로 해서 그에 상보적인 RNA가 합성된다.(→125쪽) 이것은 DNA가 직접 단백질을 만들지 않고, 정보만을 RNA에 전달하는 과정이다.

번역은 전사된 RNA의 정보를 바탕으로 단백질을 만드는 과정이다. 진핵 세포는 핵 속에 DNA가 있으므로 전사는 핵 속에서 일어나고 번역은 세포질에서 일어난다. 즉, RNA 합성은 핵 속에서 일어나고, 단백질 합성은 세포질에서 일어난다.

세포질
세포핵을 제외한 세포 내부의 물질. 라이보솜, 소포체 등의 세포 소기관이 있는 공간이다.

세포에서 유전 정보는 DNA→RNA→단백질 순서로 전달된다. 먼저 DNA의 유전 정보를 RNA로 베껴 쓰는 과정을 전사라고 한다. 이때 RNA는 DNA의 타이민(T) 대신 유라실(U)을 사용한다. 핵에서 만들어진 RNA는 세포질의 라이보솜으로 이동해 단백질을 만든다. RNA의 염기 3개가 하나의 아미노산을 지정하는데, 이 3개 염기를 **코돈**이라 하며, 코돈을 아미노산으로 바꾸는 과정이 번역이다. 놀랍게도 이 **유전 암호**는 세균부터 사람까지 거의 모든 생물에서 동일하게 사용돼, 사람의 유전자를 세균의 DNA에 넣으면 사람과 동일한 아미노산으로 번역돼 단백질이 만들어진다.

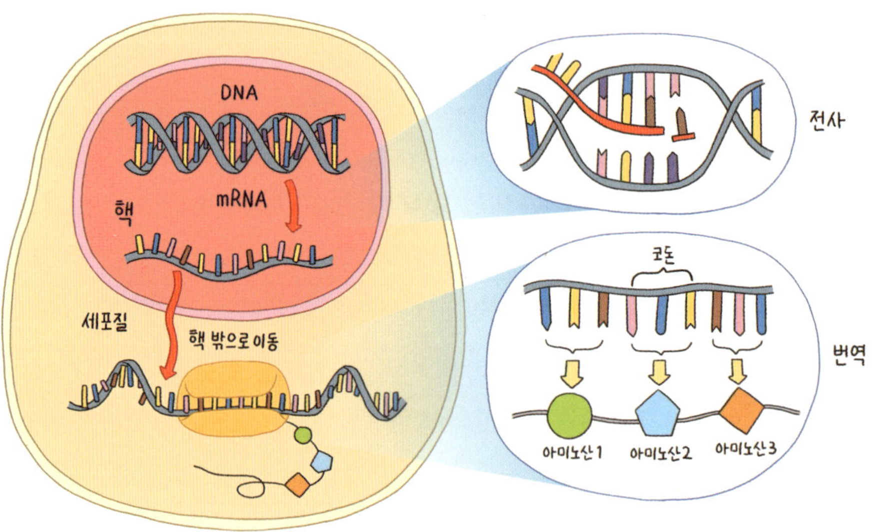

DNA의 유전 정보가 전사를 통해 RNA로 옮겨지고 번역 과정을 거쳐 아미노산이 결정된다.

1961년에 니런버그는 유라실(U)만으로 된 폴리 U RNA로부터 페닐알라닌이라는 단백질 한 종류만 포함된 폴리펩타이드를 합성했다. 이로써 코돈 UUU가 페닐알라닌을 지정하는 유전 암호임이 밝혀졌다. 유전 암호 해독의 시작을 알리는 획기적 실험이었다.

이후 같은 방법으로 폴리 A RNA로부터는 라이신만이 포함된 폴리펩타이드를, 폴리 C RNA로부터는 프롤린만이 포함된 폴리펩타이드를 합성했다. 따라서 AAA는 라이신을, CCC는 프롤린을 암호화한다는 사실을 알 수 있었다. 니런버그와 그의 동료들은 2종류 또는 3종류의 다른 염기 조합을 이용해 유전 암호를 추론했다. 또한 라이보솜과 아미노산-RNA 복합체에 코돈이 상보적으로 붙는 것을 확인해 유전 부호를 완전히 해독했다.

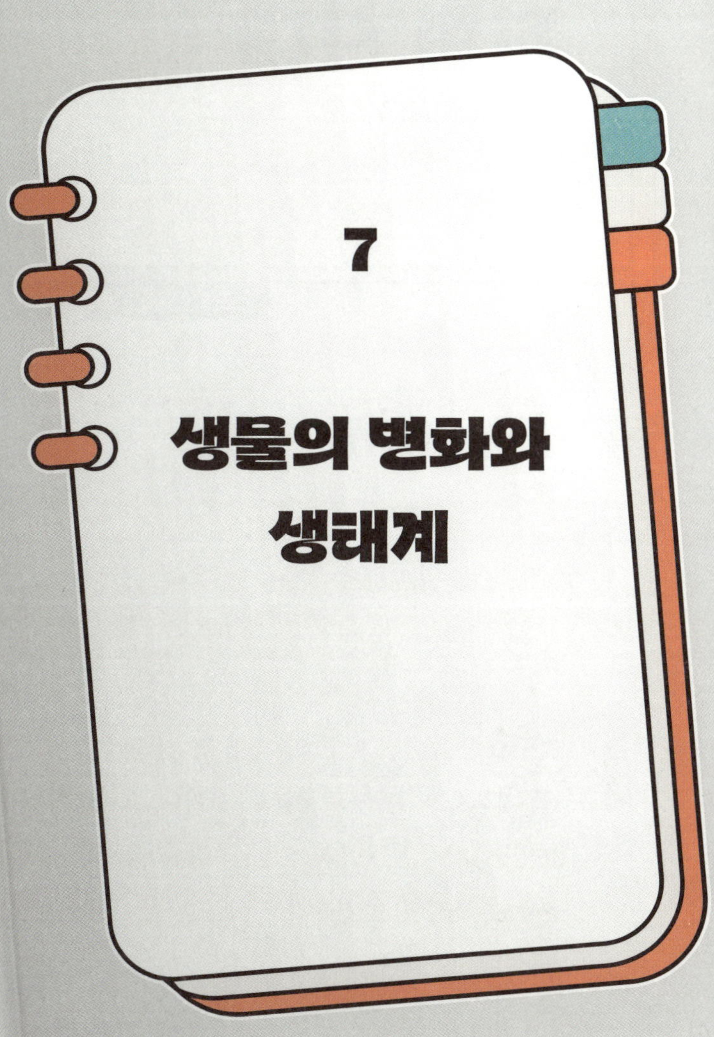
7
생물의 변화와
생태계

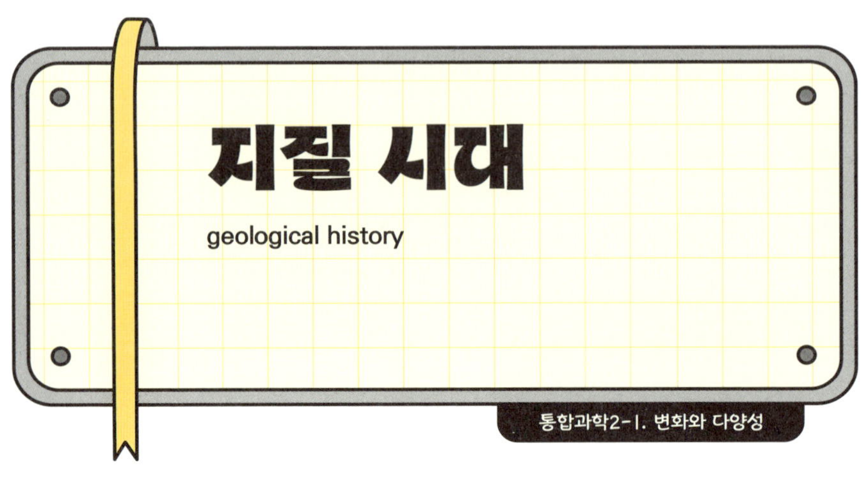

○ 개념 잡기

지구가 만들어진 때인 약 46억 년 전부터 지금까지의 시간을, 지질을 기준으로 구분한 것이다. ==화석의 급변, 생물의 대멸종, 지각 변동으로 인한 부정합[*] 등이 지질 시대를 구분하는 특징==이다. 인류가 기록을 남긴 시대는 역사 시대라고 한다.

부정합
상하 지층 사이 큰 시간적 간격이 나타나는 지질 구조

○ 교과서 들여다보기

지질 시대의 대부분을 차지하는 것은 선캄브리아 시대이며 이 시기 화석은 거의 발견되지 않는다. 화석이 많이 나타나는 시기부터 생물계의 변화를 기준으로 고생대, 중생대, 신

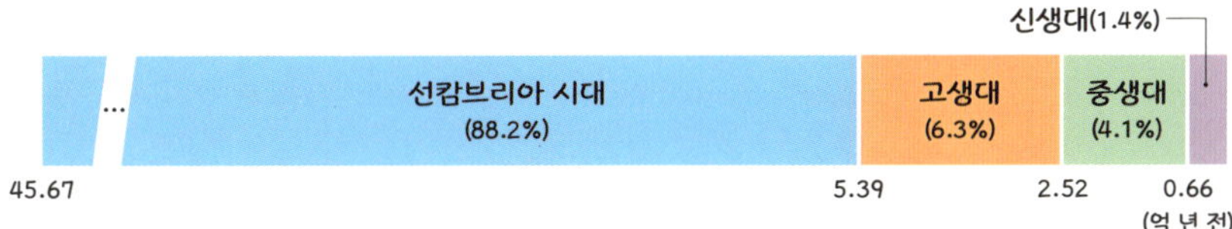

지질 시대의 구분(출처: 국제층서위원회, 2023)

생대로 구분한다.

선캄브리아 시대는 지구 대기 중에 오존층(→151쪽)이 형성되지 않아 자외선이 지표면에 그대로 도달해 생물이 살기 어려운 시기였다. 약 35억 년 전 최초의 광합성 생물인 남세균이 등장해 바다에 산소를 공급하고 그 산소가 대기로 이동하면서 오존층이 형성됐다. 오존층이 형성되자 생물이 육상으로 진출하게 됐고 바다에도 다양한 생물이 번성했다. 이 시대를 **고생대**라고 부른다. 고생대는 생물의 종류가 다양해진 것은 물론 그 수가 급격하게 증가한 시대로 화석도 많이 남아 있다. **중생대**에는 암모나이트, 공룡, 겉씨식물이 번성했으며 **신생대**에는 매머드 등의 포유류, 화폐석, 속씨식물이 번성하고 인류의 조상이 출현했다.

◯ 이슈 더하기

인류세

인류가 출현하여 살고 있는 지금 시기를 현재는 지질 시대상 신생대의 제4기인 **홀로세**라 부른다. 그런데 최근 **인류세**라는 새로운 지질 시대 명칭이 제안됐다. 지구의 역사는 화석이나 지질학적으로 중요한 사건을 기준으로 지질 시대를 구분하며 지질 연대 구분은 국제층서위원회(ICS)에서 결정해 왔다. 일부 과학자들은 인류의 활동으로 지구 환경에 뚜렷한 변화가 일어났으며 그 흔적이 지질층에도 남아 새로운 특징을 지니게 됐다며 인류세 개념을 제안했다. 인류의 등장으로 숲이 없어지고 다양한 동물이 멸종됐으며 산업 혁명 이후 화석 연료(→273쪽)를 대거 꺼내 쓰면서 대기 중 이산화 탄소가 증가하고, 핵폭탄 실험의 흔적인 플루토늄, 플라스틱 등이 퇴적되는 등 인류가 지구 환경을 크게 변화시킨 것은 확실하므로 새롭게 지질 시대를 구분해야 한다는 것이다. 그러나 기존 지질 시대는 수십만 년에서 수억 년으로 길지만 인류세는 다른 지질 시대의 오차 범위보다도 짧은 시간이라 지질학적 증거를 좀 더 충분히 찾아내고 지표 물질의 변화 추세를 지켜봐야 한다는 신중한 의견도 있다.

● 개념 잡기

현재의 대륙들이 고생대 말부터 중생대 초까지 하나의 대륙으로 모여 있었던 것을 가리키는 이름이다. 독일의 지구 물리학자 베게너가 제안했으며, '모든 땅'이라는 뜻의 고대 그리스어에서 유래했다.

● 교과서 들여다보기

고생대 말에는 ==지구의 대륙들이 모여 하나의 커다란 대륙인 초대륙●을 형성==하고 있었는데, 이를 판게아라고 부른다. 판게아가 형성되며 지구 환경이 급변해 삼엽충을 비롯한 고생대의 많은 생물이 멸종했고 생물의 종류도 감소했다. 중생대에는 판게아가 분리되며 생물의 서식 환경이 다양해지고 암모나이트, 공룡 등이 번성했다.

초대륙
거의 모든 대륙이 모여 하나의 대륙을 형성하는 것

● 심화 학습

지질 시대 전 기간에 걸쳐 지구의 판은 이동하고 충돌하며 여러 차례 초대륙을 만들고 흩어지고 했다. 판게아 이전에도 초대륙들이 있었다. 약 11억 년 전 로디니아라는 초대륙이 있었으며 몇 개의 대륙으로 분리돼 이동하다가 판게아라는 초대륙을 형성했다. 판 구조론에 따르면 미래에도 초대륙이 만들어진다. 약 2억 5,000만 년 후 대륙이 하나로 모여 '판게아 울티마'라는 초대륙을 형성할 것으로 예측된다.

- **개념 잡기**

화석을 뜻하는 영어 fossil은 '땅속에서 파낸 것'이라는 뜻의 라틴어 fossilis에서 유래된 말이다. 지질 시대에 살았던 생물의 유해나 흔적이 지층 속에 남아 있는 것을 화석이라 한다. 지질 시대를 구분하는 중요한 기준이다.

- **교과서 들여다보기**

지질 시대에 살던 동식물이 죽어 산사태 등으로 물속이나 퇴적층에 빠르게 매몰되는 경우 화석이 잘 형성된다. 생물의 육질 부분은 썩어 사라지지만 뼈나 조개껍데기와 같은 부분은 남아 퇴적층이 계속 쌓이는 과정에서 더욱더 단단

해진다. 사라진 육질 부분은 겉모양만 남아 빈 틀을 이루
는데 퇴적층으로 스며든 지하수 속 광물이 이 빈자리에 퇴
적되면서 굳어져 돌이 된다. 이렇게 빈 구조가 광물로 채
워지며 화석이 된다. 지질 시대의 생물이 보존된 것이면
모두 화석으로 취급한다. 지질 시대 생물의 발자국, 기어다
닌 흔적과 같이 움직인 자국 등도 화석이며 **생흔 화석**이라
고 한다.

심화 학습

지구과학
II. 지구의 역사와
한반도의 암석

고사리류
양치식물 중 가장 진
화한 것으로 뿌리, 줄
기, 잎의 구별이 있으
며 고비, 고사리 등이
있다.

인목류
석탄기에 번성한 식
물로 키가 50m에 달
하기도 하는 거대한
식물이었다. 지금은
화석으로만 남았다.

석탄, 석유, 천연가스 등은 지질 시대에 살았던 동식물의
유해로 만들어진 에너지원이라 화석 연료(→273쪽)라고 부
른다. 석탄은 고생대 말 석탄기에 가장 많이 생성됐다. 이
시기에 살았던 식물은 고사리류, 인목류 등으로 높이가
20~30m에 달했다. 이 식물들이 죽은 후 물에 완전히 잠겨
공기와의 접촉이 차단됐고, 썩지 않은 상태에서 오랜 세월
동안 압력과 열을 받아 석탄으로 변했다. 석탄은 탄소, 산
소, 질소, 수소를 주성분으로 하며 탄화 정도에 따라 무연
탄(탄소 함량 90% 이상), 역청탄, 갈탄 등으로 나뉜다. 석유는
지질 시대 동안 해양 생물 등의 유해가 퇴적물에 묻혀 부식
되지 않고 오랜 세월 고온·고압 환경에서 탄화수소로 변성
된 화석 연료다. 퇴적물에 묻혀 산소가 부족한 환경에서 유
기물이 탄화수소 화합물로 변한 것이다. 석유는 끓는점에
따라 휘발유, 나프타, 등유, 경유 등으로 나뉜다.

생물 대멸종

mass extinction

○ 개념 잡기

지구상의 많은 생물이 짧은 시간 동안 넓은 지역에서 멸종하는 현상으로, 지질 시대 동안 다섯 번의 대멸종이 있었다고 알려져 있다.

○ 교과서 들여다보기

생물 대멸종은 운석 충돌, 기후 변화, 대륙의 이동에 따른 초대륙의 형성과 분리, 대규모 화산 활동 등이 주요 원인이다. 고생대 말과 중생대 말에 이런 요인들이 복합적으로 작용해 생물 대멸종이 일어났다. 반면에 이 환경 변화에 적응해 살아남은 생물은 진화하며 번성하게 되고 이후 다양한 생물종이 다시 나타난다.

○ 심화 학습

지구과학
II. 지구의 역사와
한반도의 암석

대멸종은 화석을 연구해 알아낸 사실이다. 짧은 시간 동안 생물종의 약 70% 이상이 사라지는 것을 대멸종의 기준으로 삼는다. 이때 '짧은 시간'이란 지질학적 기준에 따른 것으로, 10만~200만 년 동안을 말한다. 고생대에 발생한 대멸종으로 오르도비스기 말, 데본기 말, 페름기 말 대멸종이 있으며, 중생대에는 트라이아스기 말, 백악기 말에 생물 대멸종이 일어났다. 이를 5대 대멸종 시기라고 한다.

오르도비스기 말은 전 지구적 빙하기로, 빙하가 발달하며 해수면이 내려가 완족류* 50% 이상, 산호류 80%, 삼엽충* 70% 등 해양 생물이 크게 멸종해 전체 생물종의 약 85%가 사라졌다. 데본기 말에도 생물종의 75%가 사라졌으며 대표적으로 삼엽충, 필석 등의 타격이 컸다. 페름기 말 대멸종은 생물종의 96%가 사라진 가장 큰 대멸종 사건이었으며 삼엽충이 지구에서 완전히 사라졌다. 이 시기에 초대륙 판게아(→233쪽)가 생성되면서 서식지가 크게 변화했으며 화산 활동이 매우 많이 발생해 환경의 변화가 매우 컸다. 중생대 트라이아스기 말에는 판게아의 분열로 지각 변동이 많아지고 환경이 크게 변화해 대멸종이 일어났으며 생물종의 12%가 사라졌다. 백악기 말에는 운석 충돌과 해수면 변동 등으로 인해 공룡과 암모나이트 등 중생대를 대표하는 많은 생물이 지구상에서 사라졌다.

완족류
고생대부터 살았고 지금은 소수의 종만 남은 무척추동물로 조개와 모양은 비슷하나 다른 종이다.

삼엽충
해양에 살던 절지동물로 지금은 멸종됐다. 고생대를 대표하는 표준 화석이다.

○ 개념 잡기

종
자연적으로 교배해 생식이 가능한 자손을 낳을 수 있는 생물 집단

생물 집단이 오랜 세월 동안 여러 세대를 지나거나 환경적 변화를 거치면서 생물의 유전적 특성이 변화해 원래의 종˙과는 다른 종이 생겨나는 것을 진화라고 한다. 다윈이 1859년《종의 기원》에서 처음 주장했다.

○ 교과서 들여다보기

기린은 같은 종이어도 털 무늬와 색깔 등에 차이가 있다. 이렇게 같은 종의 **개체**(→247쪽) 사이에 나타나는 형질˙의 차이를 **변이**라고 하며, 개체마다 유전자 정보가 조금씩 다르기 때문에 같은 종이어도 서로 다른 형질이 나타난다. 개체가 가진 유전자가 변하는 요인으로는 돌연변이와, 유성 생식 과정에서 생식 세포의 다양한 조합을 통한 유전자의 변형이 있다.

자연 상태에서 변이를 갖게 된 개체들은 저마다 환경에 다르게 적응한다. 그중에서 환경에 적응하기 유리한 형질을 가진 개체는 그렇지 않은 개체보다 더 잘 살아남고 자손을 많이 남기게 된다. 이 과정을 **자연선택**이라 한다. 자연선택으로 살아남은 개체의 형질은 자손에게 전달돼 점차 퍼지게 되고 개체 수가 증가하는데, 이 과정이 오랫동안 반복되면 조상과는 형질이 다른 새로운 종으로 분화˙한다. 이와 같이 생물이 여러 종으로 진화한 결과, 생물 다양성이 나타난다.

다윈은 **자연선택설**로 생물의 진화를 설명했다. 1835년 다윈은 비글호를 타고 갈라파고스 제도를 방문해 탐험했는데, 핀치라는 새가 섬마다 다른 부리 모양을 가지고 있다는 사실을 발견한다. 갈라파고스 제도에 있던 핀치 집단은 오랜 세월 동안 서로 다른 먹이 환경에 적합한 변이를 가진 개체가 자연선택되는 과정을 거쳐 여러 종으로 진화한 것이다. 가령 나무 속 곤충을 먹는 종은 부리가 가늘고 길며, 열매나 씨를 먹는 종은 씨앗을 깰 수 있도록 부리가 크고 두껍게 진화했다. 다윈의 진화론에 영감을 준 이 핀치를 '다윈의 핀치'라고 부른다.

먹이에 따라 부리의 모양이 달라진 핀치

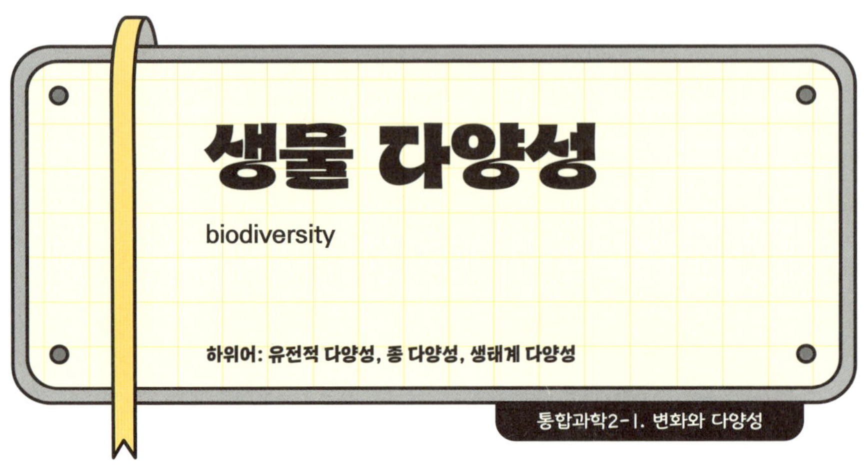

○ 개념 잡기

생물 다양성이란 육상 생태계, 수생 생태계 등 지구상에 존재하는 모든 생물의 다양성을 뜻한다. 생물종의 다양성뿐 아니라 생물이 서식하는 생태계의 다양성, 생물이 지닌 유전자의 다양성까지 아우르는 개념이다.

○ 교과서 들여다보기

생물 다양성은 유전적 다양성, 종 다양성, 생태계 다양성을 포함한다. **유전적 다양성**은 생물종이 가지는 유전 정보의 다양성을 의미하며 한 생물종의 개체(→247쪽)들 사이에서 유전적 차이가 다양하게 나타나는 것을 말한다. 유전자 변이로 같은 종에서 여러 집단이 생기거나 한 집단에서 개체들 사이에 유전적 변이가 생긴 경우다. 유전적 다양성이 높은 생물종은 환경 변화에 적응하는 데 유리한 유전자를 가진 개체가 있을 수 있어 멸종 가능성이 적다. **종 다양성**은 한 지역 안에서 서식하는 생물종의 다양한 정도를 의미한다. 생태계에 서식하는 생물종의 수가 많고, 각 생물종의 개체 수가 고를수록 종 다양성이 높다고 말할 수 있다. 종 다양성이 높은 생태계는 먹이 그물이 복잡해 생태계의 안정성이 유지된다. **생태계 다양성**은 숲, 초원, 바다, 강 등 모든 생태계가 다양하게 형성돼 있고 각 생태계에 속하는 생물과 무생물의 상호 작용이 다양하다는 것을 의미한다.

● 이슈 더하기

생물 다양성의 중요성

매년 5월 22일은 국제 생물 다양성의 날로, 유엔(UN)의 **생물 다양성 협약(CBD)** 발표를 기념하고 지구 생물 다양성의 중요성을 알리고자 제정됐다. 생물 다양성을 중요하게 여기는 이유는 다양한 생물종의 생태계가 우리에게 식량과 공기, 물 등 건강하고 안전하게 살 수 있는 환경을 제공해 주기 때문이다. 유엔 보고서에 따르면 인구 증가, 환경 오염, 각종 개발, 야생 동식물 남획 등으로 생물 서식지가 파괴되어 매년 2만 5,000~5만 종의 생물이 멸종하고 있다고 한다. 이와 같은 생물종의 멸종은 생물 자원을 줄이고 먹이 사슬을 끊어 생태계를 파괴하며 이는 궁극적으로 인류의 식량 및 자원, 건강과 안전을 위협한다. 지구 생명체의 지속 가능한 삶을 위해서는 생물 다양성을 지켜야 한다.

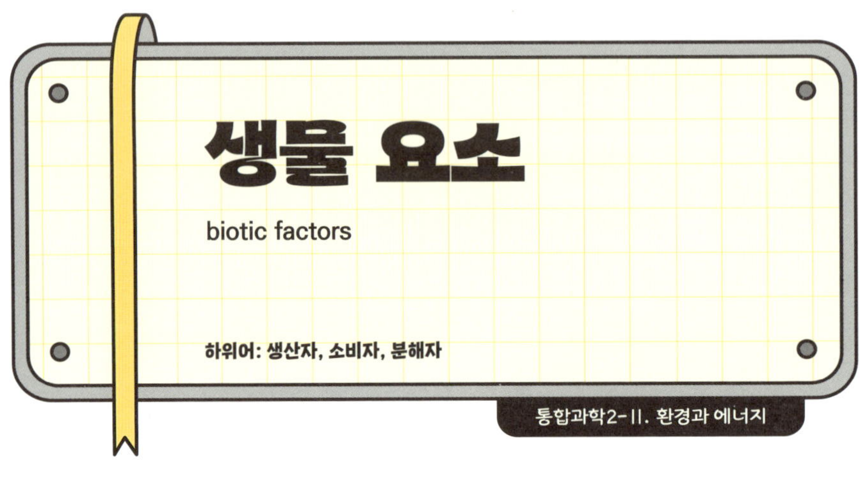

○ **개념 잡기**

생태계에서 살아가는 모든 생물체를 가리킨다. 생태계는 생물 요소와 비생물 요소로 이루어져 있으며 생물이 아니면서 생물에 영향을 미치는 모든 것은 비생물 요소다.

○ **교과서 들여다보기**

생물 요소는 양분과 에너지가 이동하는 단계에 따라 생산자, 소비자, 분해자로 구분한다. **생산자**는 양분을 스스로 만들고, **소비자**는 다른 생물을 먹어 양분을 얻으며, **분해자**는 생물의 사체 등을 분해해 양분을 얻는다. 광합성(→210쪽)을 하는 식물이 생산자에 해당한다. 소비자는 1차 소비자인 초식 동물, 2차 소비자인 육식 동물, 3차 소비자인 대형 육식 동물이 있다. 분해자는 유기 영양 미생물*이 있다. 비생물 요소는 빛, 공기, 물, 온도, 토양 등 생물 요소에 영향을 주는 모든 환경을 말한다.

생물 요소와 비생물 요소는 서로 밀접한 관계를 맺으면서 생물의 생활 방식, 번식, 서식 장소 등에 영향력을 끼친다. 생물은 비생물 요소에 적응하며 살아간다. 예를 들어 사막에 서식하며 물이 없는 환경에 적응한 선인장은 가시로 변한 잎을 가지고 있으며, 사막여우는 작은 몸집에 비해 큰 귀로 체온을 효과적으로 조절한다. 반대로 생물 요소가 비생물 요소에 영향을 주기도 하는데 식물이 광합성을 함으로써 공기 중 산소 농도를 높이는 경우가 그 예다.

미생물*은 물질을 분해한 산물을 먹으며 살아가기 때문에 거의 모든 천연 물질을 분해한다. 그러나 고분자 화합물인 플라스틱은 분해하는 대사 경로 또는 효소가 없어 미생물이 분해하지 못하거나 분해 속도가 매우 느리다. 그렇지만 최근 플라스틱을 분해하는 미생물이 계속 발견되며 플라스틱 분해 미생물을 찾는 연구가 활발히 이루어지고 있다.

2016년 일본의 한 연구팀은 페트병의 재료인 페트(PET)를 분해하는 미생물과 이 미생물에서 얻을 수 있는 페트 분해 효소를 찾아냈다. 2023년에는 우리나라의 연구진이 비닐봉지의 주성분인 폴리에틸렌을 분해하는 미생물을 발견했다. 또한 분해가 쉬운 플라스틱 제작 방법도 연구돼 식물

성 원료로 만든 생분해성 플라스틱이 출시되고 있다. 옥수
수나 사탕수수 전분을 발효시켜 얻은 젖산으로 만드는 폴리
젖산(Polylactic Acid, PLA)이 대표적이다.

 통합과학 개념 픽

● **개념 잡기**

개체란 하나의 독립된 생물체로 세포, 조직, 기관 등 완전한 생물체로 살아가는 데 필요한 기능을 독립적으로 가지고 있다.

● **교과서 들여다보기**

한 서식지에서 함께 생활하는 같은 종의 개체 무리를 **개체군** 혹은 종군이라고 한다. 특정 지역에 사는 모든 개체군의 무리를 **군집**이라 하며, 군집은 여러 종의 생물이 섞여 생활하는 집단이다. 개체가 모여 개체군을 이루고 개체군이 모여 군집을 이루며 군집과 군집을 둘러싼 모든 환경은

생태계라고 한다. 예를 들어 사람이 개체라면 특정 지역 또는 국가에 거주하는 사람들이 개체군이며 그 지역에 사는 동물과 식물까지를 통틀어 군집이라 한다. 개체군 안에서는 개체 사이에 상호 작용이 이루어지며, 군집 안의 개체군 사이에서도 포식과 피식, 경쟁, 공생, 기생 등 다양한 상호 작용이 일어난다. 생물 군집의 구성, 개체 수, 에너지의 흐름이 일정하게 유지되는 안정한 상태가 **생태계 평형**(→250쪽)이다.

먹이나 서식지 공간이 충분하고 한 개체군이 증식하기 좋은 환경이 되면 그 개체군의 개체 수가 시간에 따라 증가하는데, 이를 **개체군 생장**이라 한다. 시간에 따른 개체 수 증

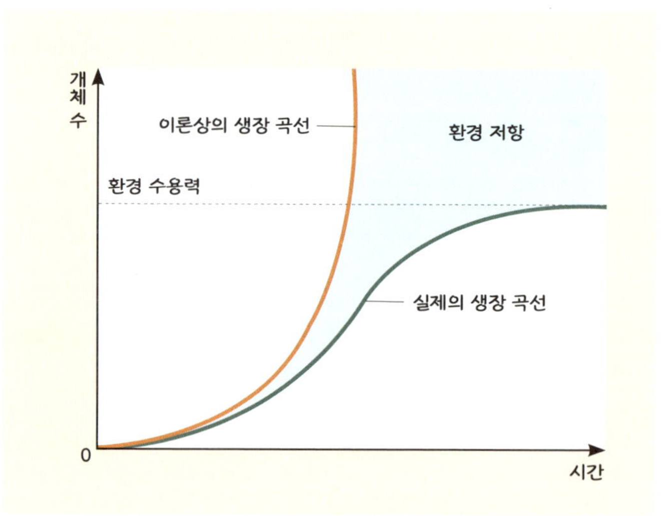

개체군 생장 곡선

가를 나타낸 그래프를 **개체군 생장 곡선**이라고 한다. 외부로부터 다른 자극이 없고 이상적인 조건에서는 개체군의 개체 수가 지수 함수적으로 증가해 생장 곡선이 J자 모양으로 나타난다. 그러나 실제 일반적인 환경에서는 개체 수가 증가할수록 먹이와 서식지의 공간 부족, 질병 등으로 환경 저항이 나타나며 개체군의 생장이 감소하는 S자 모양의 생장 곡선이 나타난다. 그리하여 해당 환경 조건에서 서식할 수 있는 개체군의 최대 크기가 정해지는데, 이를 **환경 수용력**이라 한다.

생태계 평형

ecosystem equilibrium

◉ 개념 잡기

생태계 내에서 생물 요소와 비생물 요소(→244쪽)가 서로 밀접한 관계를 맺으며 생물의 개체 수와 종류, 물질의 양, 에너지의 흐름이 일정하게 유지되는 안정된 상태를 말한다. 다양한 생물종이 있어 **먹이 사슬**이 얽힌 먹이 그물이 복잡할수록 생태계 평형은 안정적이다.

먹이 사슬

생산자에서 1차 소비자, 2차 소비자, 3차 소비자로 이어지는 관계

◉ 교과서 들여다보기

생태계는 생산자, 소비자, 분해자로 구분되는 생물 요소와 물, 공기, 온도, 물, 토양 등 비생물 요소가 영향을 주고받으며 살아가는 체계다. 안정된 생태계는 일시적으로 환경

통합과학 개념 픽

이 변화해도 시간이 지나면 평형을 이룬다. 예를 들어 1차 소비자인 메뚜기가 늘어 2차 소비자인 참새가 늘지만 참새의 증가로 다시 메뚜기가 줄고 참새 또한 줄어 생태계가 평형을 회복한다. 또한 생태계를 구성하는 요소가 서로 밀접한 관계를 맺고 있어 어떠한 변화가 발생했을 때 그 자리를 채울 다양한 종이 존재하면 생태계는 더 쉽게 회복된다. 이를 **생태계 회복력**이라 하며, **생물 다양성**(→242쪽)이 높을수록 생태계 회복력이 높고 생태계 평형이 잘 유지된다. 다시 말해 생산자에서 1차 소비자, 2차 소비자 등으로 이어지는 먹이 사슬 및 먹이 그물이 복잡할수록, 특정 생물이 줄거나 사라져도 그 생물을 대신할 다른 먹이가 존재해 생태계 평형이 깨지지 않는다.

O 심화 학습

생명과학
I. 생명 시스템의 구성

생태계에서 먹이 사슬을 따라 생산자, 1차 소비자, 2차 소비자, 3차 소비자로 영양분이 이동하므로, 생산자가 만든 영양분이 하위 영양 단계에서 상위 영양 단계로 옮겨 간다. 각 영양 단계의 생물이 에너지를 생명 활동에 사용하기 때문에, 상위 단계로 전달되는 에너지는 점차 감소한다. 개체 수 또한 상위 단계로 갈수록 감소하는데, 이런 경향을 나타낸 그림을 생태 피라미드라고 한다.

열수지

heat balance

통합과학2-II. 환경과 에너지

○ 개념 잡기

지구로 들어오는 에너지와 지구에서 방출되는 에너지 양의 관계를 열수지라고 한다. 들어온 에너지와 나간 에너지가 같아 지구의 온도가 일정하게 유지되는 상태를 **열수지 평형**이라고 한다.

○ 교과서 들여다보기

지구는 태양 복사 에너지를 흡수하고 지구 복사 에너지를 방출하면서 온도를 유지한다. 태양 복사 에너지는 주로 가시광선 형태로 지구에 들어오며, 지구 복사 에너지는 주로 적외선 형태로 우주 공간으로 나간다. 이때 지구 복사 에

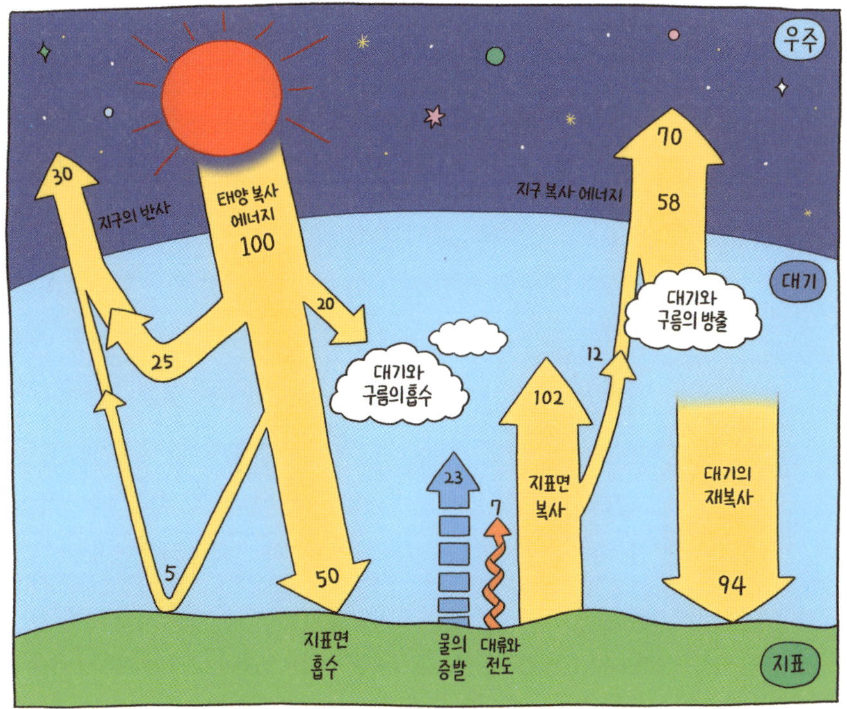

지구의 열수지

너지는 곧장 우주로 방출되는 것이 아니라 지구의 대기가
지표로 다시 복사하는 과정을 거치기 때문에 지구의 열수
지는 지표, 대기, 우주 사이에서 일어나는 흡수와 방출로
표시된다.

태양에서 지구로 들어오는 복사 에너지를 100이라고 가
정하면, 이 중 약 30은 반사돼 우주로 다시 나가고, 나머지
70이 지구에 흡수된다. 이렇게 흡수된 에너지는 다시 지표
면(50)과 대기와 구름(20)이 나누어 가진다. 이 70은 지표와

대기에 의해 다시 우주로 방출되면서, 지구 전체적으로 들어오는 에너지와 나가는 에너지가 균형을 이루게 된다.

대기만 놓고 보면, 대기와 구름은 태양 복사 에너지 중 20만큼을 직접 흡수한다. 여기에 더해 지표면이 방출하는 복사 에너지(102), 물의 증발 과정에서 전달되는 에너지(23), 대류와 전도에 의한 열(7)이 더해져 대기에는 총 152의 에너지가 들어온다. 이렇게 받은 에너지는 대기가 다시 지표면을 향해 복사하는 에너지(94)와 우주로 방출하는 에너지(58)로 나뉘어 빠져나가며, 역시 균형을 이루게 된다.

지표면의 경우에는 태양으로부터 직접 받는 에너지 50과 대기에서 되돌려주는 재복사 에너지 94를 합해 총 144를 흡수한다. 이 에너지는 다시 지표면 복사(102), 물의 증발(23), 대류와 전도(7)로 방출되며, 우주로 방출되는 것(12)까지 합하면 마찬가지로 균형을 이룬다.

이와 같이 지구 전체로 보아도, 또 지표면과 대기 각각으로 보아도 들어오는 에너지와 나가는 에너지는 서로 같아 열수지가 평형을 이룬다.

○ **심화 학습**

지구과학
Ⅰ. 대기와 해양의
상호작용

온실은 유리나 비닐로 만들어져 태양 복사와 같은 단파 복사는 잘 통과하나 온실 내부에서 발생한 장파 복사는 통과하지 못해 외부로 열이 잘 나가지 않아 내부 온도가 높다. 지구도 온실과 마찬가지로 대기 재복사 때문에 에너지가 우주로 나가지 못하고 갇히게 돼 일정한 기온이 유지되는데, 이를 온실 효과라고 한다. 대기에 있는 이산화 탄소,

수증기, 메테인 등의 온실 기체에 의해 일어난다. 지구에 대기가 없다면 밤 기온이 영하 100℃ 이하로 떨어질 것이다. 최근에는 인간의 활동으로 배출되는 온실 기체의 양이 너무 많아져 온실 효과가 강해지고 지구 기온이 점점 더 높아지는 현상이 발생하고 있다. 이를 지구 온난화라고 한다. 지구 온난화는 지구 열수지에 영향을 끼쳐 대기가 지표로 복사하는 에너지를 증가시키는 등 변화를 일으킨다. 이로써 시간이 갈수록 지구의 평균 기온이 상승한다.

- **개념 잡기**

기존에 사막이 아니었던 지역이 자연적 또는 인위적 요인으로 사막으로 변하는 현상이다. 사막은 연간 강수량이 250mm 이하로 증발량이 강수량보다 커서 수분이 부족하므로 식물이 자라기 어렵다.

- **교과서 들여다보기**

사막 주변 지역이 황폐해져 사막이 점차 넓어지는 현상을 사막화라 한다. 지구의 사막은 대부분 위도 30° 부근에 분포한다. 이는 전 지구적 차원에서 일어나는 대기 순환인 **대기 대순환** 때문이다. 적도 부근에서 상승한 공기는 위도 30°

에서 하강해 고기압을 형성하므로 이 부근에서는 강수량이 증발량보다 적어 건조 기후가 발달하고 대규모 사막이 분포한다. 이러한 사막 인근 지역, 건조 지역 등에서 가뭄이 지속되거나 가축 방목, 산림 벌채, 지나친 경작, 화학 비료 사용 등으로 초목이 사라지고 토양이 황폐해지면 사막화가 진행된다. 삼림은 비가 올 때 물을 머금어 토양의 침식을 막고 식물의 성장에도 큰 역할을 하는데 사막화된 지역은 토양이 그렇게 물을 품지 못하기 때문에 황폐해진다.

사막화의 주요 원인은 지구 온난화로 인한 기상 이변이다. 지구 온난화로 기온이 상승하면 바다에 가까운 지역은 해수 증발로 비구름이 발달해 강수량이 급증하며 홍수 피해가 발생한다. 반면에 내륙으로 이동하는 비구름이 줄어들어 내륙에서는 강수량이 크게 감소하고 가뭄이 발생한다. 이렇게 강수량이 양극화되면 내륙 사막 주변 지역들에서 사막화가 진행된다. 더욱이 숲이나 초원이 사막으로 변하면 지표면이 태양 에너지를 반사하는 비율이 증가하고 국지적으로 지표면이 냉각된다. 그 결과 상승 기류가 발달하지 못해 강수량이 감소하면 사막화가 가속되는 악순환이 발생한다.

○ 이슈 더하기

그레이트 그린 월

사하라 사막의 남쪽 사헬˙은 아프리카 대륙을 동서 방향으로 가로지르는 반건조 기후 지역으로 이곳 주민들은 농업과 목축을 하며 살았다. 그런데 사막화로 사하라 사막이 확장되며 사헬 지역의 생태계가 급격히 황폐해지자, 식량을

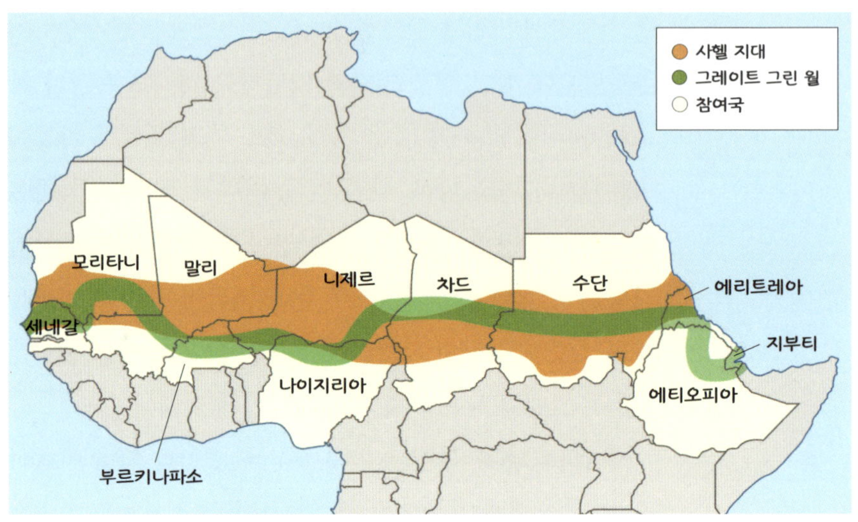

그레이트 그린 월 프로젝트의 범위와 참여국

사헬

사하라 사막 남쪽으로 이전에는 스텝 기후 지역이었으나 사막화가 진행돼 이제는 생물이 거의 살지 못하는 지역이 되고 있다.

사바나

건기와 우기가 반복되는 열대와 아열대에서 발달하는 초원. 사헬 아래쪽이 사바나 지역으로 대평원 지역이다.

구하기 어려워진 주민들이 사헬 아래쪽 사바나 지역으로 이주하면서 사회적·경제적으로 불안정한 상황이 발생했다. 대규모 난민 이주로 사회적 갈등과 분쟁도 발생했다.

이 문제를 해결하고자 아프리카 여러 국가는 사하라 사막이 더 확대되지 않도록 하는 노력을 기울이고 있다. 그레이트 그린 월(Great Green Wall) 프로젝트가 대표적이다. 아프리카 동쪽 지부티에서 서쪽 세네갈까지 약 8,000km에 걸쳐 초목을 심어 '녹색 장벽'을 조성하는 프로젝트로, 2030년까지 100만 km²의 토지를 복원하는 것을 목표로 한다. 초목의 뿌리가 수분을 함유해 토양을 회복시키고 생태계를 복원하는 것은 물론, 관련 일자리도 창출함으로써 다층적 효과를 가져오는 중요한 프로젝트다. 새로 조성된 삼림이 대

 통합과학 개념 픽

기의 이산화 탄소를 흡수해 온실 기체 배출량을 줄이는 데에도 기여할 것으로 기대된다.

실제로 그레이트 그린 월 프로젝트에 참여한 아프리카 국가 전역에서 약 18만 km²의 황폐화된 토지가 복원되고 35만 개의 일자리가 창출되는 등 성과를 거두고 있다. 이 프로젝트는 생태계 복원을 넘어 토양 황폐화로 인한 빈곤과 사회적 불안정, 사헬 지역의 극단주의°와 테러리즘의 확산을 극복하는 해결 방안으로 떠오르고 있으며, 아프리카 국가들의 그러한 노력이 유엔의 **사막화 방지 협약**(UNCCD)에 가입한 국가들의 지원을 얻고 있다. 사막화 방지 협약은 **생물 다양성 협약** 및 **기후 변화 협약**(UNFCCC)과 더불어 유엔의 3대 환경 협약이다. 우리나라도 이 환경 협약에 모두 가입돼 있다.

○ 개념 잡기

==엘니뇨란 적도 부근 동태평양 해수면의 온도가 평상시보== ==다 높아지는 현상==이다. 평상시보다 수온이 높아지면 적도 부근 동태평양 해역에서 강수량이 많아진다. 수온 변화에 따른 대기와 해양의 상호 작용으로 인해 전 지구적 기후 변화가 발생한다.

○ 교과서 들여다보기

평상시 적도 부근 태평양은 무역풍의 영향으로 표층 해수가 서쪽으로 흐른다. 이에 따라 적도 부근 서태평양의 해수면 온도가 높아지면서 대기로 많은 양의 열과 수증기가 이동하며 상승 기류가 발달해 저기압이 형성되고 비가 많이 내린다. 동태평양의 해수면은 서쪽으로 이동한 해수를 채우기 위한 용승˙ 현상으로 깊은 곳의 차가운 해수가 올라와 해수면의 온도가 낮아진다. 이에 따라 하강 기류가 발달하고 지상에 고기압이 형성되며 날씨가 맑다.

그런데 무역풍이 약해지고 동태평양의 해수가 서태평양으로 이동하지 못하면 적도 부근 동태평양 해역은 해수의 용승이 약해지고 해수면의 온도가 평상시보다 높아져 비가 많이 온다. 또한 용존 산소량˙이 감소하며 물고기가 줄어들고 어획량이 감소한다. 이 시기가 크리스마스 무렵이라 페루 어부들이 이 현상을 아기 예수를 뜻하는 엘니뇨라고 불렀다.

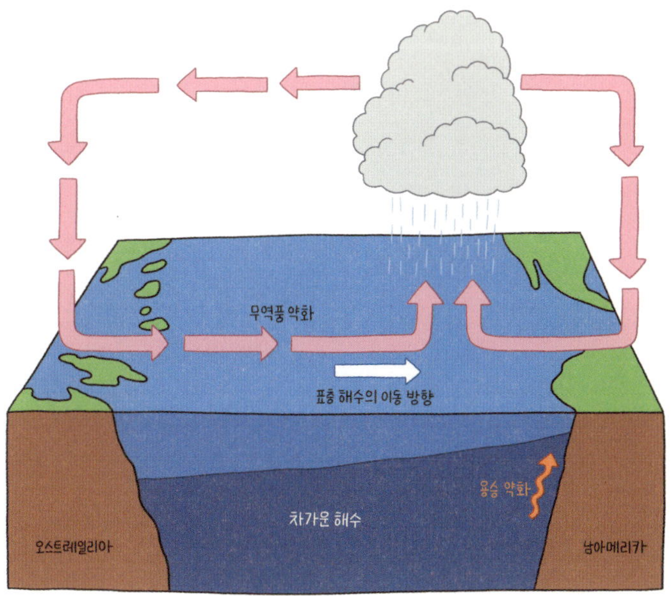

엘니뇨 시기

엘니뇨는 2~5년 주기로 나타나며 수개월 이상 지속된다. 엘니뇨로 해수면 온도가 변화하면 대기와 해양의 흐름이 달라져 다른 해에 비해 따뜻한 겨울이 오는 지역이 생기고 비가 적게 내리던 지역에 비가 많이 내리기도 한다.

○ 심화 학습

지구과학
Ⅰ. 대기와 해양의
상호작용

엘니뇨와 반대되는 현상으로 **라니냐(La Niña)**가 있다. 무역풍이 더 강해지고 용승이 더 활발해지며 적도 부근 동태평양의 해수면 온도가 평상시보다 낮아진다. 서태평양은 해수면 온도가 높은 지역이 더 많아져 공기의 상승도 강해지고 저기압이 발달하여 비가 많이 내리고 태풍의 발생도 증가하며 동태평양은 고기압이 더 강하게 발달하며 맑은 날씨가 많아진다.

엘니뇨와 라니냐가 발생하면 대기와 해양의 상호 작용이 평상시와 달라져 전 지구적으로 기후 변화가 일어나며 이상 기후 또한 나타난다. 엘니뇨가 발생하면 따뜻한 적도의 해수가 서태평양 쪽으로 이동하지 않아 높은 온도의 해수면이 동태평양까지 넓게 분포하게 된다. 에너지와 수증기가 더 넓은 해역에서 대기로 방출되기 때문에 고위도로 에너지가 운반되어 지구 전체의 기후에 영향을 끼치고 홍수, 가뭄 등 자연재해를 일으키기도 한다.

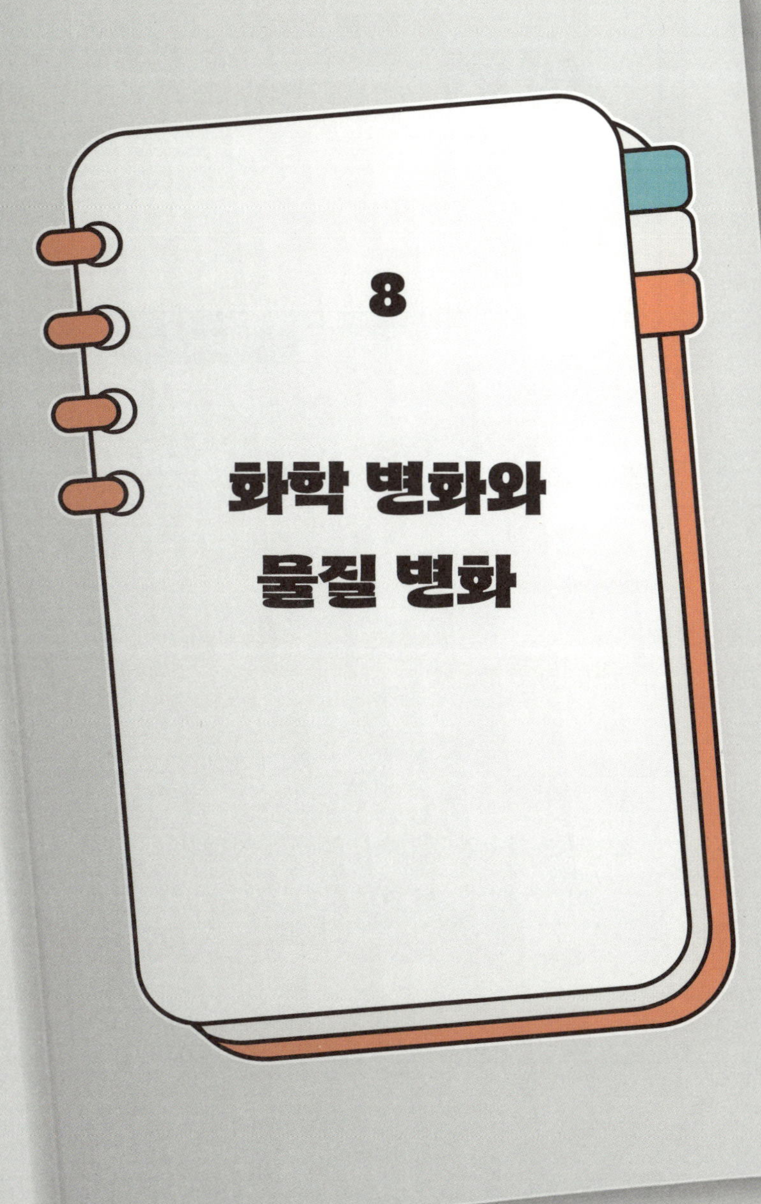
8

화학 변화와
물질 변화

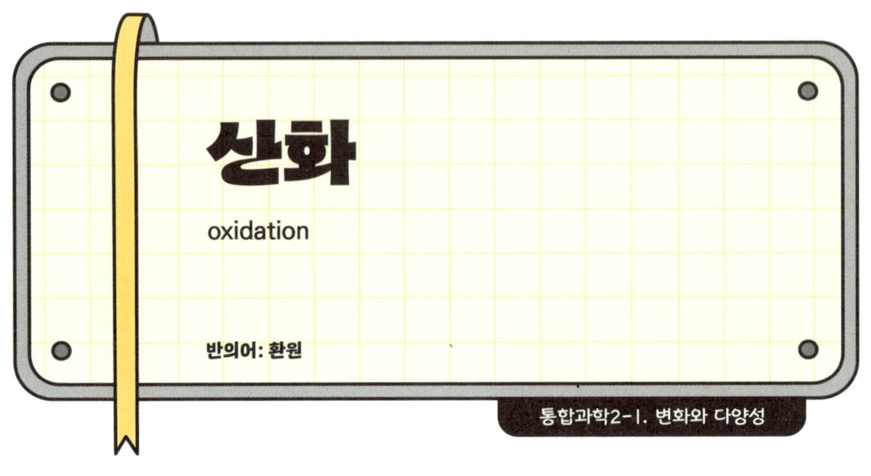

○ **개념 잡기**

酸(산)은 주로 '시다' 혹은 '산(acid)'의 의미지만 화학 반응에서는 산소와 결합하는 경우를 가리킨다. 이때 '새로운 물질이 된다'는 것의 정의를 더 확장하면 못을 이루는 철(Fe)이 전자를 잃고 양이온(Fe^{2+})이 되는 과정까지 포함한다.

산화 반응은 일상생활에서 흔하게 볼 수 있다. 금속의 부식, 불이 타는 연소 반응, 밤하늘에 예쁘게 펼쳐지는 불꽃놀이(→294쪽), 음식물이 상하는 과정 그리고 세포 내 호흡 과정이 모두 산화와 관련이 있다. 이러한 반응은 물질의 성질 변화뿐 아니라 에너지의 출입과도 밀접하게 연결된다.

○ 교과서
  들여다보기

산소가 관여하는 반응에서 물질이 산소를 얻는 반응을 산화라고 한다. 붉은색의 구리판을 알코올램프로 가열한다고 해 보자. 알코올램프의 겉불꽃에 넣어 가열하면 불꽃에 닿은 부분이 검은색으로 변한다. 이것은 구리(Cu)가 산소를 얻어, 즉 산화돼 산화 구리(II)(CuO)로 변하기 때문이다.

$$2Cu + O_2 \rightarrow 2CuO$$
구리　　산소　　산화 구리(II)

검은색의 산화 구리(II)를 알코올램프의 속불꽃에 넣어 가열하면 불꽃에 닿은 부분이 겉불꽃에 넣어 가열하기 전처럼 붉은색으로 변한다. 이것은 산화 구리(II)가 산소를 잃어 구리로 변하기 때문이다.

○ 이슈 더하기

콜드 체인

식품마다 온도 변화에 대한 민감도가 다르긴 하지만 대체로 온도가 10℃ 올라가면 부패 속도는 2~3배 빨라진다. 부패는 음식물의 성분이 공기 중 산소와 반응하면서 색, 맛, 냄새가 변하는 것이다. 지방이 산화되면 특유의 전 내가 발생하며, 이는 지방산이 산소와 반응해 과산화물이 생성되는 과정이다. 단백질도 산화되면 아민 화합물이 분해되며 불쾌한 냄새를 유발한다. 이런 산화 반응은 온도 이외에도 습도에 따라 더 빠르게 일어나며, 박테리아나 곰팡이의 증식과 함께 음식물의 부패가 촉진된다.

콜드 체인(cold chain)이란 저온 유통이란 뜻으로, 온도에 민감한 제품이 생산돼 소비자에게 전달될 때까지 적정 온도를 유지하는 공급망을 뜻한다. 릴레이 경주와 같이 바통 (여기서는 식품의 신선도)을 떨어뜨리지 않고 끝까지 전달하는 과정이다. 식품 콜드 체인의 안전성을 보장하려면 데이터를 체계적으로 관리할 수 있도록 정책 및 산업, 학술 분야의 논의가 요구된다. 의약품 분야는 제도적 보완이 비교적 빠르게 이뤄졌지만 식품 분야는 아직 부족한 점이 많은 상태다.

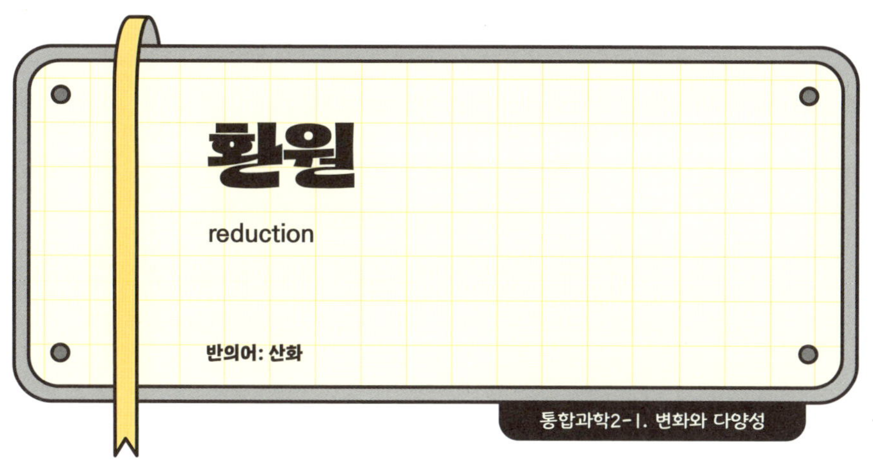

○ **개념 잡기**

물질이 산소를 얻는 반응을 산화, 물질이 산소를 잃는 반응을 환원이라고 한다. 산화 상태의 물질에서 산소를 제거하거나 전자를 제공해 원래의 상태로 되돌리는 과정을 뜻한다.

생활 속 환원의 예로는 산화 질소를 질소나 암모니아 등으로 환원하는 자동차 촉매, 식물의 광합성에서 이산화 탄소가 포도당으로 변하는 것, 산화로 부식된 철의 녹을 제거하는 일이 있다. 또 미용실에서 풍기는 독특한 냄새는 파마를 할 때 환원 과정에 사용되는 화학 물질이 황을 포함하고 있기 때문이다.

산화 구리(Ⅱ)가 산소를 잃어(환원) 구리로 변할 때 속불꽃 속의 일산화 탄소가 산소를 얻어(산화) 이산화 탄소로 변한다. 이처럼 어떤 물질이 산소를 얻을 때 다른 물질은 산소를 잃으므로 산화와 환원은 동시에 일어난다. 이때, 산화되는 물질이 얻은 산소 원자의 수와 환원되는 물질이 잃은 산소 원자의 수는 같다.

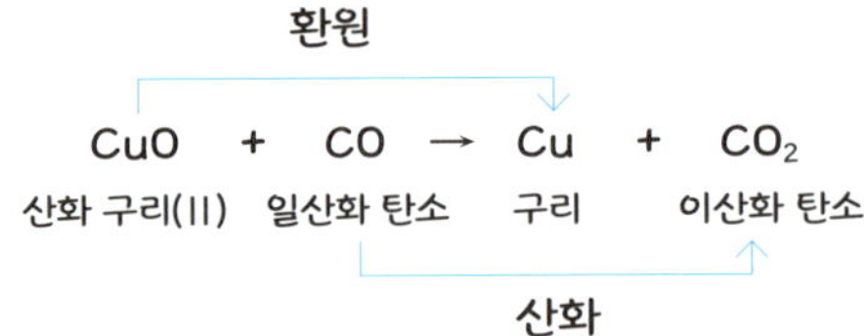

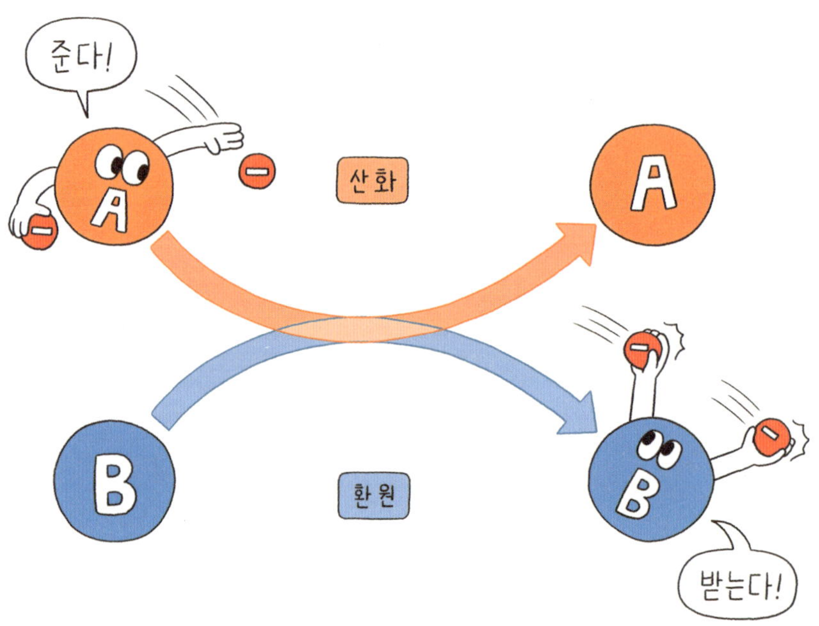

산화는 물질이 산소를 얻는 반응이자 물질이 전자를 잃는 반응이고, 환원은 물질이 산소를 잃는 반응이자 물질이 전자를 얻는 반응이다.

산소가 관여하지 않을 때도 산화·환원 반응이 일어난다. 산소가 관여하지 않는 반응에서 물질이 전자를 잃는 반응을 산화라 하고, 물질이 전자를 얻는 반응을 환원이라고 한다.

질소 고정은 공기 중에 있는 질소 기체(N_2)를 식물이 사용할 수 있는 형태로 바꾸는 과정이다. 질소는 대기 중 약 78%를 차지하지만 식물은 이를 직접 사용할 수 없기 때문에 질소 고정 세균이라는 특별한 미생물이 필요하다. 이 세균들은 질소를 암모니아(NH_3)나 암모늄 이온(NH_4^+)으로 바꾸어 주고, 식물은 뿌리를 통해 이 질소 화합물을 흡수해 성장에 필요한 단백질과 핵산(DNA, RNA)을 만드는 데 사용한다. 즉, 질소 고정은 식물이 자라는 데 꼭 필요한 과정이다.

인공적 질소 고정으로 대표적인 것이 비료 생산이다. 가장 일반적인 방법은 1909년 하버가 고안한 하버 공정으로, 공기 중 질소를 이용해 암모니아를 합성한다. 암모니아는 비료, 폭발물, 다른 제품들의 전구체°로서 필수적이다. 이보다 앞서 오스트발트가 질산(HNO_3)을 만드는 오스트발트 공정을 개발해 1902년 특허를 취득했다. 이는 비료 생산의 주요 원재료인 질산을 생산하는 과정이다. 암모니아는 두 단계를 거쳐 질산으로 변환되는데 질소는 점점 더 높은 산화수°로 산화되며, 산소는 수소와 결합하며 환원돼 물이 된다.

○ 개념 잡기

자연에서 쉽게 볼 수 있는 철광석(적철광 등)에는 불순물이 들어 있다. 철광석에서 산소를 제거해 순수한 철(Fe)을 얻는 화학적 과정을 제련이라고 한다. 이는 산화물을 환원하는 대표적인 금속 추출 반응이다. 제련하는 장소를 제련소라고 하며, 제련은 용광로에서 일어난다. 용광로는 고로(高爐, blast furnace)라고도 부른다.

○ 교과서 들여다보기

철의 제련은 대표적인 환원 반응이다. 철을 얻는 과정에는 철광석, 코크스, 석회석(불순물 제거 역할)이 쓰인다. 이것들을

통합과학 개념 픽

넣고 약 1,500 ℃의 고온에서 반응을 일으키면 철이 만들어진다. 철광석(Fe_2O_3)은 산화철로 산소를 포함하고 있는 상태고, 코크스(C)는 일산화 탄소를 생성한다. 일산화 탄소(CO)가 환원제 역할을 해 철광석 속 산소를 제거(환원)하고, 동시에 일산화 탄소는 이산화 탄소로 산화된다. 이 과정을 통해 순수한 철이 만들어진다.

$$\text{환원}$$
$$Fe_2O_3(s) + 3CO(g) \rightarrow 2Fe(l) + 3CO_2(g)$$
$$\text{산화}$$

이 과정은 발열 반응(→288쪽)이며, 생성된 철은 액체 상태로 용광로 아래쪽에 모인다. 이렇게 뽑아 낸 철을 선철이라고 하는데, 이를 용선 차(쇳물을 이동시키는 장비)에 부어 제강 공장으로 운반한다. 그곳에서 불순물을 더 제거해 강철을 만든다.

○ 이슈 더하기

필바라의 산화철

인류는 화성 탐사를 위해 오스트레일리아 북서부의 필바라에서 화성 이주 프로젝트를 연구했다. 필바라 지역은 철광석 산지로, 암석의 색깔이 화성과 같은 붉은색이다. 암석의 색이 붉은 것은 녹슨 쇠와 같은 붉은 산화철이 토양에 많이 함유되어 있기 때문이다. 미국항공우주국(NASA)은 이곳의 지질학적 구조가 화성과 가장 유사하다고 보고 있다. 이곳에는 34억 8,000만 년 전 살았던 미생물 화석이 남아 있어 탐사의 가치가 더욱 높다.

이렇게 넓게 분포하는 산화철 속의 철은 어디에서 왔을까? 철은 우주 초기에 형성된 원소 중 하나로, 별의 진화 과정에서 생성돼 지각 속에 존재하게 됐다. 그 철을 추출하는 과정이 바로 제련이다.

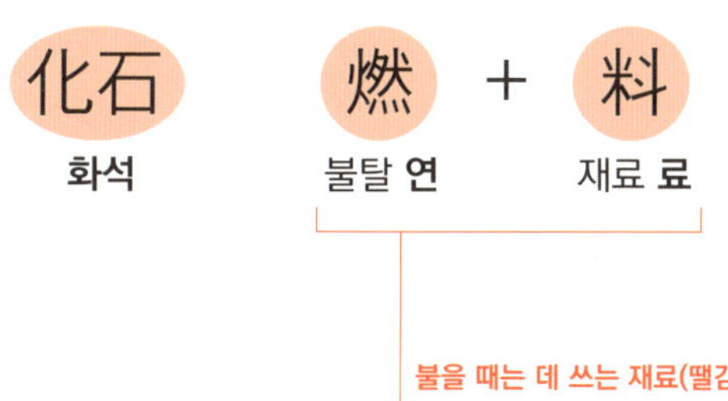

◦ 개념 잡기

화석 연료란 고대 생물의 유해가 오랜 시간 땅속에서 압력과 열을 받아 돌처럼 굳어진 것으로 석탄, 석유, 천연가스 등이 해당된다. 연료는 연소 시 열과 빛 에너지를 방출하며, 특히 화석 연료는 현대 사회의 주요 에너지원이다. 하지만 연소 과정에서 온실 기체를 배출해 지구 온난화의 원인으로 지목되면서 최근 **탄소 중립**이 대두되고 있다. 탄소 중립은 인간의 활동으로 인한 온실 기체 배출량을 최대한 줄이되, 배출된 것은 다시 흡수해 탄소 순배출을 0으로 만들고자 나온 개념이다. 넷제로(Net-Zero)라고도 불린다.

수백만 년 전 바다나 늪지대에 살던 동물과 식물이 죽어 바닥에 쌓이고 시간이 지나면서 흙과 모래가 그 위에 계속 축적돼 죽은 생물의 유해가 땅속 깊이 묻혔다. 깊은 땅속은 매우 뜨겁고 압력이 강해 화학적 변화가 일어날 수 있는 조건을 갖추어, 이런 환경에서 석탄, 석유, 천연가스가 만들어졌다. 화석 연료의 연소는 우리가 일상생활에서도 흔히 접하는 물질을 태우는 과정과 같다. 탄소와 수소를 주성분으로 하는 화석 연료가 공기 중의 산소와 만나면 화학 반응이 일어나며 빛과 열이 발생한다. 인간은 화석 연료에서 나오는 에너지를 이용해 교통과 산업을 크게 발전시켰다.

국내에서 가장 많이 쓰이는 발전 방식인 화력 발전의 최대 이슈는 환경 문제다. 화석 연료가 타면서 나오는 이산화 황(SO_2)은 산성비의 원인이 된다. 따라서 화력 발전소에 탈황 시설을 설치해 이산화 황을 제거해야 한다. 이산화 황은 탄산 칼슘과 반응하면 흰색 앙금의 아황산 칼슘($CaSO_3$)이 되는데, 이는 침전시켜 처리할 수 있다. 탈황 시설을 통과한 공기는 이산화 황과 물에 잘 녹는 오염 물질이 제거된 후 굴뚝으로 배출된다. 그런데 이와 같은 **중화 반응**(→282쪽)을 위해 필요한 대용량 분사 노즐이 잘 파손된다는 문제로 인해 최근에는 첨단 세라믹을 활용한 이중 소재로 설비를 개선하거나 신기술을 이용해 탈황 설비를 개조하는 노력이 이루어지고 있다.

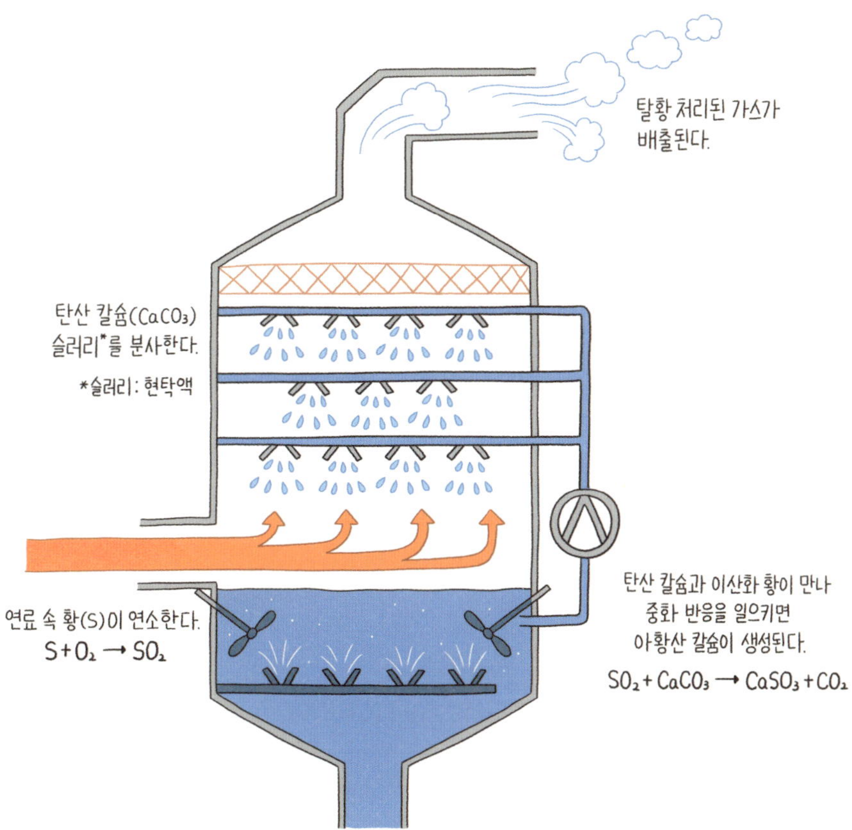

탄산 칼슘 슬러리로 황산화물(SO₂) 제거하는 탈황 시설

O 개념 잡기

산성은 수용액 속에 수소 이온(H^+)을 포함하고 있어 그로 인한 특정한 화학적 성질을 나타내는 상태를 의미한다. 산성을 띠는 물질을 산이라고 한다. 산의 가장 대표적 성질로는 신맛이 난다는 것이다. 식초, 레몬즙이 일상에서 흔히 볼 수 있는 산이다. '산'이라는 명칭 역시 이러한 성질이 반영된 것이며, 영어 애시드(acid) 역시 '시큼하다'라는 뜻의 라틴어에서 유래했다.

산은 푸른색 리트머스 종이를 붉은색으로 변화시키며, 산·염기 지시약인 BTB 용액을 노란색으로 변화시킨다. 또한 수용액 상태에서 전류가 흐르며, 탄산 칼슘(달걀 껍데기의 성분)과 반응하면 이산화 탄소를 발생시킨다.

질산 칼륨 수용액(전류가 흐르도록 하는 역할)을 적신 푸른색 리트머스 종이의 가운데에 염산을 적신 거름종이 조각을 올려놓고 전류를 흘려 주면 푸른색 리트머스 종이가 거름종이 조각에서부터 (−)극 쪽으로 붉은색으로 변한다. 산성을 나타내는 수소 이온(H^+)이 양전하를 띠므로 음전하를 띤 (−)극으로 이동하기 때문이다. 염산 외에 아세트산, 황산 등으로 실험해도 같은 결과가 나온다. 이처럼 산은 수용액에서 수소 이온을 내놓는다. 즉 산성은 수소 이온 때문에 나타나는 성질이다.

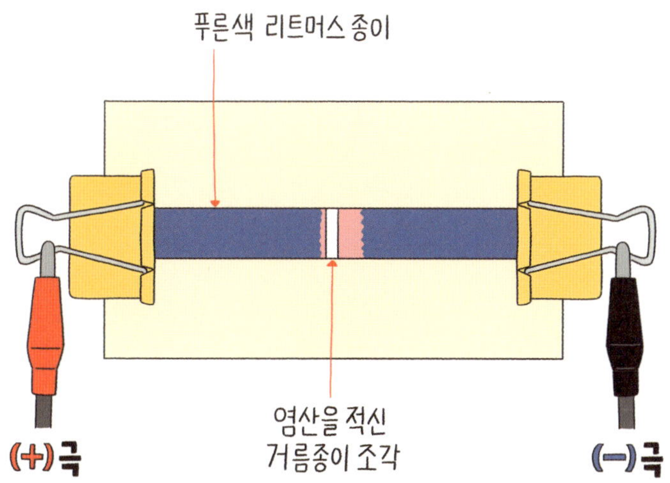

산이 물에 녹아 생긴 수소 이온이 (−)극으로 이동해 리트머스 종이가 붉게 변한다.

$$HCl \rightarrow H^+ + Cl^-$$

산　　　　　수소 이온　　　　음이온

HCl → H⁺ + Cl⁻

산		수소 이온		음이온
HCl (염산)	$\rightarrow$	H^+	$+$	Cl^- (염화 이온)
H_2SO_4 (황산)	$\rightarrow$	$2H^+$	$+$	SO_4^{2-} (황산 이온)
H_2CO_3 (탄산)	$\rightarrow$	$2H^+$	$+$	CO_3^{2-} (탄산 이온)

산성 물질은 수용액 상태에서 수소 이온을 얼만큼 내놓느냐에 따라 강산과 약산으로 나눌 수 있다. 강산은 수용액에서 대부분이 이온화해 수소 이온을 많이 내놓는 산으로, 질산(HNO_3), 황산(H_2SO_4) 등이 있다. 약산은 수용액에서 일부만 이온화해 수소 이온을 적게 내놓는 산으로 아세트산(CH_3COOH), 폼산($HCOOH$), 사이안화수소산(HCN) 등이 해당된다.

이러한 수소 이온의 농도를 나타내는 척도가 있는데, 바로 pH다. pH는 power of hydrogen의 약자로 우리말로 **수소 이온 농도 지수**라고 한다. 토양 pH는 토양 속에 포함된 수소 이온의 농도를 숫자로 나타낸 것으로, 식물마다 선호하는 pH가 다르므로 이를 잘 맞춰 주는 것이 중요하다. 예를 들어 강낭콩은 pH 5.5~6.8의 약한 산성 토양에서 잘 자라고, 피스타치오는 pH 7.1~7.8의 약한 염기성 토양에서 잘 자란다. 산성비와 지나친 화학 비료 사용 등으로 토양이 산성화되면 식물이 자라기 어렵다. pH는 식물뿐 아니라 모든 생명체의 생명과 항상성 유지를 위해 고려해야 할 중요한 요소다.

○ 개념 잡기

18세기 초 과학자들이 산과 반응해 소금(염)을 형성하는 물질을 '소금의 기반이 되는 물질'이라는 의미로 베이스(base)라고 이름을 붙였다. 이는 '기초', '바탕'을 뜻하는 그리스어 basis에서 유래했다.

염기성은 수용액 속에 수산화 이온(OH^-)을 포함하고 있어 그로 인한 화학적 성질을 나타내는 상태를 의미한다. 염기성을 띠는 물질을 염기라고 하며, 쓴맛과 미끈미끈한 촉감을 그 성질로 갖는다. 일상 속에서 쉽게 찾을 수 있는 염기로는 비누와 베이킹소다가 있다. 염기는 붉은색 리트머스 종이를 푸른색으로 변화시키고, BTB 용액을 파란색으로 변화시킨다. 산성과 반응하면 중화 반응이 일어나 물과 염(소금)이 생성된다.

세정제는 붉은색 리트머스 종이를 푸른색으로 변화시키고 페놀프탈레인 용액을 붉게 변화시킨다. 또한 단백질을 녹이는 성질이 있어 피부에 닿으면 미끈거린다. 이러한 성질을 염기성이라고 한다. 대표적 염기인 수산화 나트륨(NaOH)의 수용액에서 염기성을 나타내는 이온은 수산화 이온(OH^-)이다. 수산화 칼륨이나 암모니아수도 마찬가지로 수산화 이온 때문에 염기성을 띤다. 염기도 산과 마찬가지로 물에 녹아 이온화되므로 수용액 상태에서 전류가 흐른다.

염기		양이온		수산화 이온
NaOH 수산화 나트륨	$\rightarrow$	NA^+ 나트륨 이온	+	OH^-
KOH 수산화 칼륨	$\rightarrow$	K^+ 칼륨 이온	+	OH^-
NH_4OH 암모니아수	$\rightarrow$	NH_4^+ 암모늄 이온	+	OH^-

화학 실험에서 가장 널리 사용되는 염기인 수산화 나트륨 수용액은 흔히 가성 소다 또는 일상적으로 '양잿물'이라고 부른다. 양잿물은 잿물에 서양이라는 뜻의 접두사 '양'을 붙인 말이다. 미끈거리는 특성이 있는 진한 농도의 수산화

나트륨 용액은 피부에 상처를 입히고, 마시면 죽을 수도 있는 독극물이다. 염기를 **알칼리(alkali)**라고도 부르는데, '재'라는 의미의 아랍어 알카리(al-qaliy)를 어원으로 한다.

수산화 나트륨은 대기 중의 수분을 흡수하는 조해성이 있으며, 특히 이산화 탄소를 흡수하는 성질이 있다. 온도에 관계없이 물에 잘 녹고 용해 과정에서 많은 열을 내며 물에 녹으면 강한 염기성을 띤다. 또 금속 표면을 잘 부식시키고 단백질, 셀룰로스 등의 유기 물질을 잘 분해한다. 수산화 나트륨은 비누, 제지(펄프), 염료, 의약품, 식품 가공 등 전 분야에 걸쳐 사용되며, 특히 인조 섬유 및 화학 약품의 원료로 널리 사용된다.

중화 반응

neutralization reaction

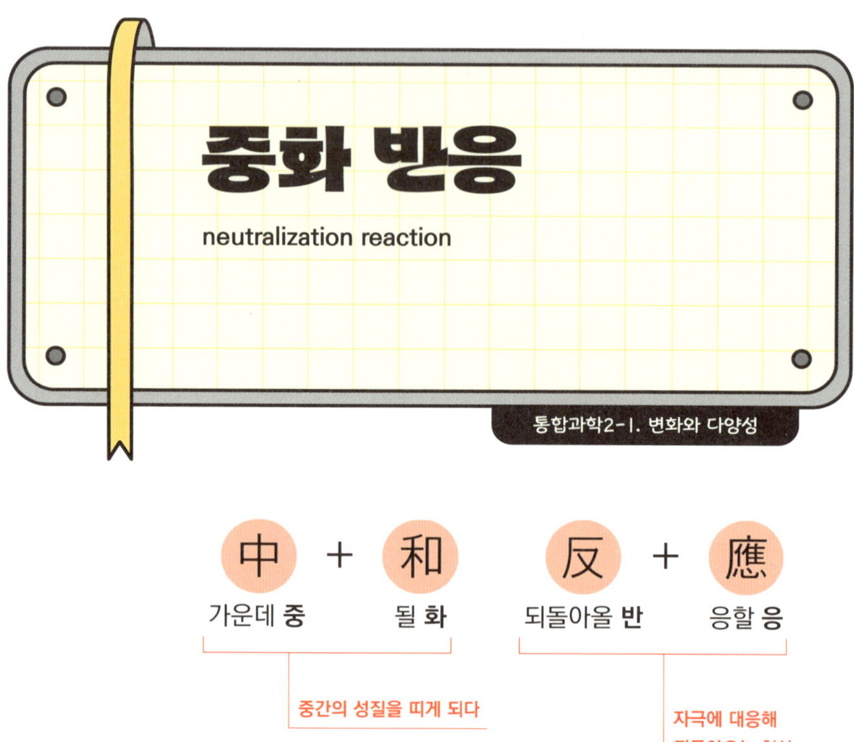

○ 개념 잡기

중화 반응은 산과 염기가 만나 각각의 성질을 잃고 물과 염을 생성하는 반응이다. 이 반응은 산성과 염기성이라는 서로 반대되는 성질을 중간 상태로 변화시키기 때문에 '중화(中和)'라는 이름이 붙었다.

산성 물질은 수용액에서 수소 이온(H^+)을 내놓고, 염기성 물질은 수산화 이온(OH^-)을 내놓는다. 이 두 이온이 반응하면 물(H_2O)이 생성된다. 동시에 산과 염기의 나머지 부분은 결합해 염(소금)을 이룬다.

예를 들어, 염산(HCl)과 수산화 나트륨($NaOH$)이 반응하면 물과 염화 나트륨(NaCl)이 생긴다.

$$HCl + NaOH \rightarrow H_2O + NaCl$$

산과 염기를 혼합할 때 산의 수소 이온과 염기의 수산화 이온이 1:1의 개수비로 반응해 물을 생성하는 것을 중화 반응이라고 한다. 산과 염기의 혼합 비율에 따라 혼합 용액의 성질은 산성, 중성 또는 염기성이 된다. 이때 산의 음이온과 염기의 양이온이 결합한 물질을 **염**이라고 부른다. 예를 들어 염산과 수산화 칼륨 수용액의 중화 반응에서 생성되는 염은 염화 칼륨(KCl)이다. 염화 칼륨을 물에 녹일 때 흡열 반응(→290쪽)을 한다. 즉, 물의 온도가 높을수록 잘 녹는다. 염화 칼륨은 약물 주사형 심정지액, 동물 안락사, 저염소금, 인공눈물 등에 사용된다.

　산과 염기를 혼합하면 혼합 용액의 온도가 높아지는데 이는 반응이 일어날 때 열이 발생하기 때문이다. 이 열을 **중화열**이라고 한다. 중화 반응에 참여하는 수소 이온과 수산화 이온의 수가 많을수록 생성되는 물의 양이 많고 중화열도 많이 발생한다.

반응열이란 일정한 온도와 압력에서 화학 반응이 일어날 때 반응물과 생성물이 가진 고유한 에너지 차이로 인해 흡수하거나 방출하는 열에너지를 의미한다. 중화 반응이 일어날 때 물이 많이 생성될수록 발생하는 열이 많아진다. 수

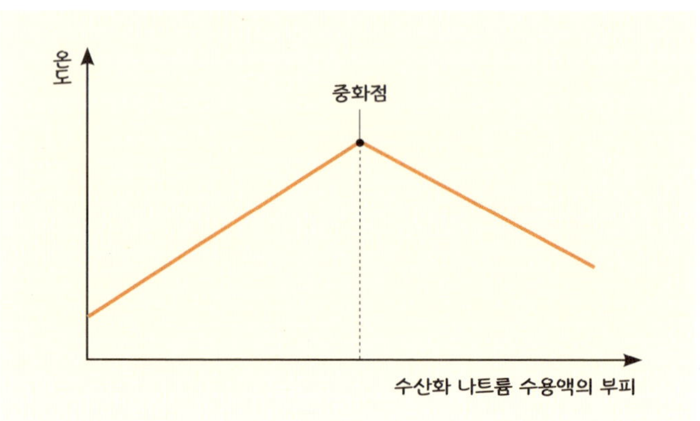

염산 수용액에 농도와 온도가 같은 수산화 나트륨 수용액을 넣을 때 혼합 용액의 온도 변화. 온도가 최고점에 이르렀을 때가 염산에 있던 수소 이온이 모두 반응한 지점인 중화점이다. 중화점 이후에는 그보다 낮은 온도의 염기 수용액이 혼합되므로 온도가 낮아진다.

소 이온과 수산화 이온이 완전히 반응해 혼합 용액이 중성이 되는 지점을 **중화점**이라고 하는데, 혼합 용액의 온도는 중화점에서 가장 높다.

중화 반응은 우리 몸에서도 중요한 역할을 한다. 위산은 위벽에서 분비되는 염산으로 음식물에 붙은 미생물을 죽이고 단백질 소화를 돕는 효소(→222쪽)인 펩신을 활성화하는 강한 산성 물질이다. 그러나 사람의 위에는 염기성을 띠는 점액막과 같은 보호막이 있어 위벽이 상하지는 않는다. 위에서 음식물과 섞인 염산은 작은창자로 내려가면서 소화액의 염기 성분과 중화 반응을 하게 된다.

○ 개념 잡기

제산제는 과도한 위산(HCl)을 중화하고 위산에 의한 복통을 완화해 주는 약품이다. 위산은 음식물 소화를 돕지만 지나치게 많이 분비될 경우 위벽을 자극해 속쓰림, 소화 불량, 위염 등을 일으킬 수 있다. 이때 제산제를 복용하면 산과 염기가 반응해 위산의 농도가 낮아져 불편한 증상이 줄어드는 효과가 있다. 제산제는 주로 수산화 마그네슘, 수산화 알루미늄, 탄산수소 나트륨 등 염기성 성분을 포함한다. 이들은 위산과 만나 물과 염($NaCl$, $MgCl_2$ 등)을 형성한다.

우리는 일상생활에서 산과 염기의 중화 반응을 여러 가지 방법으로 이용한다. 위산이 많이 분비돼 속이 쓰릴 때는 염기성 성분의 제산제를 먹어 위산을 중화한다. 생선 요리를 할 때는 산성 물질인 식초나 레몬즙을 뿌려 비린내의 원인인 염기성 물질을 없앤다. 충치의 원인은 세균이 만들어 내는 산성 물질인데, 염기성인 치약으로 양치질을 해 충치를 예방한다. 벌레에 물렸을 때 바르는 약에는 약한 염기성 물질인 암모니아수가 들어 있어 산성인 벌레의 독을 중화해 가려움을 줄여 준다. 농작물이 자라는 흙이 산성화됐다면 석회로 중화한다. 토양의 산도를 조절하면 작물이 잘 자라는 효과가 있다. 이처럼 중화 반응은 생활 곳곳에서 널리 활용된다.

● 과학사

보일의 지시약 발견

17세기 유럽은 연금술의 그림자 아래 있던 시대다. 물질을 잘 다루면 흔한 금속으로 금을 만들 수 있다는 믿음이 과학적 사고보다 앞서던 시기였다. 그런 가운데 보일은 연금술사들과 다른 길을 택한다. 그는 실험과 논리를 중시하며 자연의 법칙을 찾으려 한 현대 화학의 선구자라 할 수 있다. 그는 저서 《회의적 화학자》(1661년)에서 연금술, 아리스토텔레스의 4원소설과 연속설을 비판하고, 현대적 원소 개념을 처음으로 제시한다. 이 책은 당시 유럽에 큰 영향을 미쳐 화학이 전통적인 연금술이나 의학의 부속 역할에서 벗어나 하나의 학문으로 자리를 잡는 기반이 됐다.

보일은 다양한 식물에서 즙을 짜 실험을 하던 중 붉은 양

배추나 시금치, 장미 꽃잎의 즙이 어떤 액체에 넣으면 붉게, 또 어떤 액체에 넣으면 푸르게 변한다는 것을 발견한다. 그는 이것이 단순한 우연이 아니라 물질의 성질과 관련된 현상임을 직감했다. 이를 바탕으로 훗날 리트머스이끼에서 색소를 추출해 지시약으로 사용하는 방법이 체계화된다. 지금도 과학 수업에서 리트머스 시험지를 사용해 산성비, 식품의 pH, 토양의 산도 등을 간단히 측정할 수 있다.

발열 반응

exothermic reaction

반의어: 흡열 반응

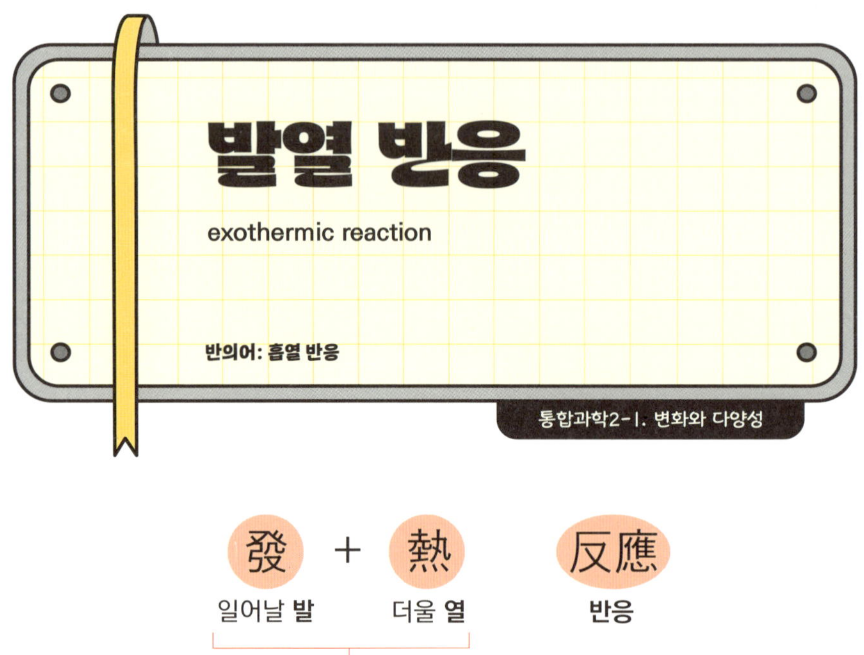

- **개념 잡기**

발열 반응은 ==화학 반응이 일어날 때 주변으로 열을 내보내는 반응==이다. 열이 발생하는 이유는 반응 물질의 화학 결합을 끊는 데 필요한 에너지보다 생성물에서 새로운 화학 결합을 만드는 과정에서 방출되는 에너지가 더 크기 때문이다. 따라서 그 차이만큼 에너지가 열의 형태로 밖으로 빠져나가 주변의 온도가 상승한다.

- **교과서 들여다보기**

양초를 태우면 불빛이 생기고 그 주위가 따뜻해지는데, 에너지가 열의 형태로 빠져나가는 것이다. 이러한 연소가 대표적 발열 반응이다. 우리는 연소 시 생기는 열을 요리나 난방에 사용한다. 또한 우리 몸은 세포 호흡(→219쪽)을 통해 열에너지를 방출해 체온을 조절한다. 수증기가 물로 변하거나 염화 칼슘이 물에 녹을 때, 철이 녹슬 때도 열이 발생한다. 철 가루가 공기 중의 산소와 반응해 열에너지를 내는 것이 핫팩의 원리다. 이처럼 주변으로 에너지를 방출하는 반응을 발열 반응이라고 한다.

O **심화 학습**

물리학
II. 전기와 자기

'발열 반응'은 화학적 변화에 국한된 것이지만, '발열'이라는 단어는 일상적으로 쓰이며 물리학 분야(마찰, 전기 등)에서도 열이 발생하면 '발열'이라고 표현한다. 열을 내는 전자 제품인 헤어드라이어, 토스터, 전기난로, 전기다리미 등의 내부에는 전열선이 들어 있어 전류가 흐를 때 열이 발생한다. 이와 같이 전기 에너지를 이용해 열을 내는 기구를 **전열기**라고 한다. 전열기에서 어느 정도의 열이 발생하는지 알아보려면 **발열량**(heating value)을 계산해야 한다.

전열기에서 열이 발생하는 원리는 다음과 같다. 자유 전자가 도선 속을 이동하면서 도선 속 원자와 충돌하면 원자가 더 활발하게 움직이고 이 때문에 열이 발생한다. 따라서 도선에 전류가 더 강하게, 더 오래 흐를수록 그리고 전압이 높을수록 더 많은 열이 생긴다. 따라서 니크롬선에 전류를 흐르게 할 때 발열량은 전류, 전압, 전류가 흐른 시간에 각각 비례하며, 이때 발생한 열량은 전원에서 공급한 전기 에너지가 열로 전환된 것이다.

흡열 반응

endothermic reaction

반의어: 발열 반응

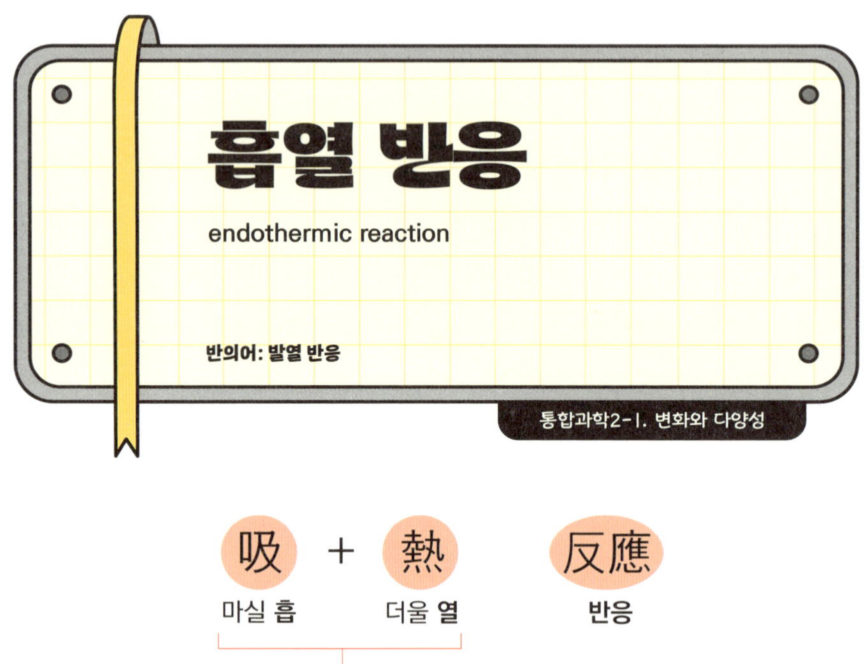

개념 잡기

흡열 반응은 ==주변으로부터 열을 흡수하면서 일어나는 화학 반응==이다. 반응이 일어나려면 열에너지가 필요하며, 이 에너지는 주로 주변 환경으로부터 공급된다. 흡열 반응에서는 반응물보다 생성물의 에너지가 더 강해지므로 반응이 일어나는 용기의 온도가 낮아지거나 주위가 차가워지는 현상이 나타난다.

교과서 들여다보기

물이 수증기로 증발할 때 주변으로부터 에너지를 흡수해 주변의 온도가 낮아진다. 이처럼 주변으로부터 에너지를 흡수하며 일어나는 반응을 흡열 반응이라고 한다. 질산 암모늄을 예로 들어 보자. 이 흰색 고체는 물에 녹을 때 주변의 열을 흡수해 용액의 온도를 낮춘다. 이 원리를 이용한 것이 바로 냉찜질 팩이다. 빵을 만들 때, 흔히 베이킹소다라고 부르는 탄산수소 나트륨을 넣는데, 빵 반죽을 구우면 이 탄산수소 나트륨이 열에너지를 흡수해 분해되면서 이산화 탄소 기체를 만든다. 이 기체가 빵을 부풀어 오르게 한다.

이 밖에 열분해, 전기 분해, 광합성(→210쪽) 등이 흡열 반응에 해당한다. 열분해는 열에너지가 반응 물질의 화학 결합을 끊어 새로운 물질로 분해하는 화학 반응이며, 전기 분해는 전류를 물질에 흘려 화학 결합을 끊고 물질의 구성 성분으로 분해하는 반응이다.

O 심화 학습

화학 반응의 세계
II. 산화·환원 반응

물질 속에 저장돼 있는 에너지를 화학 에너지라고 한다. 화학 반응이 일어나면 에너지가 방출되거나 흡수되는데, 에너지가 낮은 물질에서 높은 물질로 변할 때는 주변에서 에너지를 흡수한다. 이때 에너지는 다른 형태의 에너지로 전환(→305쪽)되기도 한다. 건전지는 화학 에너지를 전기 에너지로 변환한 것이다. 식물은 광합성을 통해 태양의 빛 에너지를 화학 에너지로 전환해 탄수화물을 저장한다. 식물 세포 내의 소기관 중에 **엽록체**가 광합성이 일어나는 장소다. 엽록체에는 녹색 색소인 엽록소(→208쪽)가 있어 광합성 과정을 담당한다.

기화열

heat of vaporization

○ **개념 잡기**

기화는 액체 상태의 물질이 기체 상태로 변하는 현상으로, 분자가 표면에서 빠르게 움직여 공기 중으로 날아가거나(증발) 일정 온도 이상에서 끓어오를 때 나타난다. 액체를 가열해도 끓는점에서 온도가 일정하게 유지되는데, 이는 가해진 열에너지가 액체를 기체 상태로 변화시키는 데 사용되기 때문이다. 이때 필요한 열에너지를 기화열이라고 하며, 기화열이 공급되지 않으면 상태 변화가 일어나지 않는다. 예를 들어, $100\,^{\circ}\mathrm{C}$로 물을 끓여 수증기로 바꾸려면 온도는 $100\,^{\circ}\mathrm{C}$로 그대로지만 추가적인 열이 계속 필요하다.

뷰테인 가스를 사용하고 나면 가스통이 차가워진다. 이는 액체 상태의 뷰테인이 기체가 되면서 기화열을 흡수하기 때문이다. 몸에 열이 날 때 수건에 물을 적셔 몸을 닦아 주면 체온을 낮출 수 있는 까닭도 물이 기화할 때 우리 몸의 열에너지를 흡수하기 때문이다. 분수대 주위에서 시원함을 느끼는 것도 마찬가지 원리다. 기화열은 물질의 종류마다 다른데, 물의 기화열은 약 2,260kJ/kg으로 상당히 큰 값을 보이는 반면 아세톤은 약 518kJ/kg으로 상대적으로 작다.

더운 여름날, 야외 공원이나 도심 공간에서는 초미세 물방울(약 10μm 크기)을 분사하는 쿨링 포그 시스템이 가동된다. 이 시스템은 물방울이 공기 중에서 빠르게 증발하며 주변의 열을 흡수하는 기화열 원리를 활용한다. 이 장치는 주변 기온을 3~5℃ 낮춰 도심의 열섬 현상을 줄이고 불쾌지수를 감소하는 효과가 있다. 쿨링 포그 시스템은 기온에 따라 탄력적으로 운영된다. 쿨링 포그 이외에도 살수차, 그늘막 등 다양한 폭염 대응책이 등장하고 있다.

우리는 체온을 일정하게 유지하기 위해 땀을 흘려 열을 배출한다. 땀이 피부 위에서 증발할 때 물이 수증기로 바뀌면서 주변의 열에너지(기화열)를 흡수한다. 이 과정에서 피부의 열이 함께 빠져나가므로 피부 온도가 낮아지고 체온도 서서히 내려간다. 그러나 습도가 높으면 땀이 잘 증발하지 않아 냉각 효과가 줄어든다. 이 때문에 체감 온도는 기온뿐 아니라 습도, 풍속 등 다양한 요인에 따라 달라진다.

○ 개념 잡기

불꽃놀이는 화약을 이용해 하늘에서 아름다운 빛과 색깔을 만들어 내는 놀이다. 화약 안에 들어 있는 금속 가루들이 연소할 때 각각 다른 색의 빛을 내는 원리를 이용한다. 화약이 폭발하면서 생기는 열에너지가 금속 원자의 전자를 들뜨게 만들고, 이 전자들이 안정된 상태(바닥 상태)로 돌아가면서 특정한 파장의 빛을 방출한다. 이 때문에 원소마다 고유한 색깔의 불꽃이 나타난다. 나트륨은 노란색, 구리는 파란색, 스트론튬(Sr)은 빨간색 빛을 낸다. 불꽃놀이는 과학 원리와 예술이 만나 만들어 낸 아름다운 장관이다.

○ 교과서 들여다보기

우리 주변의 물질을 이루고 있는 다양한 원소를 찾아보는 일은 무척 흥미롭다. 화려한 색깔을 내는 불꽃놀이에도 원소가 활용된다. 불꽃을 만드는 화합물을 조사해 보면 빨간색, 주황색, 노란색, 초록색, 파란색 불꽃을 만들어 내는 데에 다양한 화합물이 사용됨을 알 수 있다.

빨간색	질산 스트론튬(Sr(NO₃)₂), 탄산 스트론튬(SrCO₃)
초록색	질산 바륨(Ba(NO₃)₂), 염화 바륨(BaCl₂)
주황색	탄산 칼슘(CaCO₃), 황산 칼슘(CaSO₄)
파란색	염화 구리(CuCl₂), 산화 구리(CuO)
노란색	탄산 나트륨(Na₂CO₃), 질산 나트륨(NaNO₃)

이 가운데 스트론튬(Sr), 칼슘(Ca), 나트륨(Na), 바륨(Ba), 구리(Cu)는 모두 금속 원소다. 금속 원소는 자유 전자를 가지고 있어 전기가 잘 통하고 열을 잘 전달하며, 전성*과 연성*이 있어 잘 부서지지 않는다. 자유 전자가 여러 파장의 빛을 흡수했다가 방출하기 때문에 금속에는 특유의 광택이 있다.

● 이슈 더하기

불꽃놀이의 과학

서울과 부산에서 해마다 열리는 불꽃축제는 예술과 첨단 과학이 결합된 행사다. 불꽃의 색과 소리는 금속 원소의 불꽃 반응과 화학 반응이 만들어 내는 것이다. 불꽃의 기원은 고대 로마에서 신호용으로 사용한 횃불이다. 우리나라에서는 13세기 후반부터 불꽃놀이가 열렸다는 기록이 전해진다. 불꽃의 기본 재료는 유황, 질산 칼륨, 목탄이다. 이 화학 물질로 구성된 검은색 화약이 빛을 내며 공중에서 터지는데, 이 폭죽(화약) 속에 어떤 금속 성분을 넣느냐에 따라 색깔이 달라진다. 발사 각도와 도화선의 길이로 폭발 높이와 시간도 조절한다. 최근에는 컴퓨터 프로그래밍을 동원해 불꽃이 터지는 시점을 30분의 1초 단위까지 조정할 수 있어 음악에 맞춰 더 스펙터클한 연출을 해 나간다.

불꽃은 표면 온도가 낮을 때는 적색이지만 온도가 약 1,700℃ 이상으로 높아지면 완전 연소돼 푸른색으로 보인다. 불꽃색은 적은 양으로도 화합물 속 원소의 종류를 알 수 있는 방법이다. 하지만 스트론튬과 리튬의 불꽃색은 모두 빨간색이기 때문에 육안으로 구분하기가 어렵다. 하지만 분광기를 통해 보면 각 원소가 나타내는 밝은색 띠를 관찰할 수 있다. 선 스펙트럼(→59쪽)을 이용하면 원소에 따라 선의 색깔, 위치, 개수가 서로 달라 훨씬 정확하게 원소를 구별할 수 있다.

 통합과학 개념 픽

동결 건조

freeze drying

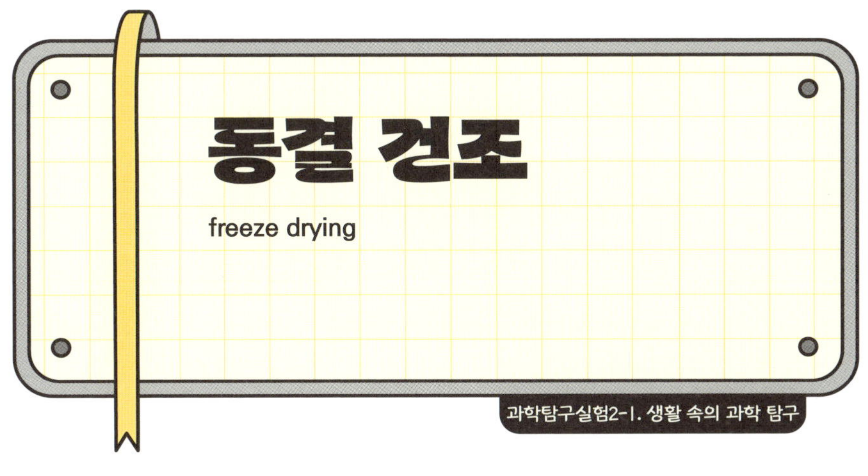

● 개념 잡기

동결 건조는 물질을 먼저 얼린 후 압력이 매우 낮은, 즉 거의 진공 상태에서 얼음을 바로 기체로 승화시켜 수분을 제거하는 건조 방법이다. 이 과정에서는 열을 직접 가하지 않기 때문에 고온에 약한 생물학적 시료나 약품, 음식물 등을 손상 없이 보존할 수 있다. 일반 건조와 달리 액체 상태를 거치지 않으므로 물질의 분자 구조가 잘 유지되고, 다시 물을 넣으면 원형으로 복원하는 것도 어렵지 않다. 동결 건조 기술은 라면 건더기 스프, 과일 칩, 백신, 우주 식품 등에 폭넓게 활용된다.

동결 건조는 식품을 오래 보관하는 방법 가운데 하나다. 영하 50~70℃의 낮은 온도에서 식품을 급속히 냉동해 고체 상태로 만든 후, 식품에 가해지는 압력을 진공에 가깝게 낮추고 액체를 거치지 않고 기체로 직접 변화시키는 **승화**의 원리를 이용한다. 드라이아이스가 액체를 거치지 않고 곧장 기체로 변하는 현상이 승화의 대표적 예다. 그 외에 일상적 조건에서 쉽게 승화하는 물질로 아이오딘, 나프탈렌 등이 있다. 이를 승화성 물질이라고 한다. 동결 건조에서는 승화 과정을 통해 1차로 수분을 제거한 후 2차 건조를 하게 되는데, 이때 남아 있는 미세한 수분까지 제거해 최종적 상태로 만든다. 최근에는 건조 과정을 최적화해 제품 품질을 적절히 유지하는 스마트 동결 건조 시스템이 개발됐다.

국내 젤리 시장이 성장하는 가운데 최근 동결 건조 젤리가 특이한 식감과 소리로 주목받았다. 젤리를 얼려 수분을 제거하는 동결 건조 방식 덕분에 바삭한 질감을 갖게 됐고, 이는 ASMR뿐만 아니라 먹방 영상에서 인기를 끌었으며 편의점에서도 관련 제품을 출시하며 새로운 소비자 반응에 대응하고 있다.

　한편 국제우주정거장(ISS)에서 우주인들이 섭취하는 식품에도 동결 건조 기술이 사용된다. 우주 식품은 대부분 동결 건조된 상태로 재활용 식수와 함께 제공된다. 미국항공우주국(NASA)의 '선진 식품 기술 프로젝트'는 화성 여행과 같은 장기 임무를 위한 식품을 연구하는데 안전성, 영양,

유통 기한, 비용 등을 주요하게 살핀다. 동결 건조는 이러한 요소를 충족하는 효율적 방법이다. 생물학적 재료를 우주로 보내는 일은 비용이 많이 들고, 안전 및 보관 문제도 까다롭다. 따라서 적절한 우주 식량을 만들고 조달하는 일은 국제우주정거장에서 생명을 유지하는 데에 아주 중요한 과제다.

최근에는 우주에서 된장을 발효하는 데 성공했다. 우주에서 발효된 미소 된장은 지구에서 발효한 된장과 냄새와 맛은 비슷하지만 견과류 같은 맛이 강하다는 평가를 받았다. 된장 특유의 감칠맛이 무중력 환경에서 감각을 되살리기 좋아 새로운 식량으로 주목받았다.

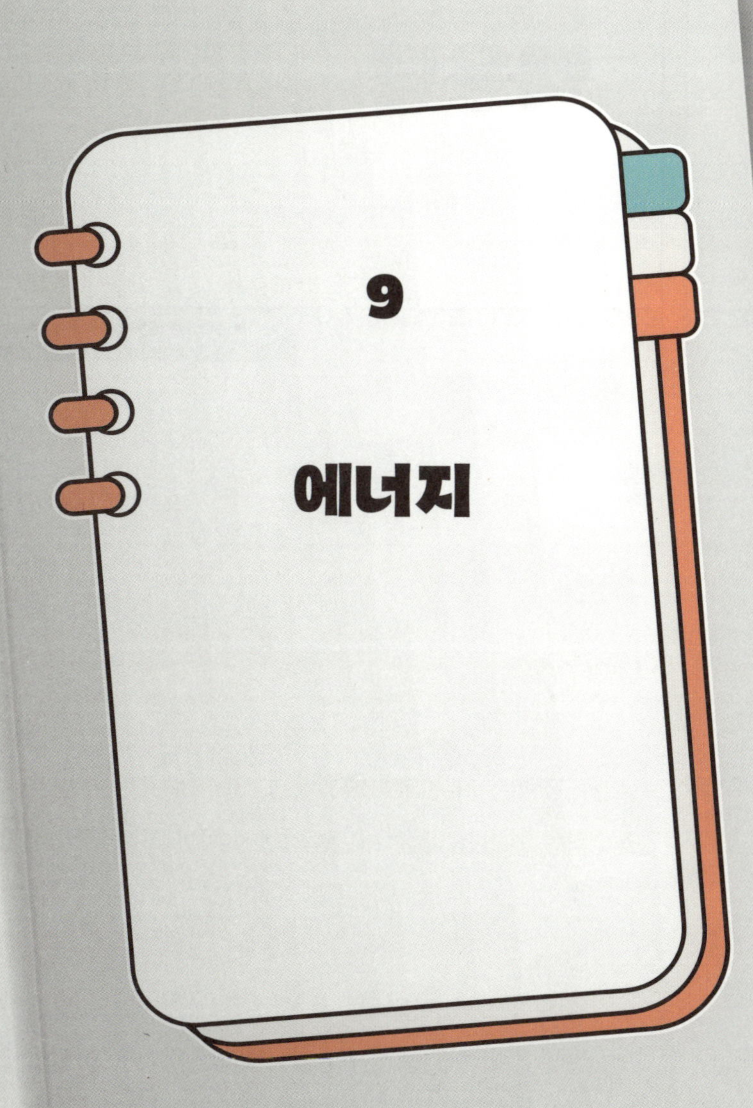
9
에너지

핵융합

nuclear fusion

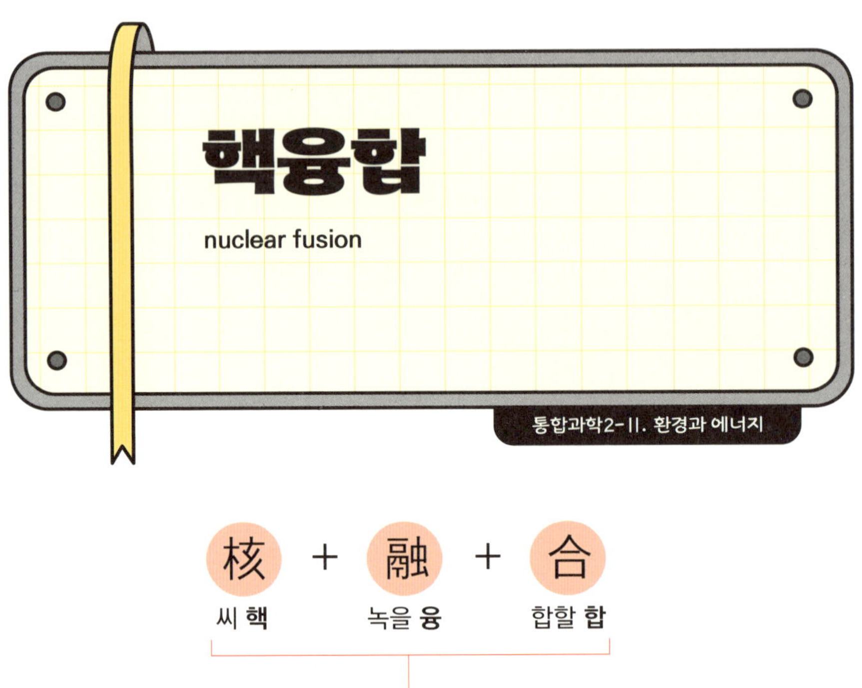

○ 개념 잡기

핵융합은 작은 원자핵들이 합쳐져 하나의 더 큰 원자핵이 되는 과정을 말한다. 단순히 모이기만 하는 것이 아니라 강한 힘으로 서로 부딪쳐 합쳐지면서 매우 큰 에너지를 만들어 내는 반응 과정이다. 핵융합은 보통 고온·고압의 조건에서 일어나며, 이때 2개의 가벼운 원자핵이 가까이 다가가면 강한 핵력에 의해 붙어 새로운 무거운 원자핵이 된다. 핵융합은 환경 오염이 적고 안전한 에너지원으로서 미래 기술로 연구되는 주제이기도 하다.

우리가 전등을 켜거나 자동차를 움직이게 하려면 에너지가 필요하다. 사실 우리가 사용하는 에너지의 대부분은 태양에서 온다. 주계열성(→68쪽)인 태양은 스스로 빛과 열을 내는 엄청난 에너지원인데, 그 안에서는 아주 뜨거운 핵반응이 일어나고 있다. 태양의 중심은 약 1,500만 켈빈(K)이라는 엄청난 고온 상태로 수소 원자핵 4개가 핵융합해 헬륨 원자핵 1개가 만들어지는 **수소 핵융합 반응**이 일어난다. 이때 만들어진 헬륨 원자핵은 처음의 수소 원자핵 4개의 질량보다 약간 작다. 즉 핵융합 과정에서 질량이 줄어든다.

1905년, 아인슈타인은 질량이 에너지로 바뀔 수 있다는 이론(→320쪽)을 발표했다. 이 이론에 따르면 줄어든 질량만큼 에너지가 생겨난다. 태양 속 수소 핵융합 과정에서 줄어든 질량은 빛과 열 같은 에너지로 바뀌어 우주로 퍼져 나오고, 그 일부가 지구에 도달해 우리가 빛과 열, 에너지를 누릴 수 있는 것이다. 태양은 약 46억 년 전 탄생한 이후 지금까지 계속 수소 핵융합 반응을 하며 막대한 양의 에너지를 방출해 왔다. 태양이 단 1초 동안 내보내는 에너지는 인류가 100만 년 이상 쓸 수 있을 만큼 엄청난 양이다.

● 이슈 더하기

인공 핵융합 발전

인공 핵융합 발전은 태양이 에너지를 만들어 내는 원리인 핵융합 반응을 지구에서도 인공적으로 일으켜 에너지를 얻으려는 기술이다. 이 반응이란 2개의 가벼운 원자핵이 하나로 합쳐지면서 매우 큰 에너지를 내는 과정을 말한다. 미래에 사용할 깨끗하고 안전한 에너지를 만들기 위해 현재

한국의 인공 태양 KSTAR 진공 용기의 내부

세계 여러 나라에서 인공 핵융합 발전을 연구하고 있다.

인공 핵융합을 실현하려면 태양의 중심부처럼 매우 뜨거운 상태인 플라스마를 만들어 이 상태를 오랫동안 안정적으로 유지하는 기술이 필요하다. 여기에 가장 많이 사용되는 것으로 토카막이 있다. 자기장을 이용해 플라스마를 가두는 거대한 도넛 모양의 장치다. 토카막 안에 강한 전류를 흘려 초고온의 플라스마를 만들고, 플라스마는 코일의 자기장을 따라 돌면서 핵융합을 일으킨다. 한국, 미국 등 7개국이 함께 참여해 프랑스에 건설 중인 ITER(국제 핵융합 실험로) 프로젝트가 토카막 장치를 사용하는 대표적 사례다. 우리나라는 토카막 방식인 KSTAR(한국형 핵융합 연구로)를 독자적으로 개발해 세계에서 가장 긴 시간 고온의 플라스마를 안정적으로 유지한 실적이 있어 세계적으로 주목받고 있다.

플라스마
기체 상태의 물질이 고온이나 강한 전기장에 의해 이온화돼 양이온과 전자가 분리된 상태. 고체, 액체, 기체에 이어 제4의 물질 상태다.

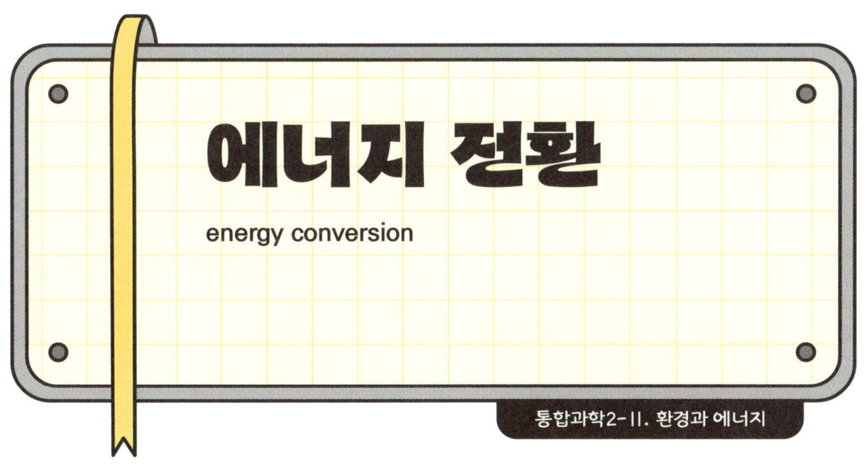

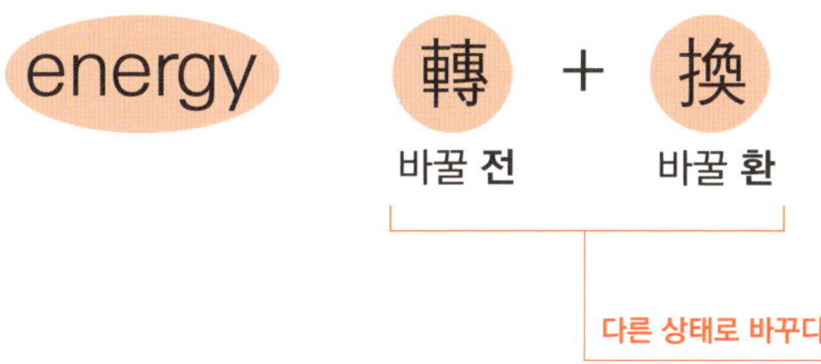

- **개념 잡기**

에너지(energy)는 그리스어 ἐνέργεια(에네르게이아)에서 유래한 말로, 일할 수 있는 능력을 뜻한다. 전환(conversion)은 라틴어 convert에서 유래했으며 con(완전히)과 vertere(방향을 바꾸다)가 합쳐진 말이다. 풀이하면 무언가의 방향이나 상태를 완전히 바꾸는 것을 뜻한다. 즉, 에너지 전환이란 '일할 수 있는 능력을 다른 형태로 바꾸는 것'을 의미한다.

- **교과서 들여다보기**

지구에 도달한 태양 에너지는 여러 가지 다른 형태의 에너지로 전환되며 지구상의 에너지 흐름을 만들어 낸다. 예를

에너지 전환

들어 태양 에너지는 빛 에너지의 형태로 식물에 도달하고, 식물의 **광합성**(→210쪽)을 통해 화학 에너지로 전환된다. 이 화학 에너지는 식물이 자라는 데 쓰이며, 식물을 먹는 동물에게도 에너지원이 된다. 식물이나 동물의 유해가 땅속에 오랫동안 묻혀 열과 압력을 받으면 석탄, 석유, 천연가스 같은 화석 연료(→273쪽)로 바뀐다. 오늘날 인류가 가장 많이 사용하는 에너지원이 바로 이 화석 연료다.

또한 태양 에너지는 바다에 열에너지 형태로 흡수되고 바닷물을 데워 수증기로 증발시킨다. 이 수증기는 하늘에서

  통합과학 개념 픽

구름이 돼 비나 눈으로 내린다. 비와 눈은 강의 상류나 댐에 모여 높은 곳에 위치 에너지로 저장된다. 이 물이 아래로 흐르면서 운동 에너지로 전환되고, 수력 발전소에서는 이 에너지를 전기 에너지로 전환한다.

이처럼 태양 에너지는 지구 안에서 끊임없이 순환하며 다양한 자연 현상을 일으키고, 생명체가 살아가는 데 꼭 필요한 에너지의 근원이 된다.

○ 이슈 더하기

열에너지 재활용

공장에서 제품을 만들거나 발전소에서 전기를 만들 때 많은 에너지가 열의 형태로 버려진다. 이처럼 사용하고 남는 열을 폐열이라고 한다. 예전에는 이 폐열이 그냥 공기 중으로 빠져나가 버려졌지만, 최근에는 이를 다시 활용하는 기술이 발전하고 있다. 이를 **폐열 회수** 또는 **열에너지 재활용**이라고 한다. 예를 들어 공장 배기가스나 보일러에서 배출된 열을 다시 모아 물을 데우거나 다른 공정에 사용하는 것이다. 이런 기술을 이용하면 에너지를 절약할 수 있고, 온실 기체 배출 또한 줄일 수 있다. 최근에는 전기차의 배터리나 반도체 공정에서도 폐열 회수 기술이 연구되는 등 다양한 분야에서 주목받고 있다.

전자기 유도

electromagnetic induction

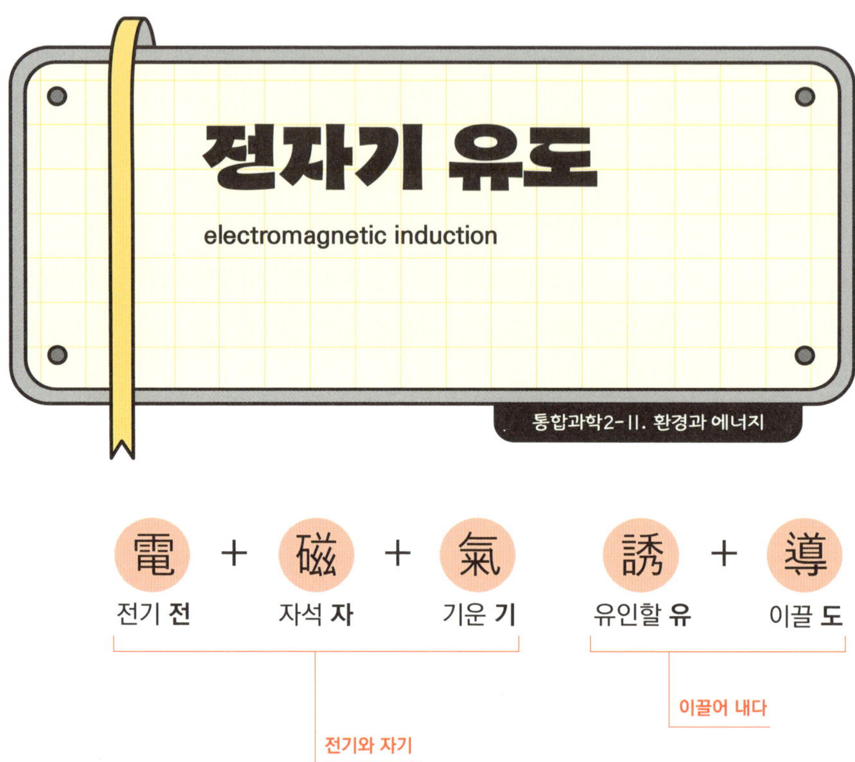

○ 개념 잡기

전자기 유도라는 말이 조금 어려워 보일 수 있지만, 하나씩 풀어 보면 그 뜻을 쉽게 이해할 수 있다. 전자기는 전기와 자기가 함께 작용한다는 뜻이며, 유도란 '이끌다', '들여오다'라는 뜻이다. 전기가 스스로 생겨나는 것이 아니라 자기장에 의해 끌려 와서 생긴다는 의미를 담고 있다. 즉, 전자기 유도란 자기장을 이용해 전기를 끌어들이는 현상이다.

자석과 코일(철사를 감은 것) 사이의 거리가 가까워지거나 멀어질 때, 즉 자석이 코일 주위에서 움직이거나 코일이 자석 주위에서 움직이면 코일에 전류가 흐른다. 이처럼 코일을 통과하는 자기장의 세기가 변할 때 전류가 생기는 현상을 전자기 유도라고 하며, 이렇게 만들어진 전류를 **유도 전류**(→311쪽)라고 한다.

코일에 전류가 흐르면 전구에 불이 켜지는데, 이는 전기 에너지가 생겼다는 뜻이다. 전자기 유도가 일어나면 운동 에너지가 전기 에너지로 **전환**된다.

전자기 유도를 처음으로 발견한 사람은 패러데이다. 그는 전자기 유도를 발견한 후 전동기, 발전기, 변압기 등을 발명해 대량의 전기 에너지를 생산할 수 있도록 했다.

패러데이는 영국 런던 근처에서 가난한 대장장이의 아들로 태어났다. 학교 교육을 제대로 받지 못했지만 독학으로 물리학을 공부했고, 어려운 환경과 주변의 질투에도 굴하지 않고 실험과 연구를 계속했다.

1820년, 덴마크의 물리학자 외르스테드는 전류가 자기장을 만든다는 사실을 발견했다. 패러데이는 '그렇다면 자기장으로 전기를 만들 수 있지 않을까?' 하고 거꾸로 생각했다. 그는 코일에 자석을 넣어 움직이는 실험을 했고, 정말로 전류가 흐른다는 것을 발견했다. 이것이 바로 전자기 유도 현상이다.

패러데이는 과학 연구뿐 아니라 가난한 아이들을 위한

무료 과학 강연에도 힘썼다. 그는 과학이 단지 기술 발전을 위한 것만이 아니라 사람들에게 희망을 줄 수 있다고 믿었다. 그의 제안으로 시작된 강연은 오늘날까지도 영국 왕립 연구소의 크리스마스 대중 과학 강연으로 이어지고 있다.

 통합과학 개념 픽

유도 전류

induced current

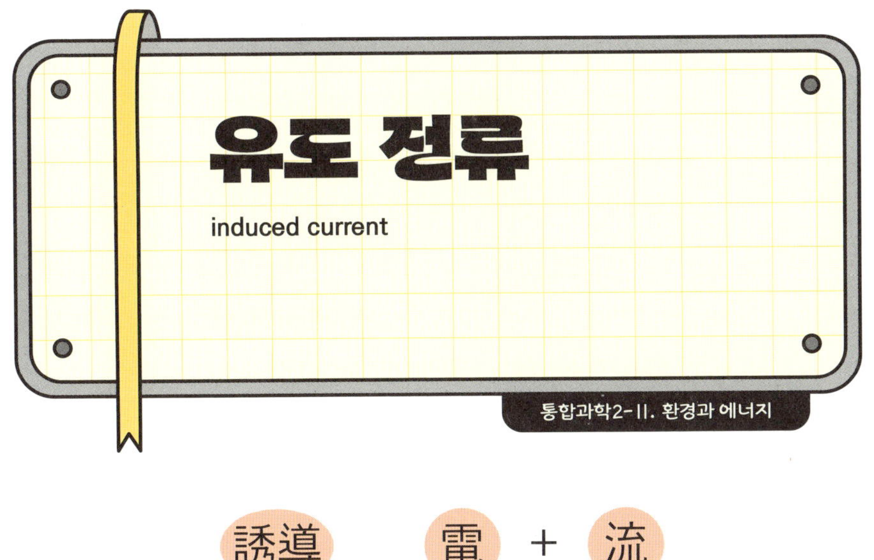

○ 개념 잡기

유도 전류는 스스로 생겨나는 전류가 아니라 어떤 원인에 의해 생겨난 전류를 의미한다. **전자기 유도** 현상에서 코일을 통과하는 자기장이 변할 때, 그 변화에 반응해 전류가 흐르기 시작하는데, 이때 생기는 전류가 바로 유도 전류다. 자석을 코일 가까이 움직이거나 코일을 자석 주변에서 움직이면 자기장의 세기가 바뀌는데 이 변화가 전류를 이끌어 내는 것이다. 이처럼 유도 전류는 외부의 변화가 전기를 만들어 내는 신기한 현상으로서 발전기의 원리가 되기도 한다.

자석을 코일 근처에서 움직이면 코일에 유도 전류가 흐른다. 유도 전류의 방향은 자석을 어떻게 움직이느냐에 따라 달라진다. 자석을 코일 쪽으로 가까이 가져갈 때와 멀리 할 때, 전류는 서로 반대 방향으로 흐른다. 또 자석의 N극을 코일에 가까이 할 때와 S극을 가까이 할 때도 전류의 방향은 반대가 된다. 이처럼 ==유도 전류의 방향은 자석의 이동 방향과 극의 종류에 따라 달라지며==, **검류계** 바늘의 움직임을 보면 그 방향을 알 수 있다.

검류계의 바늘이 얼마나 많이 움직이는지를 보면 유도 전류가 얼마나 센지 알 수 있다. 유도 전류의 세기는 여러 가지 요인에 따라 달라진다. 예를 들어 ==자력이 세거나, 자석을 더 빠르게 움직이면 자기장의 변화가 커져 전류도 더 세게 흐른다.== 또 자석을 2개 포개 움직이면 자기장이 더 강해지기 때문에 전류도 더 세진다. 그리고 코일을 많이 감을수록 전류가 흐를 수 있는 길이 많아져 전류의 세기가 더 커진다.

○ **심화 학습**

물리학
II. 전기와 자기

렌츠의 법칙은 전자기 유도 현상에서 유도 전류의 방향을 정해 주는 중요한 원칙이다. 이 법칙은 간단히 말하면, '자기장이 변할 때 생기는 전류는 그 변화를 방해하는 방향으로 흐른다'라는 것이다. 예를 들어, 자석을 코일 쪽으로 빠르게 가져가면 코일 안을 지나는 자기장의 세기가 갑자기 커지게 된다. 이때 코일에 전류가 흐르는데 이 전류는 자석이 가까이 오는 것을 막으려는 자기장을 만든다. 다시 말

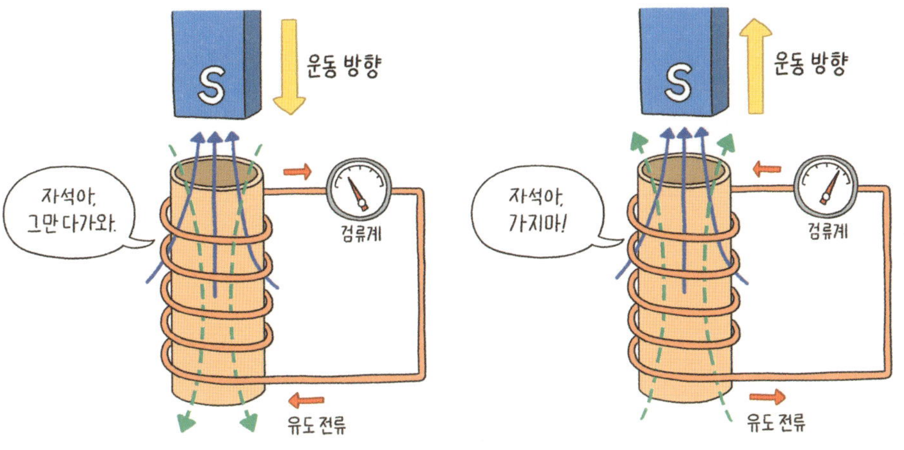

자석의 운동 방향에 따른 유도 전류의 방향

해, 코일은 자석이 다가오는 것을 싫어해 밀어내는 방향으로 자기장을 만드는 것이다.

반대로 자석을 코일에서 멀리 떼어 놓으면 코일은 자석이 멀어지지 않게 그 방향으로 전류를 흘려 자석을 붙잡으려 한다. 이런 식으로 항상 변화에 저항하는 방향으로 전류가 흐르는 것이 렌츠의 법칙이다. 이 법칙 덕분에 우리가 사용하는 발전기나 변압기처럼 전기를 만드는 기계들이 잘 작동할 수 있다. 또한 이 법칙은 자연은 언제나 급격한 변화를 막으려는 성질이 있다는 것을 알려 주는 좋은 예이기도 하다.

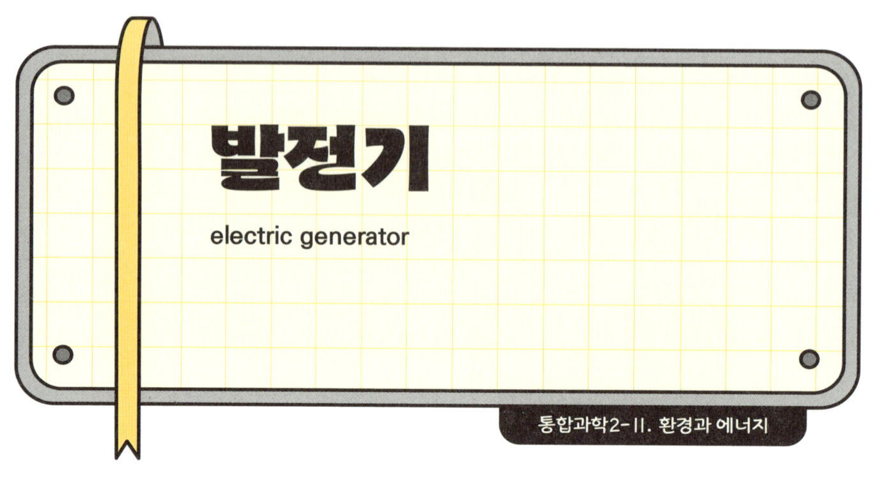

○ 개념 잡기

발전기는 외부에서 주어진 운동 에너지를 이용해 전기 에너지를 만들어 내는 장치다. 오른쪽 그림과 같이 도선 고리를 자석 사이에 놓고 회전시키면 고리 안을 지나는 자기장의 세기가 계속 변한다. 이처럼 자기장이 변하면 고리에 유도 전류가 흐르게 된다. 이것이 바로 전자기 유도 현상을 이용한 발전기의 원리다.

○ 교과서 들여다보기

발전소에서는 아주 큰 발전기를 사용해 많은 전기를 만든다. 발전기는 안쪽에 회전하는 자석이, 바깥쪽에 고정된 코

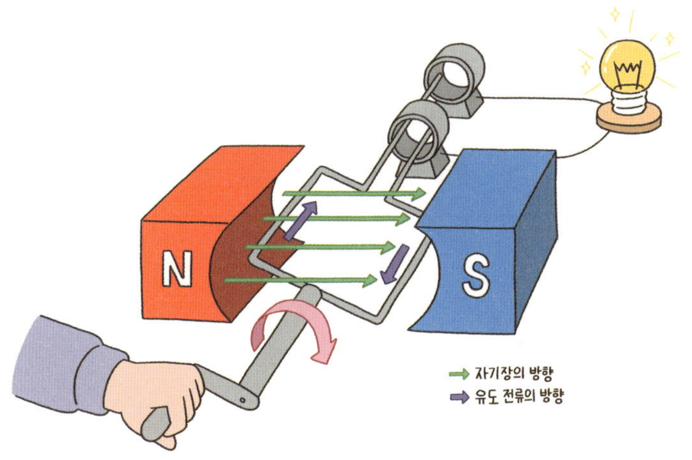

움직임을 전기로 바꾸는 발전기

일이 있다. 자석은 여러 개의 날개가 달린 터빈과 연결돼 있어 터빈이 돌면 자석도 함께 돌아간다. 자석이 돌면서 코일을 지나는 자기장의 세기가 변하게 되고, 이 변화로 인해 전류가 만들어진다. 즉, **전자기 유도** 현상을 통해 운동 에너지가 전기 에너지로 전환되는 것이다.

● **심화 학습**

물리학
Ⅱ. 전기와 자기

전동기는 전기 에너지를 운동 에너지로 바꾸는 장치다. 우리가 사용하는 선풍기, 세탁기, 엘리베이터, 전기 자동차 등에는 모두 전동기가 들어 있다. 전동기 안에는 전류가 흐르는 코일과 자석이 있는데, 전류가 흐르면 코일에 힘이 작용해 회전하게 된다. 이처럼 전동기는 전류와 자기장의 상호 작용을 이용해 물체를 움직인다. 발전기는 움직임을 전기로 바꾸는 장치고, 전동기는 전기를 움직임으로 바꾸는 장치로, 서로 반대되는 역할을 한다.

화력 발전

thermal power generation

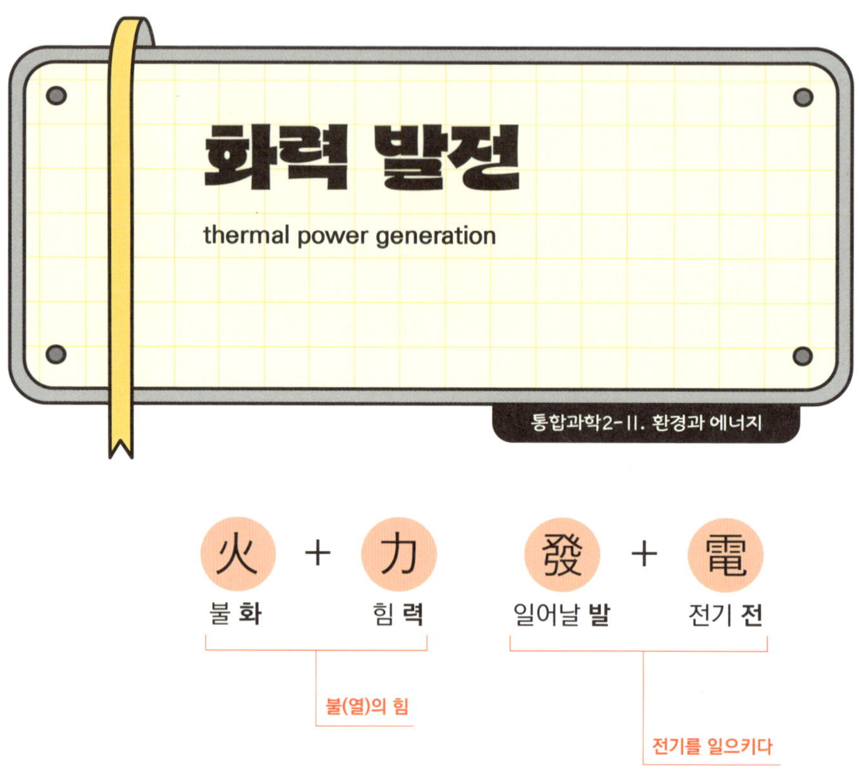

○ 개념 잡기

화력 발전은 석탄, 석유, 천연가스 같은 화석 연료를 태워 전기 에너지를 얻는 방식을 말한다. 화석 연료를 태우면 열이 만들어지고 그 열로 물을 끓여 수증기를 만든다. 이 수증기는 매우 빠른 속도로 팽창하면서 터빈을 돌리고, 터빈과 연결된 발전기가 회전하며 전기가 만들어진다. 즉, 연료(화학 에너지)→열 발생(열에너지)→물 끓임→수증기→터빈 회전(운동 에너지)→전기(전기 에너지)'의 순서로 에너지를 전환(→305쪽)하는 과정이다.

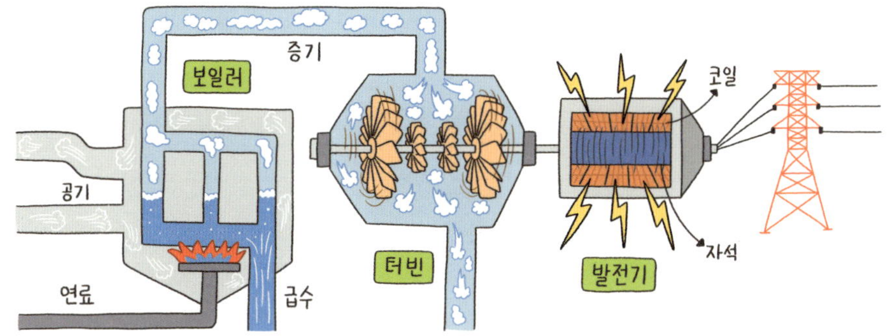

● 교과서
　들여다보기

화력 발전은 전기를 만드는 효율이 높은 편이고, 전기 생산량을 쉽게 조절할 수 있으며, 비교적 작은 공간에도 발전소를 세울 수 있다. 하지만 석탄, 석유, 천연가스 같은 화석 연료는 그 양이 한정돼 있고 특정 지역에만 많이 묻혀 있어 자원 격차를 유발한다. 또 화석 연료를 태울 때 지구 온난화를 유발하는 온실 기체나 미세 먼지 같은 대기 오염 물질이 많이 발생한다는 문제가 있다.

● 심화 학습

지구과학
Ⅰ. 대기와 해양의
상호작용

지구의 평균 기온은 지난 100여 년 동안 꾸준히 오르고 있다. 그 주된 이유가 바로 화석 연료를 사용할 때 나오는 온실 기체, 특히 이산화 탄소다. 석탄, 석유, 천연가스를 태울 때 이산화 탄소가 대기 중으로 배출되면, 이 기체가 지구에서 방출되는 열을 붙잡아 두는 **온실 효과**를 일으킨다. 온실이 내부 온도를 따뜻하게 유지하기 위해 열을 가두듯 대기 속 온실 기체는 지구의 열이 우주로 빠져나가지 못하게 막는다. 그 결과 지구의 평균 기온이 오르고 빙하가 녹아 해수면이 상승하거나 태풍, 폭우 같은 기상 이변이 잦아지게 된다.

　이런 문제를 해결하려면 화석 연료 사용을 줄이고 재생 에너지 사용 비중을 늘리는 일이 중요하다. 태양광, 풍력, 수력, 지열 같은 재생 에너지는 이산화 탄소를 거의 배출하지 않기 때문에 기후 변화 완화에 도움이 된다. 또 **탄소 포집 및 저장(CCS)** 기술처럼 배출된 이산화 탄소를 모아 땅속 깊이 저장하는 방법도 연구되고 있다.

탄소 포집 및 저장
Carbon Capture and Storage의 줄임말이다. 화력 발전소나 공장처럼 이산화 탄소를 많이 배출하는 곳에서 탄소가 대기로 나가기 전에 잡아(포집) 지하 깊은 곳이나 바닷속에 안전하게 가두는 기술이다.

　통합과학 개념 픽

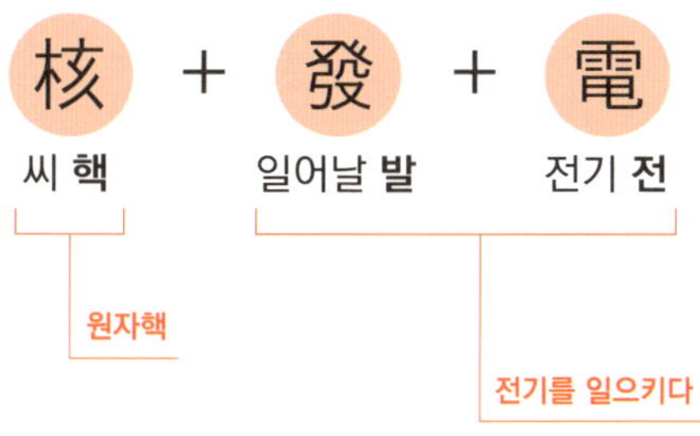

○ **개념 잡기**

태양에서는 수소 원자핵이 합쳐져 헬륨 원자핵이 되는 핵융합(→302쪽) 반응이 일어나면서 에너지가 나온다. 이와 비슷하게 무거운 원자핵이 쪼개지는 핵분열 반응에서도 질량이 조금 줄어들며 그 줄어든 질량이 에너지로 바뀌어 나온다. 핵발전소의 원자로에서는 우라늄 원자핵이 중성자와 부딪치면서 원자핵이 쪼개지고, 이때 나온 핵에너지가 열에너지로 변하게 된다. 동시에 방출된 중성자들이 다른 우라늄 원자핵에 또 부딪히면서 연쇄적으로 반응이 이어져, 아주 큰 양의 열에너지가 만들어진다. 이 열에너지로 물을 끓여 수증기를 만들고, 그 수증기가 터빈을 돌리면 발전기가 전기를 생산한다. 즉, 핵발전은 '원자핵 속 힘(핵에너지)→열(열에너지)→증기→터빈→전기(전기 에너지)' 순서로 에너지가 전환된다.

핵발전은 화력 발전에 비해 이산화 탄소를 훨씬 적게 배출하고, 연료 비용이 저렴하며, 적은 양의 연료로도 많은 전기를 만든다는 장점이 있다. 하지만 발전 과정에서 나오는 방사선과 핵폐기물이 사람과 환경에 치명적 영향을 줄 수 있다. 우리나라는 현재 전기를 대부분 화력 발전소와 핵발전소에서 생산하고, 이렇게 만들어진 전기를 가정과 산업 현장에서 편리하게 쓰고 있다. 그러나 두 가지 발전 방식 모두 환경 오염, 방사선 위험, 발전소 건설 과정에서의 주민 갈등 같은 문제를 안고 있다. 이런 문제를 줄이기 위한 기술 개발과 함께, 환경에 피해를 적게 주는 새로운 에너지를 찾아내고 활용하는 노력이 필요하다.

원자핵은 아주 작은 입자인 양성자와 중성자가 뭉쳐 있는 덩어리다. 신기하게도 양성자와 중성자의 질량을 전부 더한 값보다, 실제 원자핵의 질량이 조금 더 작다. 이 차이를 질량 결손이라고 부른다. 이 사라진 질량은 어디로 갔을까? 바로 에너지로 바뀌어 원자핵을 묶어 주는 힘으로 변하게 된다. 아인슈타인은 이처럼 질량이 에너지로 바뀔 수 있다는 질량-에너지 동등성을 밝혀냈다.

무거운 원자핵이 쪼개지는 핵분열이 일어나면 원자핵을 묶고 있던 힘 일부가 풀려나와 열에너지가 된다. 질량이 줄어드는 정도는 매우 작지만 이 작은 질량이 엄청난 양의 에너지로 변한다. 핵발전소에서는 이 열로 물을 끓여 증기를 만들고, 그 증기로 터빈을 돌려 전기를 생산한다.

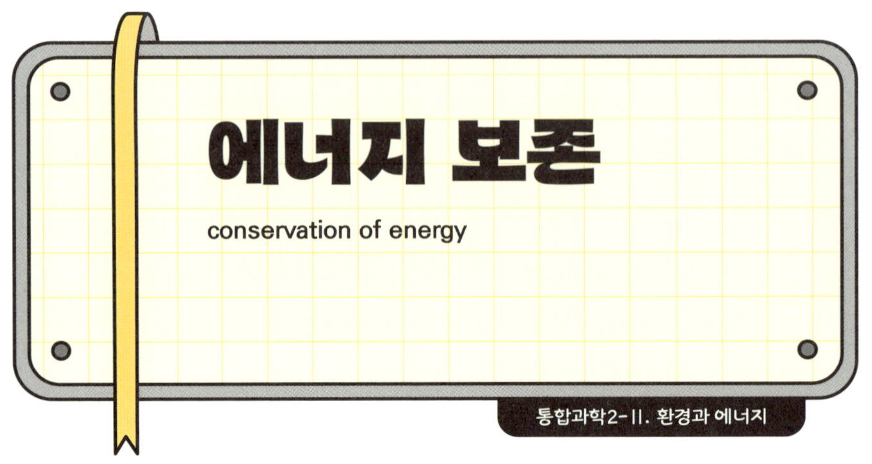

- **개념 잡기**

에너지 보존이란 에너지의 총량이 있는 그대로 지켜지는 것을 말한다. **에너지 보존 법칙**에 따르면 에너지가 사라지거나 새로 생기는 것이 아니라 형태만 바뀌는 것이며, 따라서 전체 양은 그대로 유지된다.

- **교과서 들여다보기**

휴대폰을 충전할 때 충전기에서 공급된 전기 에너지는 화학 에너지 형태로 휴대폰 배터리에 저장된다. 이후 휴대폰을 사용할 때 배터리의 화학 에너지가 다시 전기 에너지로 전환되며 휴대폰의 여러 장치에서 **에너지 전환**(→305쪽)이 일어난다. 화면은 전기 에너지를 빛 에너지로, 스피커는 소리 에너지로 바꾸는 것이다. 이 과정에서 열도 함께 발생한다. 이렇게 빛, 소리, 열로 변한 에너지를 모두 합치면 처음 배터리에 공급된 전기 에너지의 양과 같다. 즉 ==에너지는 모양만 바뀔 뿐 새로 생기거나 사라지지 않으며 항상 총량이 일정하게 유지==되는데, 이를 ==에너지 보존 법칙==이라고 한다.

● **심화 학습**

물리학
II. 전기와 자기

유도 전류의 방향을 알려 주는 **렌츠의 법칙**은 에너지 보존 법칙과 깊은 관련이 있다. 가령 자석을 코일에 가까이 가져갈 때 자석은 점차 운동 에너지가 커지는 상태가 된다. 이 경우 코일에는 자석의 움직임을 방해하는 방향으로 유도 전류가 생기는데, 이렇게 되면 자석의 움직임이 느려지면서 전체 에너지가 늘지 않을 것이다. 만약 이때 유도 전류의 방향이 반대라면 자석의 움직임은 더 빨라지고 코일에도 전류가 흐르니 에너지가 계속 증가하게 될 것이다. 이는 에너지 보존 법칙에 어긋나기 때문에, 실제로는 그런 일이 일어나지 않는다. 따라서 렌츠의 법칙은 계 전체의 에너지가 보존되도록 전류 방향이 정해지는 원리를 설명해 준다.

에너지 효율

energy efficiency

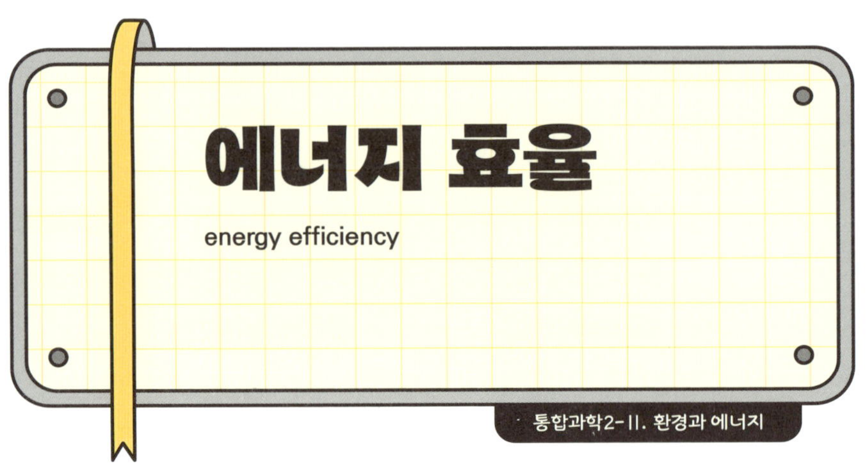

- **개념 잡기**

효율이란 들인 자원(시간, 에너지, 비용 등)에 비해 그 결과가 얼마나 효과적인가를 나타내는 척도다. 자원을 적게 들이고 더 좋은 결과를 얻었을 때 '효율이 높다'고 말한다. 에너지 효율이란 투입한 에너지 중에서 실제로 우리가 원하는 일을 하는 데 쓰인 에너지의 비율을 가리킨다.

$$\text{에너지 효율(\%)} = \frac{\text{원하는 일에 사용한 에너지}}{\text{투입한 에너지}} \times 100$$

예를 들어 전구에 전기 에너지를 넣으면 일부는 빛으로, 나머지는 열로 바뀐다. 우리가 원하는 건 빛이니까 빛으로 바뀐 에너지 비율이 높을수록 에너지 효율이 높은 전구라고 할 수 있다. 즉 같은 일을 할 때 낭비되는 에너지가 적을수록 에너지 효율이 높은 것이다.

에너지 효율을 높이면 같은 양의 에너지로 더 많은 일을 할 수 있어 환경과 비용 측면에서 모두 이롭다. 조명으로 백열등이나 형광등 대신 에너지 효율이 높은 발광 **다이오드**(→137쪽)를 쓰면 전기 에너지를 더 적게 쓰면서도 똑같은 밝기로 밝힐 수 있다. 또 냉장고, TV, 세탁기 같은 가전 제품을 살 때 에너지 소비 효율 등급이 높은 제품을 고르면 전기 사용량을 줄여 에너지를 절약할 수 있다.

에너지 소비 효율 등급(왼쪽)이란 전기 제품을 에너지 효율에 따라 5개 등급으로 표시하는 제도다. 1등급에 가까울수록 효율이 높다. 에너지 절약 표시(오른쪽)가 붙어 있는 전자 제품은 대기 중 소비하는 전력이 적다.

스마트 그리드는 똑똑한 전력망이라는 뜻으로, 전기를 생산하고 저장하고 사용하는 전 과정에 정보 통신 기술(ICT)을 접목해 에너지 낭비를 줄이고 효율적으로 관리하는 시스템이다. 예를 들어 전기를 많이 사용하는 시간대에는 전력 소비를 줄이도록 안내하거나, 남는 전기를 저장해 두었다가 필요한 곳에 자동으로 공급하는 것이다. 또한 태양광이나 풍력처럼 전기 생산량이 일정하지 않은 재생 에너지의 활용도를 높이는 데도 스마트 그리드 기술이 쓰인다. 에너지의 흐름을 실시간으로 분석하고 조절해 불필요한 낭비를 줄이고 안정적인 전력 공급을 가능하게 한다.

신재생 에너지

new renewable energy

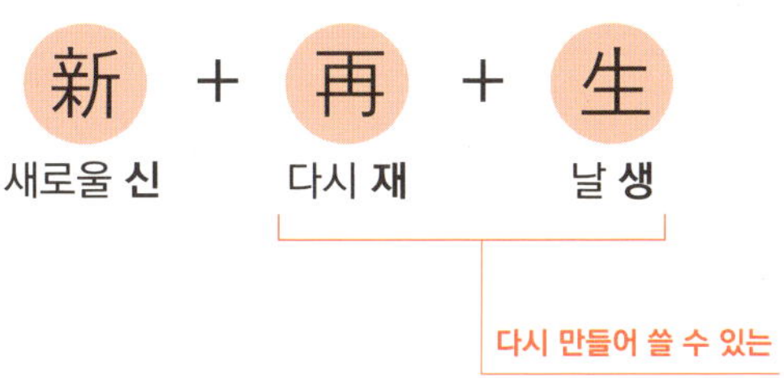

개념 잡기

신재생 에너지는 신에너지와 재생 에너지가 합쳐진 단어이다. 신에너지란 화석 연료를 그대로 쓰지 않고 변환해 사용하거나 **연료 전지**(→334쪽)처럼 최신 기술을 도입해 친환경적으로 생산한 에너지를 말한다. 재생 에너지는 물, 바람, 햇빛처럼 계속해서 자연에서 재생되고 공급되는 에너지원으로 만든 에너지를 가리킨다.

교과서 들여다보기

오늘날 우리가 쓰는 전기는 대부분 **화력 발전**(→316쪽)과 **핵 발전**(→319쪽)으로 만들어진다. 하지만 화력 발전에 쓰이는 석탄, 석유 같은 화석 연료와 원자력 발전에 쓰이는 우라늄은 땅속에 있는 양이 한정돼 있어 언젠가는 다 써 버려 없을 수 있다. 또 발전 과정에서 온실 기체와 오염 물질이 나와 심각한 기후 변화와 환경 오염을 불러올 수 있다.

신재생 에너지는 ==연료가 계속 자연에서 공급되기 때문에 고갈되지 않고, 환경 오염도 줄이는 깨끗한 에너지다.== 지구 환경과 미래 발전의 지속 가능성을 위해 오늘날에는 신재생 에너지를 더 많이 활용하려 노력하고 있으며 여러 연구 또한 진행되고 있다. 최근에는 태양 전지를 단 가로등이나 스마트폰을 올려 두면 충전이 되는 태양광 벤치, 물의 흐름으로 전기를 만드는 소형 수력 발전기처럼 신재생 에너지 기술을 활용한 제품을 우리 주변에서도 쉽게 찾아볼 수 있다.

○ 이슈 더하기

에너지 자립 마을

독일의 펠트하임은 '에너지 자립 마을'의 대표적 성공 사례로 꼽힌다. 펠트하임은 독일의 수도 베를린에서 남서쪽으로 약 70km 떨어진 곳에 위치한 작은 농촌 마을이다. 이곳은 마을의 전기와 난방에 필요한 모든 에너지를 자기 손으로 직접 생산해 사용하는 곳으로 유명하다.

펠트하임 마을은 풍력 발전기, 태양광 패널, 바이오가스 설비를 설치해 전기와 열을 모두 친환경적으로 만들어 낸다. 마을 주민들은 전기 회사를 거치지 않고, 직접 만든 전기를 스스로 사용하는데, 이 과정에서 중요한 역할을 하는 것이 바로 **에너지 저장 시스템(ESS)**이다.

　태양이나 바람을 이용한 발전은 날씨나 시간에 따라 발전량이 달라진다. 바람이 많이 불면 풍력 발전으로 전기를 남을 정도로 만들 수 있지만, 바람이 없을 때는 전기를 만들지 못한다. ESS는 전기가 남을 때 저장해 두고 필요할 때 꺼내 쓰도록 해 주는 배터리 창고의 역할을 한다. 그 덕분에 마을은 언제나 안정적으로 전기를 쓸 수 있다.

　또한 펠트하임은 에너지 자립을 위한 전용 전력망을 따로 만들었고, 난방도 바이오 가스 시설에서 나오는 열로 해결한다. 이 모든 시스템은 주민들이 직접 참여해 만든 결과물이다. 펠트하임은 지속 가능한 에너지 마을을 만들고자 하는 다른 국가나 도시의 벤치마킹 대상이 되고 있다.

태양광 발전

photovoltaics(PV)

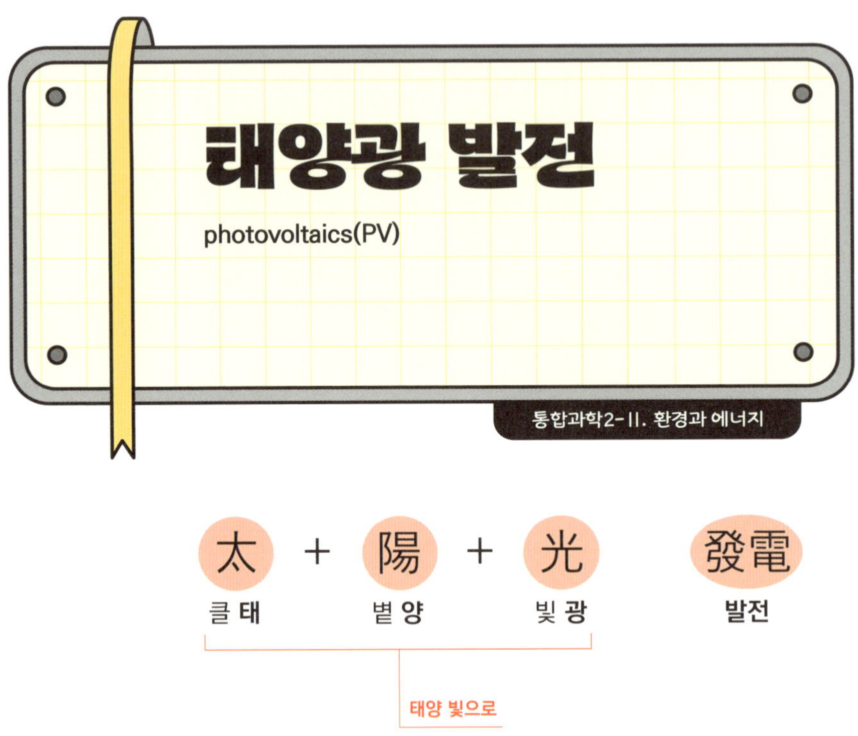

○ **개념 잡기**

태양광 발전은 영어로 포토볼테이크(photovoltaic)인데, 여기서 포토(photo)는 '빛'을 의미한다. 볼테이크(voltaic)는 전기를 뜻하며, 전지 연구로 유명한 과학자 볼타의 이름에서 유래했다. 즉, 태양광 발전이란 빛을 이용해 전기를 만드는 발전 방식이다. 실제 태양광 발전에서는 태양의 빛 에너지가 태양 전지에 닿아 전자를 움직이고, 이 전자의 흐름이 전류가 돼 전기 에너지가 만들어진다.

태양광 발전은 연료를 살 필요도 연료가 고갈될 걱정도 없다. 발전 과정에서 매연이나 온실 기체 같은 오염 물질이나 폐기물도 거의 생기지 않는다. 또한 기계 작동에 따른 소음이 거의 없고 진동도 적으며 오래 사용할 수 있고 관리 비용도 적게 든다. 하지만 단점도 있다. 태양 전지를 만들고 설치하는 데 비용이 많이 들고, 큰 규모로 전기를 만들려면 넓은 땅이 필요하다. 또 날씨가 흐린 날이나 밤에는 전기를 잘 만들 수 없어 공급이 일정하지 않을 수 있다. 최근 기술이 발전해 **에너지 효율**(→324쪽)이 좋아지고 있지만, 여전히 다른 발전 방식보다 전기를 만드는 효율은 낮은 편이다.

태양광 발전의 핵심인 태양 전지는 **광전 효과**를 이용한다. 광전 효과는 빛이 금속이나 반도체 표면에 닿을 때 전자가 밖으로 튀어나오는 현상이다. 빛은 광자(photon)라는 아주 작은 에너지 덩어리로 이루어져 있다. 광자가 금속이나 반도체에 부딪히면 그 안에 있는 전자에게 에너지를 준다. 이 에너지가 충분히 크면 전자가 원래 자리에서 벗어나 밖으로 나올 수 있다. 이렇게 빛이 전자를 끌어내는 것이 광전 효과다. 이 원리는 1905년 아인슈타인이 빛이 입자처럼 행동한다는 것을 설명하며 과학적으로 정리했고, 이 연구로 그는 노벨 물리학상을 받았다. 태양 전지에서는 태양빛의 광자가 **반도체**(→131쪽) 안의 전자를 움직여 전자들이 회로를 따라 한 방향으로 흐르면 전류가 생긴다. 즉, 광전 효과는 빛 에너지를 전기 에너지로 바꾸는 출발점이다.

풍력 발전

wind-power generation

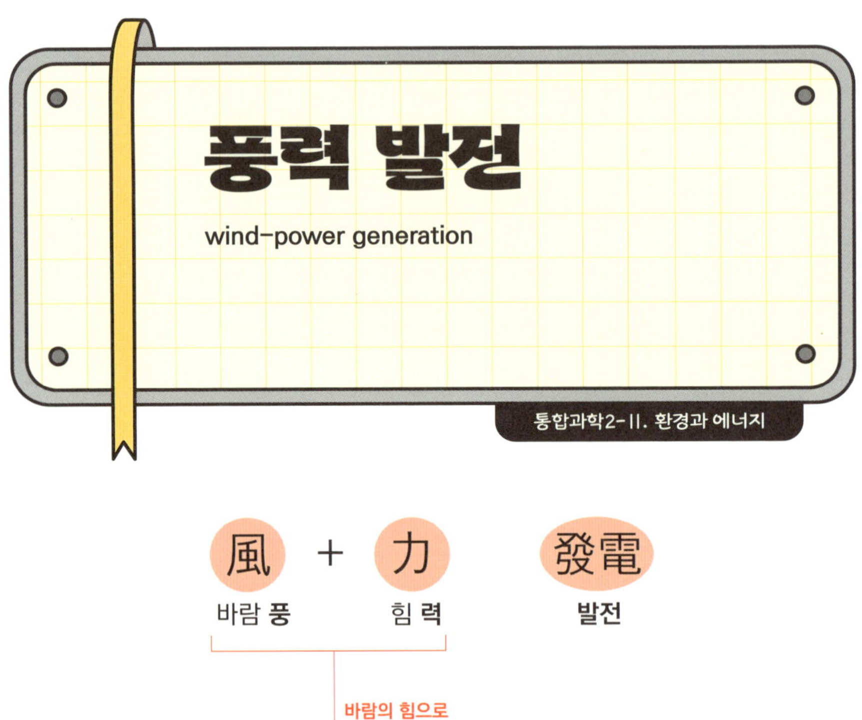

○ 개념 잡기

풍력 발전은 바람의 운동 에너지를 이용해 전기 에너지를 만드는 발전 방식이다. 풍력 발전의 원리는 비교적 단순하다. 바람이 불어 날개가 회전하면 날개의 운동 에너지가 **발전기**(→314쪽)로 전달되고, 발전기 안에서 이 운동 에너지가 전기 에너지로 **전환**(→305쪽)된다. 마치 손으로 자전거 바퀴를 돌려 회전시키듯 바람이 날개를 돌려 전기를 만든다고 볼 수 있다.

풍력 발전은 바람의 힘을 이용하기 때문에 연료를 태울 필요가 없어 온실 기체를 거의 배출하지 않는다. 설치 기간도 비교적 짧고 산간이나 해안, 방조제처럼 바람이 잘 부는 곳에 세우기 때문에 국토를 효율적으로 활용할 수 있다. 하지만 처음 설치할 때 비용이 많이 들고, 바람의 세기와 방향에 따라 전기 생산량이 크게 달라진다. 또한 바람이 없을 때를 대비해 전기를 저장하는 장치가 필요하며 회전하는 날개에서 나는 소음 문제와 날개에 새가 부딪히는 문제가 있다.

● 이슈 더하기

부유식 풍력 발전 기술

해상 풍력 발전은 바다 위에 세운 거대한 풍력 터빈을 이용해 전기를 만드는 발전 방식이다. 바다는 육지보다 바람이 더 세고 일정하게 불기 때문에 풍력 발전에 아주 적합한 환경을 제공한다. 바다 위에 설치된 터빈의 날개가 바람을 받아 회전하면 이 회전 운동이 발전기 안에서 전기 에너지로 바뀐다. 해상 풍력은 땅을 차지하지 않고도 대규모 전기를 생산할 수 있으며 탄소 배출을 줄이고 깨끗한 에너지를 만드는 데 큰 역할을 한다. 하지만 설치와 유지에 많은 비용이 들고 바닷속 구조물을 튼튼하게 하려면 특수한 기술이 필요하다. 최근에는 바다 깊은 곳에도 설치할 수 있는 부유식 풍력 발전 기술이 개발돼 주목받고 있다. 한편 설치 과정에서 해저 생태계를 훼손하고 해양 생물에 피해를 준다는 문제 제기도 있다.

연료 전지

fuel cell

○ 개념 잡기

연료는 에너지를 낼 수 있는 물질을, 전지는 전기를 저장하거나 만들어 내는 장치를 말한다. 즉, 연료 전지는 연료를 이용해 전기를 직접 만들어 내는 장치다. 연료 전지는 주로 수소(H_2)를 연료로 사용한다. 수소가 산소(O_2)와 만나면 물(H_2O)이 만들어지고, 이 과정에서 전기와 열이 함께 발생한다. 이 과정은 물에 전기를 흘려 수소와 산소를 얻는 '물의 전기 분해' 과정을 거꾸로 이용한 것이다.

수소 + 산소 → 물 + 전기 에너지 + 열에너지

○ 교과서
   들여다보기

연료 전지는 수소와 산소가 만나 전기를 만들고, 그 과정에서 물만 생겨나기 때문에 환경 오염 물질이 거의 나오지 않는다. 또 발전기처럼 여러 단계를 거치지 않고 바로 전기를 만들기 때문에 **에너지 효율**(→324쪽)이 높다. 이런 장점에도 불구하고 초기에는 수소를 안전하게 저장하기 어렵고 그 비용도 많이 들어 주로 우주선에서만 사용했다. 최근에는 기술이 발전해 도시의 작은 발전소나 자동차, 휴대용 컴퓨터 등 다양한 영역에서 쓰이고 있다.

○ 이슈 더하기

연료 전지 다시 보기

연료 전지는 친환경 에너지 기술로 익히 알려져 있다. 실제로 연료 전지는 수소와 산소의 화학 반응을 통해 전기를 만들고, 부산물로 물만 배출하기 때문에 공기를 오염시키지 않는다.

하지만 수소를 얻는 과정은 어떨까? 수소는 자연에 순수한 상태로는 존재하지 않기 때문에 특수한 기술로 만들어 내야 한다. 현재 가장 널리 쓰이는 것은 천연가스를 고온에서 반응시켜 수소를 얻는 방식인데, 이 과정에서 이산화 탄소가 다량 배출되기에 사실상 탄소 배출이 없는 기술이라고는 말할 수 없다.

그래서 최근에는 물을 전기 분해해서 얻는 수소, 즉 '그린 수소'가 주목받고 있다. 이때 전기 분해 과정에 재생 에너지를 사용한다면 탄소를 거의 배출하지 않아 진정한 의미의 친환경 연료 전지가 된다. 같은 연료 전지라도 어떤 방식으로 수소를 얻었는지에 따라 환경에 주는 영향이 크게 달라지는 것이다. 그러므로 "수소 전기차는 친환경이다"
라는 말을 그대로 받아들이기보다는 수소의 생산 과정까지
꼼꼼히 따져 보며 기술의 전체 흐름을 이해하는 일이 중요
하다.

조력 발전

tidal power generation

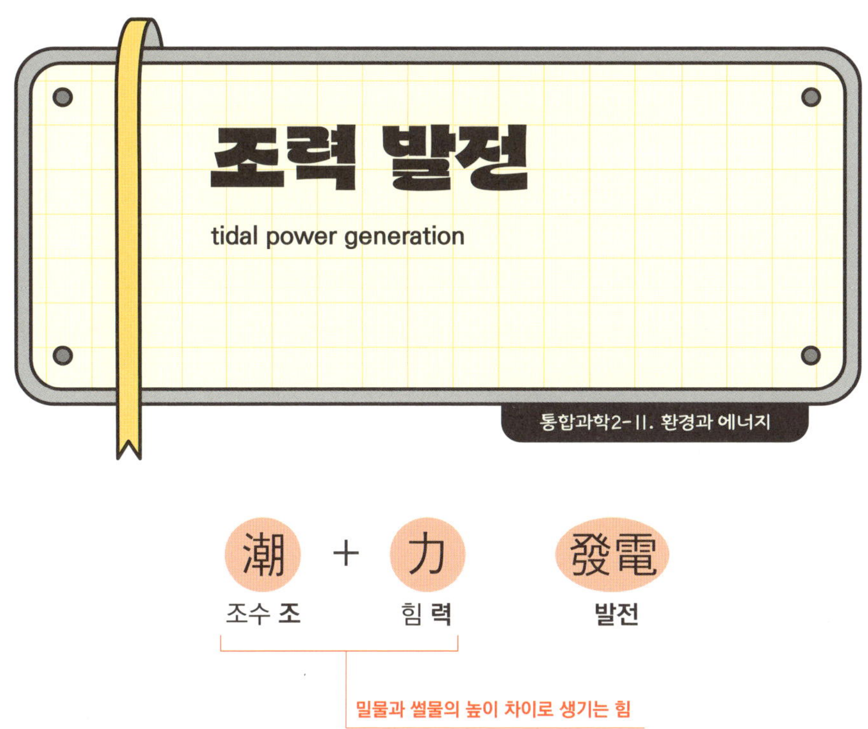

○ **개념 잡기**

조력 발전은 방조제를 쌓아 밀물과 썰물 차이를 이용해 전기를 만드는 방식이다. 달과 태양의 인력이 지구 바닷물을 끌어당기면 바닷물의 높이가 주기적으로 변하는데 바닷물이 육지 쪽으로 밀려 들어오며 해수면이 높아질 때를 밀물, 바닷물이 빠져나가 해수면이 낮아질 때를 썰물이라고 한다.

밀물일 때는 댐의 수문을 열어 물을 가두었다가 물이 빠져나갈 때는 터빈을 돌려 가두었던 물을 내보내며 전기를 만든다. 이 과정에서는 밀물과 썰물로 인해 생기는 바닷물

높이 차이, 즉 위치 에너지가 터빈을 돌리는 힘이 되고, 그 힘이 발전기를 통해 전기 에너지로 바뀌게 된다.

달과 태양의 인력에 지구의 바닷물이 끌려 가며 하루에 두 번씩 주기적으로 밀물과 썰물이 나타난다. 하루 중 해수면이 가장 높은 때를 만조, 가장 낮은 때를 간조라고 한다. 이러한 만조와 간조의 물 높이 차이(조수 간만의 차이)를 이용해 전기 에너지를 생산하는 것을 조력 발전이라 한다.

조력 발전은 화석 연료를 쓰지 않아 온실 기체를 거의 배출하지 않고, 발전소를 한번 지으면 오랫동안 쓸 수 있으며, 운영 비용도 비교적 적게 든다. 하지만 처음 건설할 때 비용이 많이 들고, 밀물과 썰물의 높이 차가 충분하지 않으면 발전을 할 수 없다. 또, 설치할 수 있는 장소가 제한적이며, 갯벌이 훼손돼 해양 생태계에 영향을 줄 수 있다.

우리나라 경기도 안산과 시흥 사이에 위치한 시화호 조력 발전소는 세계 최대 규모의 조력 발전소 중 하나다. 원래 시화호는 방조제로 바닷물을 막아 형성된 인공 호수였지만, 물의 흐름이 막히면서 수질이 악화되고 생태계 문제가 심각해졌다. 이를 해결하고자 정부는 2000년대 초, 방조제 일부에 조력 발전소를 설치해 밀물과 썰물 때 바닷물의 흐름을 되살리면서 전기를 생산하도록 했다. 조력 발전소가 지어진 후 연간 약 1억 4,700만 톤의 바닷물이 시화호 안팎을 자유롭게 드나들게 되면서 수질 오염이 크게 줄었고, 외해(바다)와 비슷한 수준으로 깨끗한 물이 유지되고 있다. 조력 발전소가 완공된 이후 조간대가 5.3km²에서 20.3km²로 넓어졌고, 천연기념물 큰고니 등 이곳을 찾는 물새들도 이전보다 늘었다. 최근에는 전북 새만금 지역에서도 시화호를 본보기로 대규모 조력 발전소 건설이 추진되고 있다.

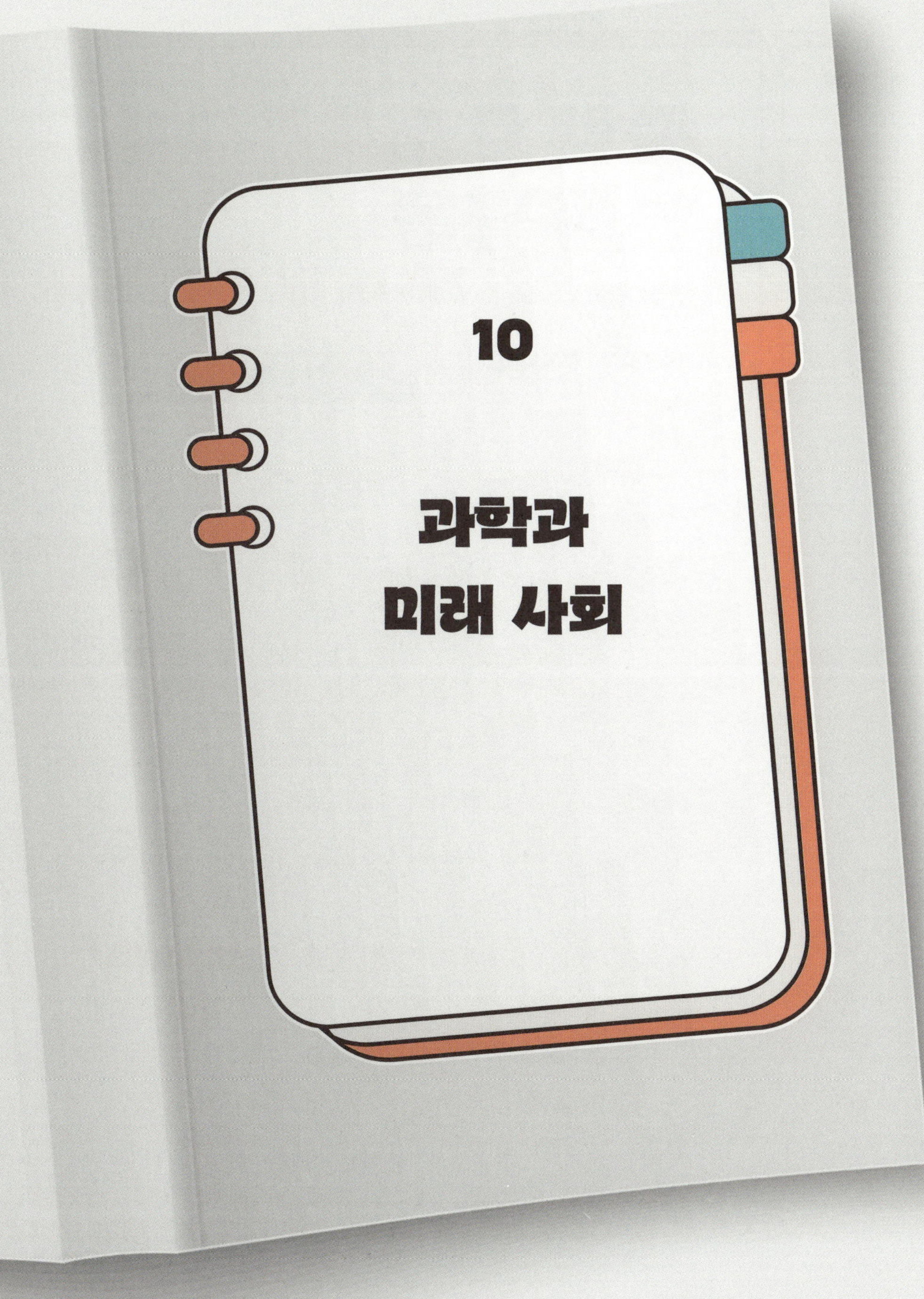
10
과학과
미래 사회

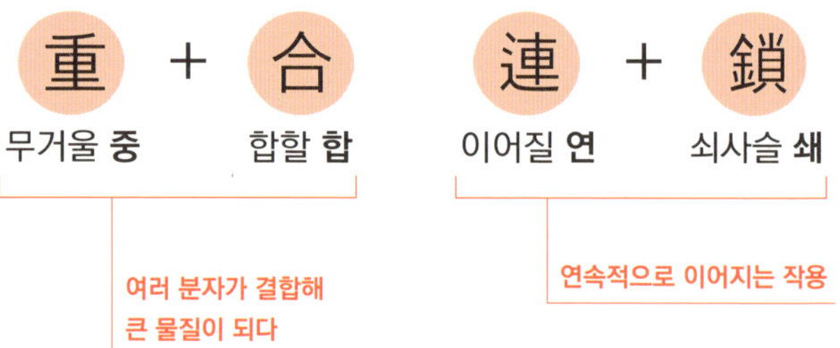

○ 개념 잡기

중합 효소(Polymerase)란 중합체(polymer)와 효소(-ase)가 합쳐진 단어로, DNA를 복제하는 효소를 가리킨다. 연쇄 반응이란 사슬처럼 이어지는 반응을 뜻한다. 즉 중합 효소 연쇄 반응(이하 PCR)은 DNA를 복제하는 효소인 ==DNA 중합 효소를 이용해 DNA의 특정 부위를 연속적으로 복제함으로써== 그 양을 수십억 배로 증폭하는 방법이다.

PCR은 1983년 미국의 과학자 멀리스가 개발한 것으로 생명과학, 의학, 화학 등이 융합된 현대 과학 기술의 결정체라고 말할 수 있다. 특히 코로나19 팬데믹 상황에서 감염병을 신속히 진단하고 예방하는 데 핵심적 역할을 했다. 과학이 인류의 삶에 어떻게 실질적으로 기여하는지를 보여 준 대표적 사례다.

교과서 들여다보기

핵산(→124쪽)을 이용한 감염병 진단 기술은 다음과 같은 과정을 거친다. 첫째, 검사 대상자로부터 시료를 채취한다. 둘째, 시료에서 핵산을 추출한다. 이것은 매우 중요한 전처리 과정으로 병원체의 DNA나 RNA를 효율적으로 분리하고 정제하는 단계다. 이 과정에서는 다양한 시약을 단계적으로 이용해 세포막과 바이러스 외피를 파괴한 뒤 내부의 핵산을 꺼내고, 단백질을 분해해 핵산 추출을 방해하는 요소를 제거한다. 또한 핵산을 침전시켜 회수가 가능하게 처리한다. 셋째, 추출한 핵산을 PCR 재료와 함께 PCR 장치에 넣는다. 넷째, 병원체의 핵산만 여러 차례 증폭(복제)해 핵산의 양을 늘린다.

이슈 더하기

PCR의 단계

PCR 장치를 이용하면 매우 적은 양의 시료만으로도 바이러스와 같은 병원체가 가진 핵산을 증폭해 감염 여부를 정확히 진단할 수 있다.

PCR은 온도 변화에 따라 세 단계로 나뉜다. 먼저 약 94 ℃에서 이중 나선 구조의 DNA를 두 가닥으로 분리하는 **변성** 단계다. 그다음 55 ℃ 정도의 온도에서 DNA 복제(합성)에 필요한 물질인 프라이머를 두 가닥에 붙이는 **결합** 단계를 거쳐, 70 ℃에서 DNA 중합 효소에 의해 새로운 가닥이 합성되

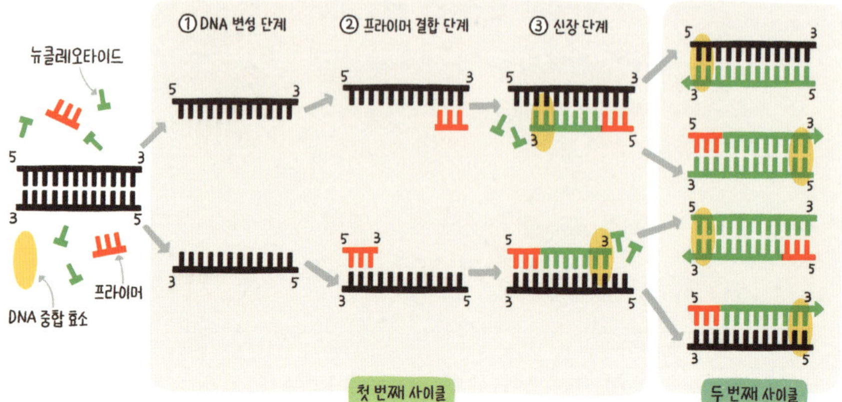

PCR은 변성, 프라이머 결합, DNA 중합 효소로 신장하는 과정을 반복해 DNA를 빠르게 증폭시킨다.

며 DNA가 복제되는 **신장** 단계로 이어진다. 이 세 단계를 여러 차례 반복해 DNA를 증폭한다. 반복을 거칠 때마다 DNA는 두 배로 늘어난다.

항원 검사

antigen tests

○ 개념 잡기

항원이란 체내로 침입해 우리 몸의 면역 반응을 불러일으키는 이물질로, 세균과 바이러스 등이 대표적 예다. 우리 몸은 항원이 침입하면 그 항원에만 특이적*으로 결합하는 항체를 만들어 낸다. 이 항체가 체액을 통해 온몸을 돌아다니며 항원을 제거한다. 이 과정은 병원체의 종류를 구별해 일어나는 2차 방어 작용(후천성 면역)의 일종인 체액성 면역 반응이다. 항원 검사는 이러한 체액성 면역 반응과 관련된 과학 원리를 기초로 한다.

특이적
특정한 하나의 대상과만 선택적으로 결합한다는 의미

항체는 백혈구의 한 종류인 B 림프구가 만들어 분비하는 면역 단백질이다. 침입한 항원의 종류에 따라 그 항원과만 결합하는 특정한 구조의 항체가 만들어진다. 따라서 각 항체는 특정한 항원만을 제거하는데, 이와 같이 ==항원과 항체가 특이적으로 결합하는 현상==을 **항원-항체 반응**이라 한다. 항원-항체 반응은 우리 몸이 병원체를 정확히 인식하고 제거하도록 돕는 면역 체계의 핵심 원리다.

감염병 자가 진단 키트는 항원-항체 반응을 이용해 감염 여부를 확인한다. 키트 속에 바이러스 항원과 결합하도록 설계된 항체가 들어 있다. 검사 대상자에게서 채취한 시료에 바이러스가 포함돼 있다면, 키트 속 항체가 그 항원에 결합하며 결합체를 형성한다. 이 결합체가 색깔 변화를 일으켜 붉은색 검사선을 만들어 내고 이를 통해 항원의 존재 여부를 확인한다.

자가 진단 키트 검사는 PCR 검사보다 정확도가 떨어지지만 감염 여부를 빠르게 확인할 수 있어 코로나19 팬데믹 시기에 널리 보급됐으며 가정, 학교, 기업 등 지역 사회에서 활발히 사용됐다. 이처럼 과학은 감염병을 진단하고 추적할 때에도 유용하다.

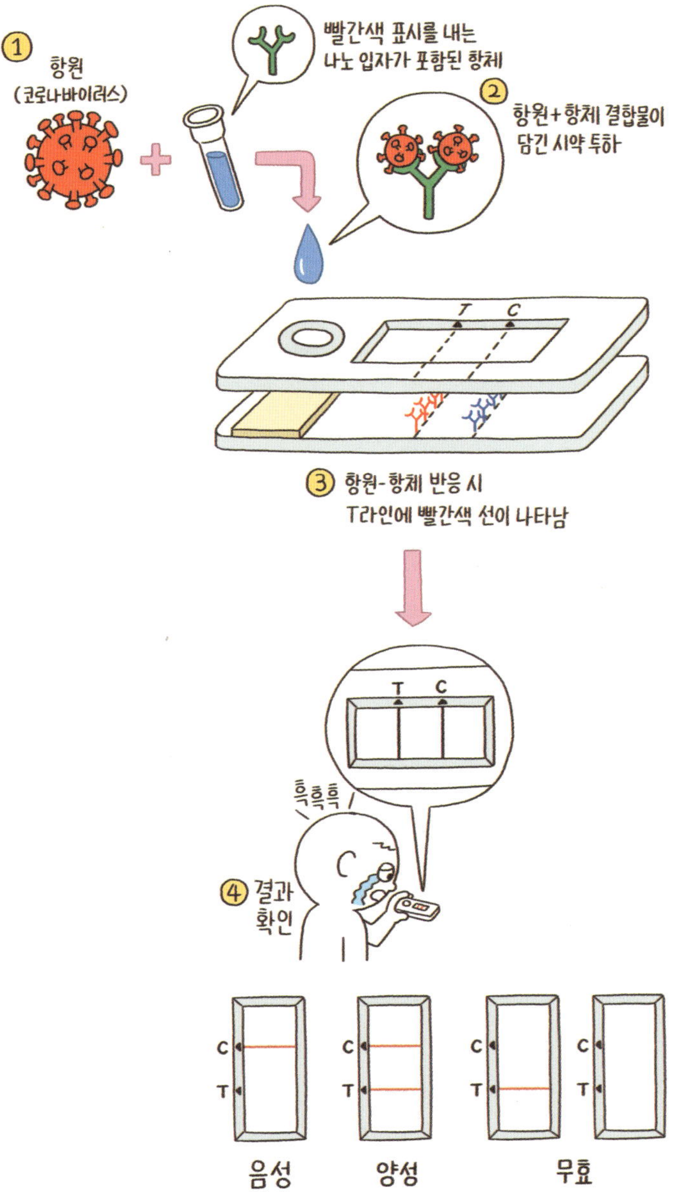

자가 진단 키트는 항원과 항체의 결합 반응을 이용해 감염 여부를 색 변화로 확인하는 검사 장치다.

항생제

antibiotic

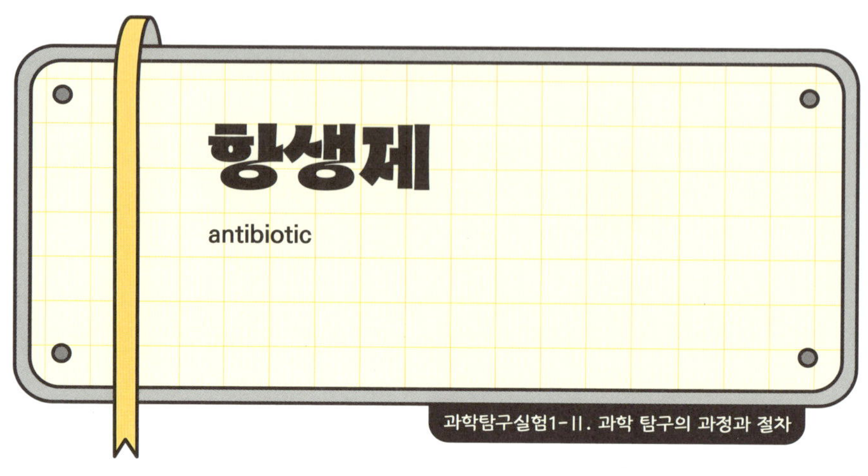

○ 개념 잡기

항생제는 세균(박테리아)과 같은 미생물의 성장을 억제하거나 죽이는 약으로, 감염병을 치료하는 데 사용된다. 일반적으로 항생제는 세균의 세포벽을 파괴하거나 단백질 합성, DNA 복제를 방해하는 등의 작용을 통해 세균을 제거한다. 항생제는 세균성 질병에만 효과가 있으며 독감과 같은 바이러스 감염증에는 효과가 없다.

한편 항생제를 많이 사용하면 내성이 생기는 문제가 있다. 세균 중 일부가 항생제에 저항하는 유전자를 가지고 있거나 돌연변이를 통해 저항력을 갖게 되면, 그 세균이 살아

남아 번식하면서 내성 세균이 확산된다.

예부터 사람들은 자연에서 얻은 항균 성분을 이용해 왔다. 송편을 솔잎과 함께 쪄서 송편이 상하지 않도록 했고, 한지로 만든 책 사이에 은행잎을 끼워 해충 피해를 막았다. 또 항염증 및 항알레르기 효과가 있다는 편백나무로 가구를 제작하기도 했다. 이 외에도 마늘은 곰팡이의 성장을 억제하고 포도상 구균의 증식을 억제하는 효과가 있고, 매운 향을 내는 생강은 식중독균의 증식을 억제하는 효과가 있다고 알려져 있다.

항생 물질의 효과를 살펴보는 데 건조 필름 배지법을 이용하기도 한다. 식물 추출액의 종류를 달리해 세균의 생장 정도를 비교하는 방법이다. 배지 위에 식물 추출액과 세균이 섞인 용액을 떨어뜨리고 일정 시간이 지나 붉은색 군체가 나타나면 그 수를 세어 본다. 군체 수가 적을수록 식물 추출액의 세균 증식 억제 효과가 큰 것이다.

항생제는 세균에 미치는 영향에 따라 두 종류로 나눌 수 있다. 정균 효과를 지닌 항생제는 세균을 죽이지는 못하고 증식만 억제한다. 그렇기 때문에 항생제의 작용이 중단되면 세균이 다시 증식할 수 있다. 살균 효과를 내는 항생제는 세균 세포의 기능을 완전히 억제해 세균 증식을 막는 것은 물론이고 아예 세균을 사멸시킨다.

한편 세균이 항생제에 노출돼도 항생제에 저항해 생존하

는 약물 저항성을 띨 수 있는데, 이를 **항생제 내성**이라 한다. 이는 살아남기 위한 세균의 생존 전략이다. 이처럼 항생제를 복용하더라도 내성을 보이는 일부 균들은 살아남을 수밖에 없으므로 항생제는 반드시 필요한 경우에 적절한 용법으로 사용해야 한다.

항생제 내성은 세계보건기구(WHO)가 공중 보건 문제로 지목하기도 한 문제다. 이를 해결할 대안으로 '하이브리드 항생제'가 주목받고 있는데, 서로 다른 작용 기전을 가진 두 가지 이상의 항생제를 하나의 분자로 화학 결합한 것이다. 하이브리드 약은 세균을 복합적으로 공격해 내성 발현을 억제하며 복합 감염에도 효과적이다. 현재는 개발 초기 단계이지만 향후 개발이 완료되면 항생제 내성을 극복하는 핵심 역할을 할 것으로 기대된다.

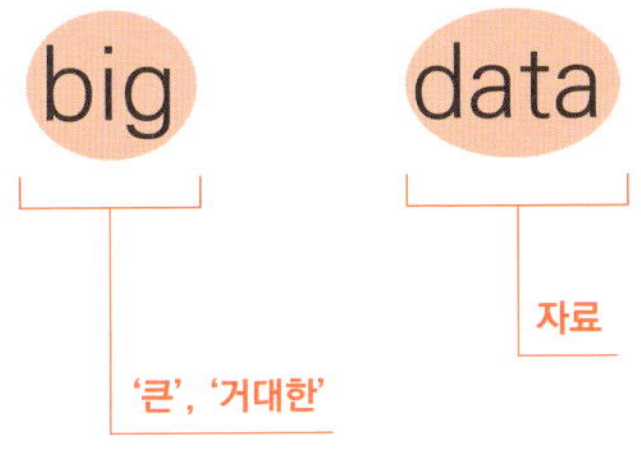

○ 개념 잡기

데이터란 관찰이나 측정을 통해 얻은 사실이나 정보를 말한다. 빅 데이터는 방대하고 복잡한 데이터의 집합을 가리킨다. 예전에 사람이 기록한 문서나 통계 자료 같은 것은 정보의 양이 한정돼 있었다. 하지만 요즘은 인터넷, 스마트폰, 센서, CCTV, SNS 등에서 매 순간 엄청난 양의 정보가 생겨나고 있다. 이러한 데이터는 그 양이 너무 많고 종류도 다양해 예전과 같은 방식으로는 다루기가 힘들다. 따라서 오늘날에는 슈퍼컴퓨터와 인공 지능 기술을 이용해 이 방대한 데이터를 모으고 저장하고 분석해 그 속에서 새로운 의미를 찾아낸다. 날씨 예보를 위해 전 세계의 기상 관측 자료를 모아 분석하거나 전 세계 이용자의 시청 패턴을 분석해 추천 영상을 제공하는 것이 빅 데이터 활용 사례다.

○ 교과서 들여다보기

현대 사회에서는 다양한 분야에서 만들어진 빅 데이터를 분석해 현상을 더 빠르게 이해하고 정확하게 예측하는 일이 가능해졌다. 일상에서 빅 데이터를 폭넓게 활용하면서 우리 삶은 더 편리하고 풍요로워지고 있다. 하지만 빅 데이터를 형성하고 활용하는 과정에서 사생활 침해, 충분히 검증되지 못한 데이터의 활용, 지나친 데이터 의존과 같은 문제 또한 발생할 수 있다. 따라서 빅 데이터를 활용할 때에는 장점만이 아니라 위험성도 함께 인식해야 하며, 이러한 문제를 최소화하고자 노력해야 한다.

○ 이슈 더하기

인공 지능과 빅 데이터

인공 지능과 빅 데이터는 서로 뗄 수 없는 관계다. 예를 들어, 날씨를 예측하는 인공 지능은 전 세계의 기온, 습도, 바람, 위성 사진 같은 방대한 데이터를 분석해 앞으로의 날씨를 예측한다. 빅 데이터 덕분에 인공 지능은 더 정확하게 배우고 예측할 수 있다. 반대로 인공 지능이 없다면 이렇게 많은 데이터를 사람이 일일이 분석하기 어려울 것이다. 두 기술이 함께 쓰인다면 의료 진단, 교통 혼잡 해결, 환경 보호 등 우리 생활 속 다양한 문제를 빨리 효율적으로 해결할 수 있다. 결국 빅 데이터는 인공 지능의 재료이고, 인공 지능은 그 재료를 요리하는 요리사인 셈이다.

   통합과학 개념 픽

인공 지능 로봇

Artificial Intelligence(AI) robot

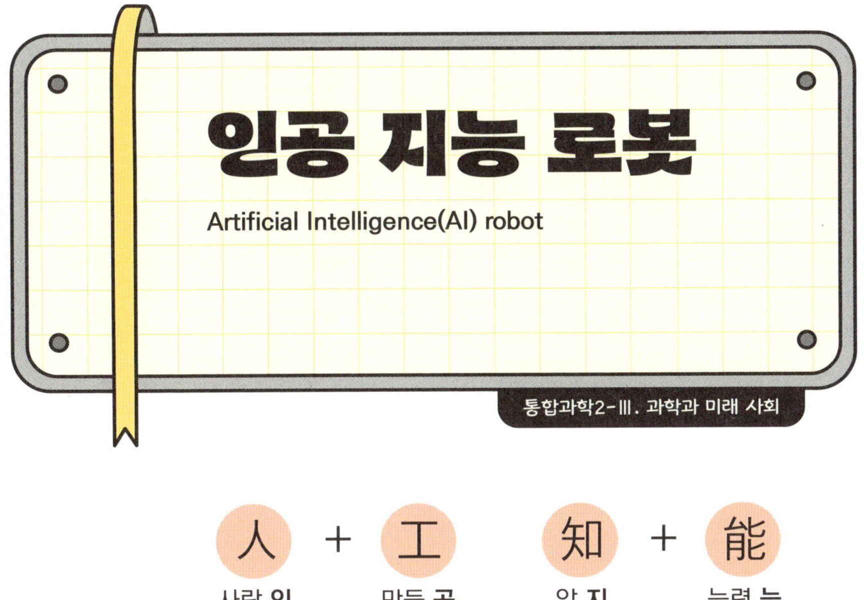

● 개념 잡기

인공 지능(AI)은 인간의 능력을 인공적으로 구현하려는 컴퓨터 과학의 세부 분야로, 학습·추론·문제 해결 등 인간의 지능 활동을 기계가 수행하도록 만드는 기술이다. 인공 지능이 탑재된 로봇은 단순히 정해진 일을 반복하는 자동 기계를 넘어 상황을 인식하고 판단하고 스스로 행동할 수 있는 능력을 지닌다.

**● 교과서
들여다보기**

최근 인공 지능과 로봇 기술이 결합된 인공 지능 로봇이 개발되고 있다. 인공 지능 로봇은 인공 지능 기술을 활용해 상황을 스스로 판단하며 자율적으로 움직이는 로봇이다. **센서**(→48쪽)와 정보(→51쪽)를 주고받으며 적절한 행동을 선택하거나 배우고 실행한다.

이러한 인공 지능 로봇은 제조업, 의료, 교육, 농업, 재난 구조, 가사 노동 등 다양한 분야에 활용되고 있다. 사람이 하는 일을 돕거나 위험한 상황에서 사람들을 안전하게 지키기도 한다. 예를 들어 로봇 청소기는 집안 구조를 인식하고 최적의 청소 경로를 설정하며, 인공 지능 진단 시스템은 환자의 증상과 의료 데이터를 분석해 진단과 처방을 보조한다.

경기도 화성시가 주최한 인공 지능 엑스포 'MARS 2025'의 개막식은 AI 휴머노이드 로봇 아메카(Ameca)의 등장으로 시작됐다. 아메카는 자연스러운 표정과 몸짓을 구현하고 대화뿐 아니라 유머 구사까지 가능해 '가장 인간에 가까운 휴머노이드'로 평가받고 있다. 아메카는 40여 개의 언어로 대화하는 것은 물론 창작 활동까지 수행하는 수준으로 언어 및 창의성 역량을 확장하고 있다. 기술 박람회에서 아메카는 관람객과 직접 소통하며 AI와의 대화를 체험하는 활동을 주도했으며 도시의 AI 전략을 시민에게 소개하고 기술 친화적 이미지를 전달하는 공공 홍보 대사의 역할도 수행했다. 이제 인공 지능 로봇은 단순한 기계적 반응을 넘어 교감을 시도하는 차세대 인공 지능 로봇으로 나아가고 있다.

사물 인터넷

Internet of Things(IoT)

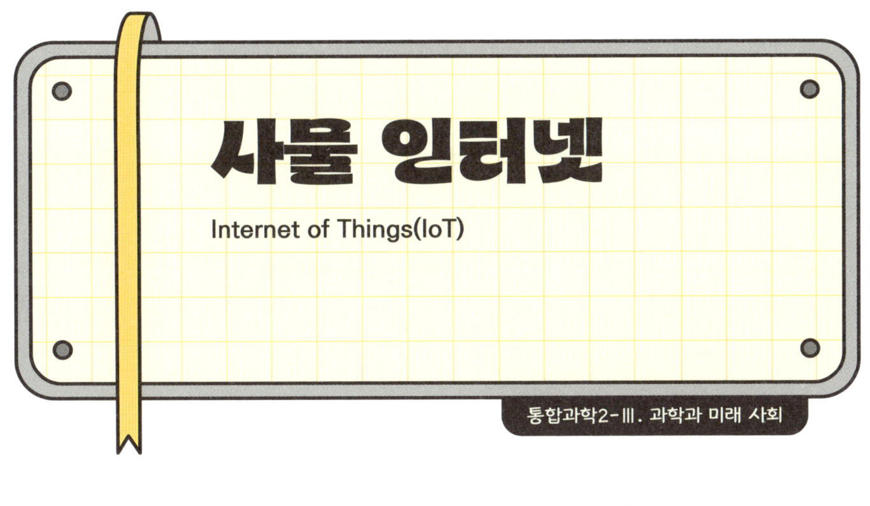

○ 개념 잡기

사물 인터넷(IoT)이란 사물들(things)이 인터넷을 통해 서로 연결돼 정보를 주고받는 기술이다. 예전에는 컴퓨터나 스마트폰만이 인터넷에 연결됐지만 현재는 냉장고, TV, 시계, 자동차, 심지어 운동화와 같은 생활용품도 인터넷과 연결돼 스스로 데이터를 수집하고 통신을 주고받는다. 더 나아가 사람 없이도 자동으로 작동할 수 있다.

사물 인터넷의 핵심은 연결과 자동화다. 스마트 손목 밴드는 사용자의 심박수와 수면 상태를 기록해 스마트폰 앱에 자동으로 전송하고, 스마트 냉장고는 사용자의 생활 패턴을

"

학습해 자동으로 온도를 조절하거나 에너지를 절약해 준다. 이러한 기술은 가정(스마트 홈), 농업(스마트 팜), 교통(스마트 시티), 건강(헬스 케어) 등 다양한 분야에서 활용되고 있다.

○ 교과서
들여다보기

컴퓨터와 정보 통신 기술의 발달로 가정, 병원, 공장 등 곳곳에서 사물 인터넷 기술을 활용하고 있다. 사물 인터넷 기술은 센서와 통신 기능이 내장된 각종 사물을 인터넷에 연결해 정보를 전송하고 통신하는 기술이다. 사물 인터넷 기술을 활용하면 스마트 기기나 음성 인식 기능 등을 통해 전자 기기, 조명 기구, 냉난방 장치 등을 켜고 끌 수 있다. 또 멀리 떨어진 곳에서도 자동차의 문을 여닫거나 시동을 걸 수 있다.

○ 이슈 더하기

건강한 인터넷 사용

영화 〈주먹왕 랄프 2: 인터넷 속으로〉는 2018년 개봉한 3D 컴퓨터 애니메이션으로 인터넷 세상으로 떠난 모험을 주제로 한다. 그들은 와이파이를 통해 인터넷 세계로 들어가 소셜 미디어, 온라인 쇼핑몰, 검색 엔진과 같이 인터넷 서비스를 의인화한 캐릭터들을 만난다. 이 과정에서 온라인 문화의 다양한 모습, 인터넷 사용의 장단점이 유쾌하게 그려진다. 영화는 인터넷 중독, 사이버 불링, 부캐(부 캐릭터)와 정체성 등 현대인에게 민감한 주제를 다루면서도 우정과 자아실현의 중요성을 강조한다. 또한 어린이와 청소년에게 건강한 인터넷 사용 방법에 관해 생각할 기회를 제공한다.

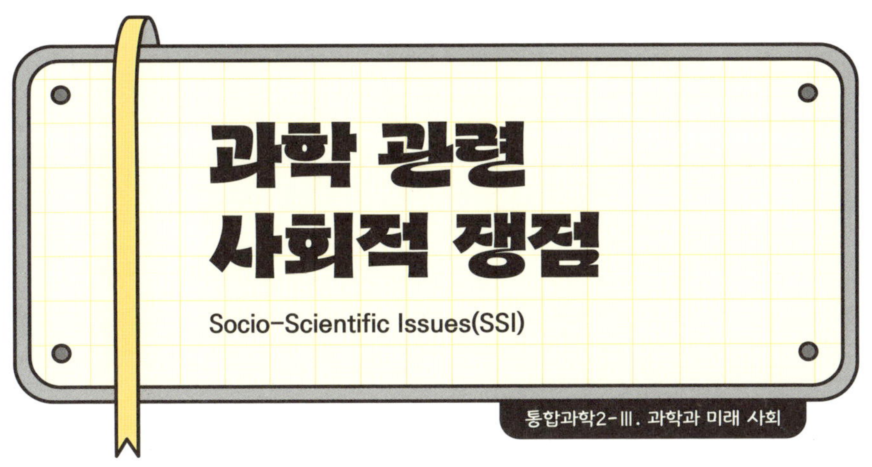

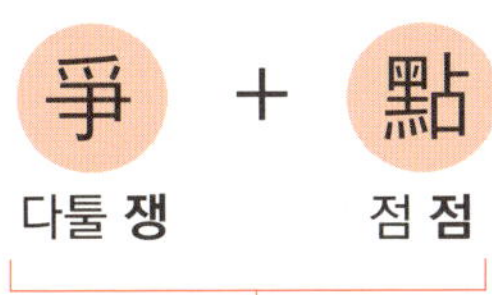

● 개념 잡기

과학 관련 사회적 쟁점(SSI)은 과학 기술의 발전이 사회·윤리·환경·경제 등 다양한 영역에 영향을 미치면서 발생하는 논쟁적 문제를 가리킨다. 이러한 쟁점은 과학적 사실을 넘어 가치 판단, 윤리적 선택, 사회적 합의 등을 포함하는 것이기 때문에 복합적이고 개방적인 논의와 해결이 필요하다. 이를 위해서는 과학 교육에서 단순 지식 암기가 아닌 과학적 근거에 기반한 합리적 사고와 판단 능력의 학습이 요구된다. 또한 다양한 학문과의 연계를 통해 비판적 사고력과 문제 해결 능력을 함께 길러야 한다. 그리고 공공의 이익, 타인의 권리에 대한 윤리적 감수성도 갖추어 나가야 한다. 궁극적으로는 사회적 토론을 통해 서로 다른 관점을 존중하고 다원적 입장에서 합의를 도출하는 경험을 쌓아 나가는 것이 중요하다.

과학 기술이 발전하면서 우리 생활은 더욱 편리해지고 있지만, 동시에 여러 가지 복잡한 문제들도 생겨나고 있다. 예를 들어 코로나19 팬데믹 시기에 빠른 속도로 백신이 개발됐지만 사람들마다 백신 접종에 대한 생각이 달라 논쟁이 일기도 했다. 또 최근에는 챗GPT(ChatGPT) 같은 생성형 인공 지능이 그림이나 글을 만들어 낼 수 있게 되면서 인공 지능이 만든 작품의 저작권이 누구에게 있는지 같은 새로운 문제가 등장하고 있다.

이처럼 과학 기술이 발전하며 생기는 사회적·윤리적 문제를 과학 관련 사회적 쟁점(SSI)이라 한다. 이러한 복잡한 문제를 해결하려면 과학적 지식을 제대로 이해하고, 여러 사람의 다양한 의견을 들어 보면서 합리적으로 판단하는 태도가 필요하다. 예를 들어 AI가 만든 그림의 저작권 문제를 생각해 볼 때는 AI가 어떻게 작동하는지를 먼저 과학적으로 이해한 뒤 창작자와 AI 개발자, 사용자 등 여러 입장을 종합적으로 고려해 결론을 내려야 한다.

미국 드라마 〈드롭아웃〉은 바이오 스타트업 테라노스의 창립자 엘리자베스 홈즈와 관련한 실화를 다룬 작품이다. 홈즈는 19세에 스탠퍼드 대학을 중퇴하고 '피 한 방울로 250여 가지 질병을 진단한다'라는 혁신적 아이디어로 테라노스를 창립했다. 그는 스티브 잡스를 모방하며 카리스마 있는 기업가 이미지를 구축하고, 유명인들을 투자자로 끌어들여 기업 가치를 90억 달러까지 올리며 실리콘 밸리의 스타가 됐다. 그러나 핵심 기술인 혈액 진단기는 제대로 작동하지 않았고, 홈즈는 실험 결과를 조작하거나 타사 장비를 몰래 사용하는 등 사기 행각을 벌였다. 내부 고발자들을 압박하고 해고하며 진실을 은폐하려 했으나 결국《월스트리트저널》의 보도로 사기가 폭로돼 폐업했다. 홈즈는 투자자 사기 등으로 징역 11년 3개월을 선고받고 수감됐다.

이 사건은 CEO의 윤리적 책임, 과학 기술에 대한 비판적 사고, 성과주의 등과 관련해 생각할 거리를 제시한다. 기업의 리더가 개인적 욕망을 추구할 때 사회에 대해서는 어떤 윤리적 책임을 져야 할지, 과학 전문성이 부족한 상태에서 '혁신'이라는 이름으로 제시되는 기술을 접했을 때 어떤 비판적 사고 능력이 필요한지, 빠른 성과를 추구하는 사회적 분위기와 연구 윤리 사이에서 과학자는 어떤 태도를 가져야 하는지 등 이 모든 사항이 중요한 논쟁점이다.

앞으로는 과학 관련 사회적 논쟁이 더욱 복잡한 양상으로 전개될 것이다. 과학 기술의 사용자이자 개발자로서 우리는 과학적 이해와 윤리적 감수성을 바탕으로 이러한 문제들을 활발하게 토론하는 한편, 과학 기술이 바람직한 방향으로 발전할 수 있도록 노력해야 한다.

참고 문헌

단행본 및 보고서

- 국가에너지통계 종합정보시스템, 〈2024년 국내 에너지 소비〉, 2025.03.28.
- 김가현 외, 《교과서 속 과학자가 내게 말을 걸었다》, 교육과학사, 2025
- 김덕희·변보경 외, 《이 책으로 통과》, e퍼플, 2025
- 다케다 준이치로, 《기초 화학 사전》, 조민정 옮김, 김경숙 감수, 그린북, 2025
- 사마키 다케오, 《한 번 읽으면 절대 잊을 수 없는 화학 교과서》, 곽범신 옮김, 시그마북스, 2023
- 에른스트 페터 피셔, 《아인슈타인은 이렇게 말했다》, 전대호 옮김, 해나무, 2019
- 여인형, 《여인형의 화학 공부》, 사이언스북스, 2023
- 이재영, 〈암석의 풍화와 지구의 탄소순환 및 지형과의 관계〉, 한국과학기술정보연구원, 2012.06.19.
- 정인경 외, 《과학사》, 씨마스, 2019
- 최유현 외, 《고등학교 기술·가정》, 지학사, 2015

기사

- 〈〈1〉독일 펠트하임…전력·난방 100% 자립마을, 남는 에너지로 일자리 창출〉, 《경향신문》, 2018.11.29.
- 〈가을아, 왜 그래… 거리 뒤덮은 '초록 낙엽'〉, 《경향신문》, 2023.11.23.
- 〈갈릴레이의 피사의 사탑 이야기는 거짓?〉, 《YTN 사이언스》, 2021.11.11.
- 〈강철 같이 단단해지는 인공 근육 개발, 사람 30배 에너지〉, 《뉴시스》, 2025.09.17.
- 〈[과학과 놀자]PCR은 질병진단·과학수사·유전자연구 등에 쓰여〉, 《한국경제》, 2022.10.24.

• 〈내성균, 하이브리드 항생제로 잡는다〉,《헬스코리아뉴스》, 2025.07.09.

• 〈먹방부터 ASMR까지, 동결건조젤리 뭐길래?〉,《데일리팝》, 2024.08.23.

• 〈미−중의 '희토류' 자원전쟁… 한국은 무사한가〉,《에너지경제신문》, 2025.04.09.

• 〈삼성전자, 2나노 공정 '속도전'보다 내실 다지기… "TSMC와 3~4년 장기 경쟁 대비"〉,《조선비즈》, 2025.07.22.

• 〈서울세계불꽃축제 개막으로 본 불꽃의 과학〉,《소년한국일보》, 2023.09.25.

• 〈세상에 없던 단백질을 만들기까지, AI 활용한 그 화학자의 도전〉,《시사IN》, 2025.07.21.

• 〈식물 광합성 모방해 석탄 아닌 탄소로 에너지 만든다〉,《뉴스1》, 2024.12.17.

• 〈식물이 겨울을 준비하는 방식〉,《한국일보》, 2024.11.20.

• 〈식품콜드체인 전주기 안전성 보장하는 인증제 필요〉,《물류신문》, 2025.07.08.

• 〈[AI칩러닝] GPU를 대신할 새로운 AI 반도체는? ② NPU〉,《AI타임즈》, 2021.07.14

• 〈우주에서 거의 모든 유기분자 감지돼〉,《사이언스플러스》, 2021.03.23.

• 〈우주에서 만든 된장 맛은 어떨까?〉,《사이언스타임즈》, 2025.04.10.

• 〈인간보다 더 인간같은 로봇 '아메카' 한국에 온다… AI기술 체험〉,《글로벌 이코노믹》, 2025.06.17.

• 〈[잠깐과학]1834년 2월 8일 주기율표 발견 멘델레예프 탄생〉,《동아사이언스》, 2023.02.04.

• 〈'점입가경' 삼성전자 vs TSMC의 미세화 전쟁〉,《매거진한경》, 2022.09.05.

• 〈천안 성성호수공원 쿨링포그 본격 가동, 한여름 무더위 식힌다〉,《뷰티경제》, 2025.07.21.

• 〈피 한방울로 미국을 구원할 뻔한 홈즈, 그 사기극의 시작과 끝… '드롭아웃'〉,《경향신문》, 2023.02.17.

• 〈피로 해소엔 게르마늄 팔찌?…깜빡 속았네〉,《매일경제》, 2023.03.30.

• 〈한·중 연구진, 과학계가 30년 동안 찾던 '오목한 탄소 소재' 개발〉,《조선비즈》, 2023.01.12.

• 〈현대화학의 시조, 반핵 운동가 라이너스 폴링〉,《동아사이언스》, 2022.04.14.

• 〈화성이주프로젝트, 성공할까?〉,《사이언스타임즈》, 2018.08.16.

• 〈환경신기술로 화력발전소 미세먼지 확 줄인다〉,《동아일보》, 2017.06.02.

• 〈효소, 다이어트와 건강에 도움이 될까?〉,《퍼블릭경제》, 2022.04.07.

웹사이트

- 〈[2023 여름 자몽 시리즈] 01. 마이클 패러데이〉, 서울대학교 자연과학대학 뉴스룸, 2023.07.13.
- 위포레스트(WeForest) 홈페이지〈https://www.weforest.org/〉
- 한국물리학회 물리학백과(네이버지식백과), '유도전류'〈https://terms.naver.com/entry.naver?docId=5741199&cid=60217&categoryId=60217〉
- 국가희소금속센터＞희소금속정보, '저마늄'〈https://www.koram.re.kr/info/information/list〉
- 한국민족문화대백과사전, '정보'〈https://encykorea.aks.ac.kr/Article/E0050259〉
- 〈화합물과 혼합물? 폴리머와 모노머?-LG화학 용어 사전 1화〉, LG화학 공식 블로그 LG케미토미아, 2022.07.08
- 〈흑연이 좋은 전기가 통하는 이유는 무엇인가요?〉, 진선카본 블로그, 2023.02.24.

이미지 출처

28쪽	(왼쪽)위키커먼스(ⓒBernat), (오른쪽)한국표준과학연구원
46쪽	셔터스톡
60쪽	셔터스톡
72쪽	NASA/JPL-Caltech
74쪽	NASA
92쪽	셔터스톡
138쪽	셔터스톡
258쪽	위키커먼스(ⓒSevgart)
304쪽	한국핵융합에너지연구원
325쪽	한국에너지공단

세포질 225~226

소수성 216

속력 31, 33~34, 49, 188~189, 191, 194, 196, 200, 321

쇼클리, 윌리엄(Shockley, William) 141

수렴 진화 164

수소 이온 농도 지수 278

수소 핵융합 반응 57, 64, 67~68, 73, 303

스마트 그리드 326

승화 297~298

시공간(spacetime) 23, 185~186

신생대 174, 231

ㅇ

아미노산 120~122, 216, 223, 226~227

아인슈타인, 알베르트(Einstein, Albert) 29, 32, 57, 80, 185, 303, 320

RNA 124~126, 225~227, 269, 343

알칼리 85, 281

암반응 211

양공 133, 135~136

양성자 57, 64~65, 78, 85, 320

양자 역학 26, 37~38, 42

에너지 저장 시스템(ESS) 328~329

에너지 준위 81, 139, 153

에너지띠 129, 133

ATP(아데노신삼인산) 211, 218~221

연성 295

연속 스펙트럼 59~60, 63

연약권 159

열곡대 163, 170

열에너지 283, 289~294

염 279~280, 282~283, 285

엽록체 209~210, 220, 291

오로라 151, 153

오스트발트, 프리드리히 빌헬름(Ostwald, Friedrich Wilhelm) 269

오존층 151, 211, 231

온실 효과 254~255, 317

통합과학 개념 픽

1판 1쇄 발행일 2025년 12월 15일

지은이 김덕희 김현빈 변보경

발행인 김학원
발행처 (주)휴머니스트출판그룹
출판등록 제313-2007-000007호(2007년 1월 5일)
주소 (03991) 서울시 마포구 동교로23길 76(연남동)
전화 02-335-4422 **팩스** 02-334-3427
저자·독자 서비스 humanist@humanistbooks.com
홈페이지 www.humanistbooks.com
유튜브 youtube.com/user/humanistma
인스타그램 @gomgom_teens

편집주간 황서현 **편집** 이여경 남미은 **디자인** 유주현 **일러스트** 정민영
조판 홍영사 **용지** 화인페이퍼 **인쇄·제본** 정민문화사

ⓒ 김덕희·김현빈·변보경, 2025

ISBN 979-11-7087-413-3 43400